全国高等职业教育土建类“十四五”新形态教材
高职类土木工程专业“课程思政”教材

装配式混凝土结构工程

主编 丁晓燕 郝敬锋 雷 冰

中国建材工业出版社

图书在版编目（CIP）数据

装配式混凝土结构工程/丁晓燕，郝敬锋，雷冰主编．--北京：中国建材工业出版社，2021.4（2024.2重印）
全国高等职业教育土建类“十四五”新形态教材　高职类土木工程专业“课程思政”教材
ISBN 978-7-5160-1116-4

Ⅰ.①装…　Ⅱ.①丁…②郝…③雷…　Ⅲ.①装配式混凝土结构—高等职业教育—教材　Ⅳ.①TU37

中国版本图书馆CIP数据核字（2021）第040441号

装配式混凝土结构工程
Zhuangpeishi Hunningtu Jiegou Gongcheng
丁晓燕　郝敬锋　雷　冰　主编

出版发行：中国建材工业出版社
地　　址：北京市海淀区三里河路11号
邮　　编：100831
经　　销：全国各地新华书店
印　　刷：北京印刷集团有限责任公司
开　　本：787mm×1092mm　1/16
印　　张：16.5
字　　数：370千字
版　　次：2021年4月第1版
印　　次：2024年2月第3次
定　　价：59.80元

《装配式混凝土结构工程》编委会

主　编　丁晓燕　苏州工业职业技术学院

　　　　　郝敬锋　苏州工业职业技术学院

　　　　　雷　冰　苏州工业职业技术学院

副主编　包茜虹　苏州工业职业技术学院

　　　　　芮　科　苏州工业职业技术学院

　　　　　朱晓蕾　苏州工业职业技术学院

　　　　　倪碧君　苏州工业职业技术学院

　　　　　张贺鹏　苏州工业职业技术学院

　　　　　丁笑笑　威海海洋职业学院

　　　　　吴　涛　港中旅苏州置业有限公司

主　审　陈忠范　东南大学

　　　　　刘　凡　苏州科技大学

参　编　陈　荔　苏州工业职业技术学院

　　　　　田　婷　苏州工业职业技术学院

　　　　　张二玲　苏州工业职业技术学院

　　　　　王宛平　苏州工业职业技术学院

　　　　　柴竹军　苏州工业职业技术学院

　　　　　吴小翔　苏州市建筑科学研究院集团股份有限公司

　　　　　戴卫忠　苏州唐人营造建筑装饰有限公司

　　　　　袁晓静　苏州科技大学

前言

立德树人是教育的最高使命，是教师教学必须秉持的原则，也是所有教育者在教学中面临的重要课题。本教材针对高职类土木工程专业进行专业课程思政教育改革，结合装配式混凝土结构工程专业知识，积极融入思政材料，激发学生学习热情，提高学生融入社会、适应社会的能力，获得健全、积极向上的工作态度，对本人、他人、社会都产生一种正能量和正能力，产生积极的辐射效应和引导效果。

本教材共分6章，主要包括装配式建筑概述、装配式混凝土结构构造与识图、预制混凝土构件生产、装配式混凝土结构施工、装配式混凝土结构质量控制及验收、装配式混凝土结构安全与文明施工。本教材将国家大政方针的学习、爱国教育的启发、工匠精神的引领、建筑工程伦理的深入等隐性思政教育内容融入专业课程中，能够起到潜移默化的作用，实现以专业技能知识为载体，加强思想政治教育，推动高职类土建专业思政改革。

本教材在编写过程中参考了现行国家标准及部分地区设计、生产、施工规范，引用了有关专业书籍的部分数据和资料，在此一并致以由衷的感谢。装配式建筑是发展中的行业，很多课题正在研究探索中，加之我们的理论水平和实践经验有限，本教材一定存在不少疏漏和不足，恳请专家读者给予批评指正，以便我们修订。

当下，是大学生涯的积淀；未来，是长达几十载的漫漫征途。同为土木人，正当青春年华时，我们有不可辜负的教学义务和不可推卸的社会责任，发展装配式建筑是建设行业意义深远的重大变革，希望本教材能为相关院校在实际教学中提供学习和借鉴，为我国加快推进建筑产业转型升级和培养政治强、情怀深、思维新、视野广、自律严、人格正的高职土建类专业人才贡献力量！

编　者

2021年1月

目录

1 装配式建筑概述

教学目标

了解：国内外装配式建筑发展历程。

熟悉：装配式混凝土结构特点、建筑技术特点及优势。

掌握：装配式建筑的概念及分类；装配式建筑评价标准。

使学生知道应承担的土木青年责任，所肩负的土木青年梦想；激发学生吃苦耐劳、客观科学的职业精神。

1.1 装配式建筑概念及分类

1.1.1 装配式建筑的概念

在过去的几十年时间里，我国建筑行业蓬勃发展，极大地促进了国民经济的增长。面对我国现今土地出让费用的增加、劳动人工价格的不断上升、人们对节能环保要求意识的逐步提高，建筑行业所面临的国际竞争压力越来越大。为提高核心竞争力，新的行业产业模式——装配式建筑应运而生。

首先了解四个定义：

1. 装配式建筑/结构

装配式建筑是指把传统建造方式中的大量现场作业工作转移到工厂进行，在工厂加工制作好建筑用构件和配件（如楼板、墙板、楼梯、阳台等），运输到建筑施工现场，通过可靠的连接方式在现场装配安装而成的建筑。在建筑工程中，简称装配式建筑；在结构工程中，简称装配式结构。

2. 预制率

预制率指的是装配式建筑±0.000 以上的主体结构和围护结构预制构件（预制外承重墙、内承重墙、柱、梁、楼板、外挂墙板、楼梯、凸窗、空调板、阳台等）的混凝土用量占混凝土总用量的体积比。

3. 装配率

装配率通常按±0.000 以上部分核算，指的是装配式建筑中预制构件、建筑部品（非承重内隔墙、管道井、排烟道、护栏、整体厨房、整体卫浴、整体储柜等）的数量或面积占同类构件、部品总数量或面积的比率。单体建筑装配率由单体预制率、部品装配率与其他之和组成。装配率指标反映建筑的工业化程度，装配率越高，工业化程度越高。

4. 预制构件

预制构件是指在工厂或现场预先制作的构件，如梁、板、墙、柱、阳台、楼梯、雨篷等。

1.1.2 装配式建筑的分类

1. 按结构材料分类

装配式建筑按结构材料分为装配式混凝土结构、装配式钢结构、装配式木结构及混合结构等建筑类型。

装配式混凝土结构的原材料来源丰富，可以广泛适用于工业和民用建筑，用混凝土制成的预制框架、预制剪力墙、预制外墙等结构形式，能够满足多层和高层的住宅、公寓、办公、学校、医院项目需求，甚至可以与钢结构、木结构形成混合结构，并逐渐成为国内建筑工业化的主流市场发展方向，从全国的装配式建筑发展情况看，新建预制构件厂的增速已经远超钢结构和木结构。

装配式钢结构在单层工业厂房、高层及超高层写字楼和酒店中已经普及应用，在国内住宅领域中的发展也很快。由于具有工厂化生产、装配化施工的固有特性，钢结构具有机械化程度高、尺寸精度好、容易装配连接的优点，施工速度快、安装质量好，唯一缺点是造价较高。随着与混凝土结合成“组合结构”及“混合结构”的应用研究，钢结构将进一步提高经济性，发展前景更加广阔。

装配式木结构建筑是利用天然材料制作的装配式建筑，也是历史最悠久的建筑形式之一，但由于木材一般为单向纤维，我国古代就有“横顶千斤竖顶万”的说法，木材纵横向力学性能差异较大，再加上我国近代木材资源不足，制约了木结构的发展。随着现代科技的发展，复合木材技术很好地解决了两向力学同性问题，在一些现代建筑中得到了较好的应用，为装配式木结构建筑打开了很好的思路，只要解决好防火、防潮及防虫蛀问题，相信它在国内的应用发展也会上升到一个新的高度。

用混凝土结构、钢结构、木结构都可以实现装配式建筑，但不同的结构建成的房屋技术性能差异很大，为了满足正常的使用功能，不同的装配式建筑在结构、围护、保温、防水、水电配套等方面有很大的区别，不但“质量、进度、成本”的目标存在差别，而且所适合的市场发展方向也不同。

2. 按建筑高度分类

装配式建筑按高度分为低层装配式建筑、多层装配式建筑、高层装配式建筑和超高层装配式建筑。

3. 按结构体系分类

装配式建筑按结构体系分为框架结构、框架-剪力墙结构、筒体结构、剪力墙结构、无梁板结构、空间薄壁结构、悬索结构、预制钢筋混凝土柱单层厂房结构等。

4. 按预制率分类

装配式建筑按预制率分类：小于5%为局部使用预制构件；5%～20%为低预制率；20%～50%为普通预制率；50%～70%为高预制率；70%以上为超高预制率。

5. 按预制构件连接方式分类

装配式建筑按预制构件连接方式的不同，分为装配整体式混凝土结构和全装配式混凝土结构。

装配整体式混凝土结构是指“由预制混凝土构件通过可靠的方式进行连接并与现场后浇混凝土、水泥基灌浆料形成整体的装配式混凝土结构”。简言之，装配整体式混凝土结构的连接以“湿连接”为主要方式。装配整体式混凝土结构具有较好的整体性和抗震性。目前，大多数多层和全部高层装配式混凝土结构都是装配整体式，有抗震要求的低层装配式建筑也多是装配整体式结构。

全装配式混凝土结构是指预制构件靠干法连接（如螺栓连接、焊接等）形成整体的装配式结构。预制钢筋混凝土柱单层厂房就属于全装配式混凝土结构。国外一些低层建筑或非抗震地区的多层建筑常常采用全装配式混凝土结构。

1.2 装配式混凝土结构的特点

1.2.1 装配式与传统的混凝土结构区别

装配式混凝土结构施工是国内外建筑工业化最重要的生产方式之一，也是实现我国建筑产业现代化的有效措施之一。装配式混凝土结构是由预制混凝土构件或部件通过钢筋、连接件或施加预应力加以连接并现场浇筑混凝土而形成的结构。它与传统混凝土结构的不同主要体现在建造方式、运营模式、建造理念三个方面：

1. 建造方式不同

装配式混凝土结构建筑是用预制的构件在工地装配而成的建筑，而传统建筑则沿用千年的“秦砖汉瓦”及现浇混凝土结构施工。如果说现场浇筑是“燕子衔泥垒窝式”的施工，那么装配式建筑就是“喜鹊叨枝架巢式”的施工。

2. 运营模式不同

传统的建筑工地将变为建筑工厂的“总装车间”，传统的建筑项目在施工现场组建项目部，主要的人力物力都会集中在建筑工地。装配式建筑则不同，施工中用到的部件、构件，如墙体、屋面、阳台、楼梯等基本在工厂中完成，然后运到项目工地进行“总装”，建筑工地上不必有太多的工人和设备。

3. 建造理念不同

装配式建筑实现了从粗放的建筑业向高端的制造业转变，摒弃传统、粗放、落后的建筑生产方式，追求质量、高效、集约，发展绿色建筑。

1.2.2 装配式混凝土结构的优点

装配式混凝土结构有利于绿色施工，能符合绿色施工的节地、节能、节材、节水和环境保护等要求，主要优点如下：

（1）构件产业化流水预制构件工业化程度高、质量好、经济合理；满足标准化、规模化的技术要求；满足节能减排、清洁生产、绿色施工等节能减排的环保要求等。构件成型模具和生产设备一次性投入后可重复使用，耗材少，节约资源和费用。

（2）预制构件的装配化使工程施工周期缩短；由于施工现场进行的工作仅仅是将预制构件厂预制好的构件进行吊装、装配、节点加固，主体结构成型后进行装修、水电施工等工作，工作量远小于现浇施工工法。同步工程效率高，预制施工工法可以做到上下同步施工，当建筑上部结构还在装配构件时，下部结构就可以同时进行装修、水电施工等工作，效率高，甚至可以投入使用。预制工法施工在施工时一般无须安装脚手架和支撑，这不仅使现场卫生整洁，更重要的是省去拆装脚手架和支撑的时间，大大缩短了工期。

（3）构件现场装配、连接，可避免或减轻施工对周边环境的影响；预制装配构件安装工艺的运用，使劳动力资源投入相对减少；机械化程度有明显提高，操作人员劳动强度得到有效缓解；预制构件外装饰工厂化制作，直接浇捣于混凝土中，建筑物外墙无湿作业，不采用外脚手架，不产生落地灰，扬尘得到有效抑制。

（4）混凝土构件安装时，除了节点连接外，基本不采用湿作业，从而减少了现场混凝土浇捣和“垃圾源”的产生，同时减少了搅拌车、固定泵等操作工具的洗清，大量废水、废浆等污染源得到有效控制。与传统施工方式相比，节水节电均超过30%；采用预制混凝土构件，使建筑材料在运输、装卸、堆放、控料过程中减少了各种扬尘污染。

（5）工厂化预制构件采用吊装装配工艺，无须泵送混凝土，避免了固定泵所产生的施工噪声；模板安装组装时，避免了铁锤敲击产生的噪声；预制构件装配基本不需要夜间施工，减少了夜间照明对附近居民生活环境的影响，降低了光污染，施工也不受季节限制。

1.2.3 装配式混凝土结构工程的特点

装配式建筑是采用标准化设计、工厂化生产、装配化施工、一体化装修和信息化管理为主要特征的生产方式，并在设计、生产、施工、开发等环节形成完整的、有机的产业链，实现建造全过程的工业化、集约化和社会化，实现节水、节地、节材、节能和环保（四节一环保）。其最大的特点是构件在工厂预制、现场装配而成的建筑，即按照统一标准定型设计，在工厂内成批生产各种构件，然后运到工地，在现场以机械化的方法装配而成的建筑。相对于传统建筑业，装配式建筑作为建筑产业化的一种建造形式和载体，在生产效率、工程质量、技术集成、环保和节能降耗方面有较大优势。其特点具体体现在以下几个方面：

1. 标准化设计

标准化设计是工业化生产的主要特征，主要是采用统一的模数协调和模块化组合方法，各建筑单元、构配件等具有通用性和互换性，满足少规格、多组合的原则，符合适用、经济、高效的要求。

标准化设计可以实现在工厂化生产中的作业方式及工序的一致性，降低了工序作业的灵活性和复杂性要求，使机械化设备取代人工作业具备了基础条件和实施的可能性，从而实现了机械设备取代人工进行工业化大生产，提高生产效率和精度。

标准化设计通过平面标准化设计、立面标准化设计、构配件标准化设计、部品部件标准化设计四个标准化设计来实现。平面标准化设计是基于有限的单元功能户型通过协同边的模数协调组合成平面多样的户型平面；立面标准化设计通过立面元素单元外围护、阳台、门窗、色彩、质感、立面凹凸等不同的组合实现立面效果的多样化；构件标准化设计是在平面标准化和立面标准化设计的基础上，通过少规格、多组合设计，提出构件一边不变，另一边模数化调整的构件尺寸标准化设计，在此基础上，提出钢筋直径、间距标准化合计；部品部件标准化设计是在平面标准化和立面标准化设计的基础上，通过部品部件的模数化协调，模块化组合，匹配户型功能单元的标准化。

2. 工厂化制造

新时期下建筑业在人口红利逐步淡出的背景下，为了持续推进我国城镇化建设的需要，必须通过建造方式的转变，通过工厂化制造取代人工作业，大大减少对工人的数量需求，并降低劳动强度。

建筑产业现代化的显著标志就是构配件工厂化制造，建造活动由工地现场向工厂转移，工厂化制造是整个建造过程的一个环节，需要在生产建造过程中与上下游相联系的建造环节有计划地生产、协同作业。现场手工作业通过工厂机械加工来代替，减少制造生产的时间和资源，从而节省资源；机械化设备加工作业相对于人工作业，不受人工技能的差异所导致的作业精度和质量的不稳定，从而实现精度可控、精准，实现制造品质的提高；工厂批量化、自动化的生产取代于人工单件的手工作业，从而实现生产效率的提高；工厂化制造实现了场外作业到室内作业的转变和从高空作业到地面作业的转变，改变了现有的作业环境和作业方式，也避免了由于自然环境的影响所导致的现场不能作业或作业效率低下等问题，体现出工业化建造的特征。

以结构构件为例，根据其生产工艺，确定定位画线、钢筋制作、钢筋笼与模具绑扎固定、预留预埋安放、混凝土布料、预养护、抹平、养护窑养护、成品拆模等工位，在工序化设置的基础上，通过设备的自动化作业取代人工操作，满足自动化生产需求。

3. 装配化施工

装配化施工是指将通过工业化方法在工厂制造的工业产品（构件、配件、部件），在工程现场通过机械化、信息化等工程技术手段按不同要求进行组合和安装，建成特定建筑产品的一种建造方式。

装配化施工可以减少用工需求，降低劳动强度，减少现场的湿作业，减少施工用水、周转材料浪费等，实现资源节省，同时也减少现场扬尘和噪声，减少环境污染，通过大量构配件工厂化生产，工厂化的精细化生产实现了产品品质的提升，结合现场机械化、工序化的建造方式，实现了装配式建造工程整体质量和效率的提升。

施工现场装配化的“装配化”，绝非单一装配式建筑的简单要求，它对整体的构配件生产的配套体系和现场装配率均有较高要求。应按建立并完善装配化施工技术工法，在设计阶段优化利于节省人工用工、节省资源，避免工作面交叉、便于机械化设备应用、便于人工操作、利于现场施工的技术方法和设计方案。通过对装配化施工的工序工法研究，建立结构主体装配、节点的连接方式、现浇区钢筋绑扎、模板支设、混凝土浇筑、配套施工设备和工装的成套施工工序工法和施工技术。在一体化建造体系下，还应结合工程特点，制定科学性、完整性和可实施性的施工组织设计。在考虑工期、成本、质量、安全、协调管理要素要求下，制定相应的施工部署、专项施工方案和技术方案。明确相应的构配件吊装、安装、构配件连接等技术方案，满足进度要求的构配件精细化堆放和运输进场方案。

4. 一体化装修

装配化建造是一种建造方式的变革，是建筑行业内部产业升级、技术进步、结构调整的一种必然趋势，其最终目的是提高建筑的功能和质量。装配式结构只是结构的主体部分，它体现出来的质量提升和功能提高还远远不够，应包含一体化装修，通过主体结构与一体化装修的建造，才能让使用者感受到品质的提升和功能的完善。

一体化装修区别于传统的“毛坯房”二次装修方式。一体化装修与主体结构、机电设备等系统进行一体化设计与同步施工，具有工程质量易控、提升工效、节能减排、易于维护等特点，使一体化建造方式的优势得到了更加充分的发挥和体现。一体化装修的技术方法主要体现在以下四方面：管线与结构分离技术；干式工法施工技术；装配式装修集成技术；部品部件定制化工厂制造技术。

5. 信息化管理

信息化管理主要是指以 BIM 信息化模型和信息化技术为基础，通过设计、生产、运输、装配、运维等全过程信息数据传递和共享，在工程建造全过程中实现协同设计、协同生产、协同装配等信息化管理。

对装配式建筑而言，信息技术广泛的应用会集成各种优势并互补，实现标准化和集约化发展，加之信息的开放性，可以调动人们的积极性并促使工程建设各阶段、各专业主体之间信息、资源共享，解决很多不必要的问题，有效地避免各行业、各专业之间的不协调，加速工期进程，从而有效地解决设计与施工脱节、部品与建造技术脱节等中间环节的问题，提高了效率。

1.3 装配式建筑的发展历程

出于对可持续性发展、优化资源消耗、减少现场工艺、降低生产成本等考虑，装配式建筑在世界范围内重新流行起来，建筑信息模型和精益建造的发展也推动了装配式和工业化建筑系统的复兴。装配式建筑经历了不同的发展阶段，依托于不同的生产条件和社会条件，产生了多样化的类型。为了更好地促进我国装配式建筑的发展，有必要对装配式建筑的历史发展进行追溯，进而更好地认识装配式建筑的发展条件、体系特征、设计要点等。

1.3.1 溯源

我国早在 2001 年出版的《建筑十书》一书中记载了使用石材的模块式建筑，主要应用于遥远城邦建造的神庙。可以看到，这些古老建筑中已经蕴含了部件化、方便运输、干法连接、标准化设计等朴素的装配式建筑思想。

五千年前，美索不达米亚人和埃及人将泥放入木质模具并通过阳光暴晒来干燥硬化而获得泥砖，从而可以用多种方式组合成建筑整体。为了方便材料的生产，古希腊神庙的平面和立面根据严格的尺寸要求设计，古希腊建筑的结构属梁柱体系，早期主要建筑都用石材。限于材料性能，石材梁的跨度一般是 4～5m，最大不过 7～8m。一些流传于文明古国的石材柱，多以鼓状砌块垒叠而成，砌块之间有榫卯或金属销子连接，墙体也用石材砌块垒成，砌块平整精细，严丝合缝，不用胶结材料（图 1-1、图 1-2）。

图 1-1 古希腊梁柱结构体系建筑

图 1-2 古罗马帝国曾大量预制的大理石柱部件

两千年前蒙古游牧民族使用的帐篷可以在短时间内建立或拆除，部件自重和尺寸考虑骆驼运输的方便性，方便牧民逐水草而迁徙，同时免去收集新建造材料的麻烦；其由柔韧的细木杆、羊毛毯、动物毛皮制成的绳索及亚麻布料制成。在材料的量确定的情况下，圆形平面的面积是最大的，同时可以抵御强风；羊毛毯可以抵御－40℃的低温，外层亚麻布则提供防雨保护。

1.3.2 起源

1.3.2.1 河姆渡文化

华夏民族的先祖们开始从旧石器时代的鱼猎、采集、逐水草而居的游牧生活，转向了以农耕为主的定居生活。中国在远古（公元前 7000 年，河姆渡文化）就开创了“梁柱式”建筑的“榫卯结构”，开始实施“装配式建筑”（图 1-3、图 1-4）。

图 1-3　固定垂直构件的榫卯结构

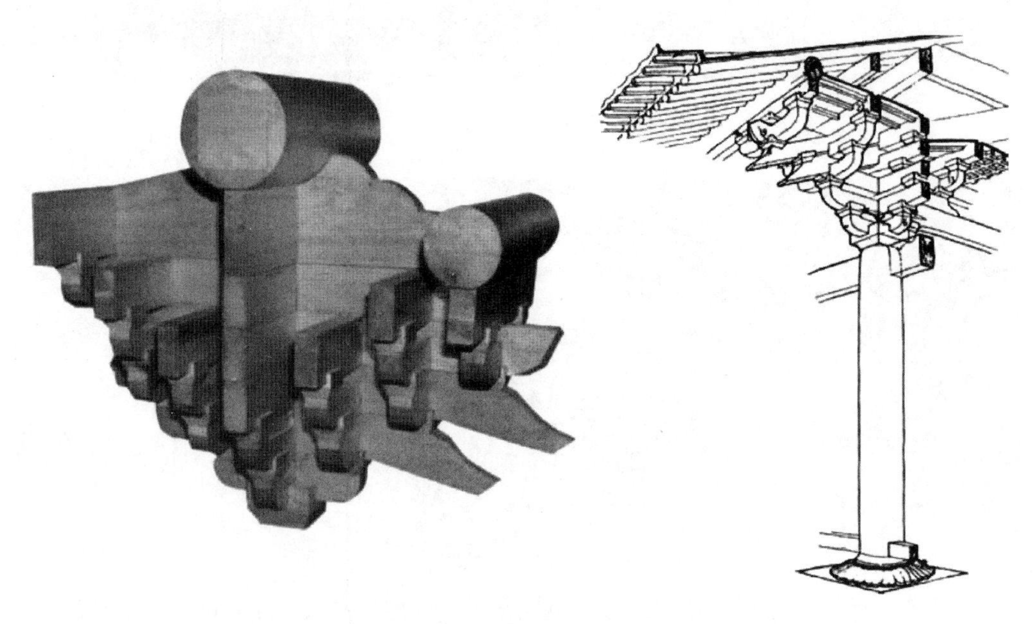

图 1-4　我国古代预制木构架体系

图 1-5 是在浙江余姚河姆渡新石器文化遗址中发掘出来的公元前 5000—公元前 3300 年的木构榫卯，是至今为止世界上考古发现的最早预制装配式建筑构件。

河姆渡遗址出土许多桩柱、立柱、梁、板等建筑木构件，构件上有加工成的榫、卯（孔）、企口、销钉等，显示当时木作技术的杰出（图 1-6）。柱子两端凸出的小方形为榫，柱上凿出可将榫插入的孔为卯。遗址中所发现的两种木构衔接法（装配式），令人惊叹不已，至今仍为木工工艺所沿用：一个是企口板，企口可将两块木板拼接在一起而不露缝隙，遗址中发现的企口板两侧各有一道企口，可与另一块侧边削薄的木板相接，如今我们的木质地板还是用这种方法拼接；另一个是销钉孔，带销钉孔的榫和梁柱的卯垂直相交，用销钉拴住，榫头就不会从卯口脱出了。河姆渡遗址的装配式建筑方法和技

图 1-5　河姆渡出土的榫卯结构

术，已经为我国木结构装配式建筑打下了坚实的技术基础。

图 1-6　河姆渡出土榫卯结构木建筑遗迹

1.3.2.2　夏、商、周

现代考古学发掘的殷商遗址表明，最迟在公元前 15 世纪，中国木结构建筑体系就已经基本形成。虽经各个朝代的政治、经济、文化、风俗的变迁，却始终保持着自己固有的营造方式与结构形式。梁思成先生对此的评价是："数千年来无遽变之迹，渗杂之象，一贯以其独特纯粹之木构系统，随我民族足迹所至，树立文化表志。"

1.3.2.3 秦砖汉瓦

中国传统木结构建筑的一切荷载均由木构架承载，承载构件为柱和梁，墙壁为填充墙，而且并不承重，这种结构原则被称为"构架制"。以木构架为主要结构方式的建筑体系到汉朝时已经日趋完善。我国木结构建筑的结构形式主要有抬梁式和穿斗式两种。

抬梁式构架又称叠梁式构架（图 1-7），是我国古代建筑中最为普遍的木构架形式。它是在立柱上架梁，梁上放短柱、短柱上放短梁，层层叠落至屋脊，各个梁头上再架檩，以承托屋椽的形式。抬梁式结构复杂，要求加工细致，但结实牢固、经久耐用，且室内少柱甚至无柱，内部空间大，能产生恢宏的气势，又可做出美观的造型。在宫殿、庙宇、寺院等大型建筑中普遍被采用，更为皇家建筑群所选；也广泛应用于我国北方地区的民居。其缺点是耗材较多。

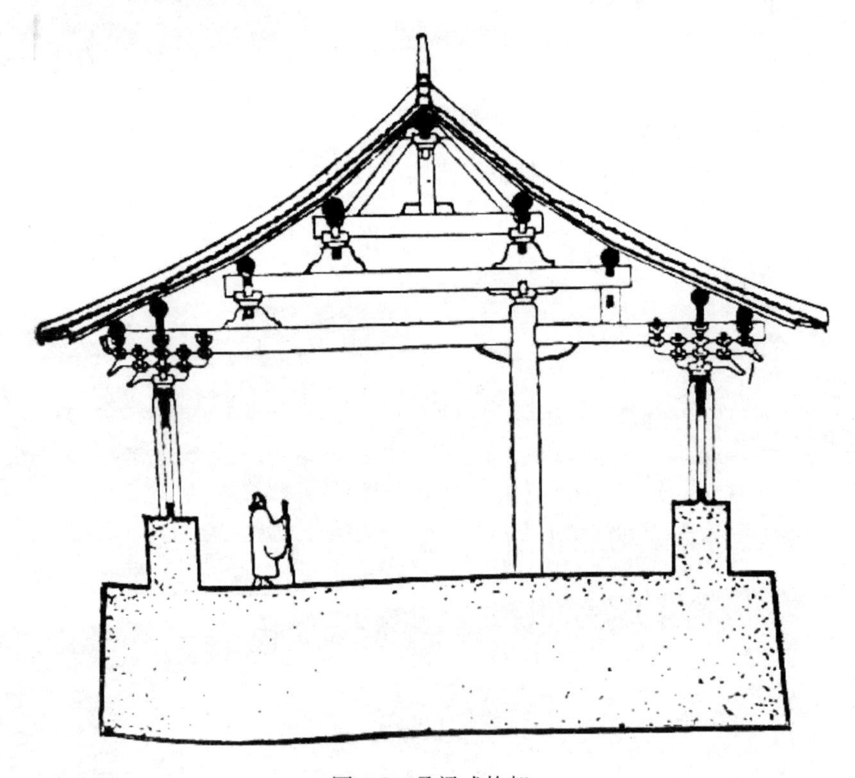

图 1-7　叠梁式构架

在长江流域和东南、西南地区，人们更习惯采用穿斗式构架（图 1-8）。其特点是柱子较细、密，每根柱子上顶一根檩条，柱与柱之间用木串接，连成一个整体。这种形式的木结构建筑的特点是室内分割空间受到限制，但用料较少。

经过数千年的演变、进化和传承，到 21 世纪，穿斗式木结构建筑在西南地区的云、贵、川等地，还在继续使用，较几千年前的古代书籍所记载的设计和建造方式一模一样。

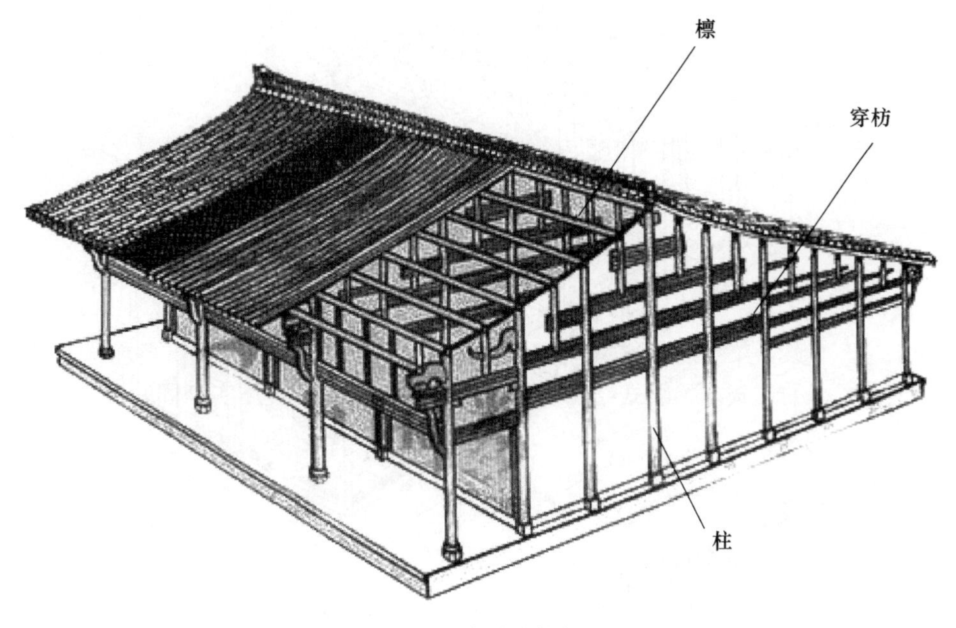

图 1-8 穿斗式构架

我国古典建筑的设计和施工一直是基于一种“工厂预制”构件和“现场装配”的制造和施工工艺——与现代“装配式建筑”的理念完全吻合。我国古典建筑之所以能够快速建成，除了有良好的施工组织管理之外，“预制”和“装配”的“装配式建筑”方法是一个重要的原因。

我国古典建筑设计之所以走向定型化，主要原因就是需要配合制造和施工中的“预制”和“装配”要求，各个工种、各种构件“制度”（大小和规格）的制定，目的就是为“批量生产”服务。工厂“预制”不受施工场地的限制，可以投入较多的人力、物力，不受天气变化的影响，确保“预制”构件能够快速、保质保量地按时完成。

我国古典建筑之所以发展出“榫卯”这种构造，主要是由“装配式”施工方法决定的，因为要在施工现场高空中准确安装“梁柱”节点，只有准确“预制”，才能准确“装配”。因为复杂精确的“榫卯”构造无法在高空中进行，非得在“工厂预制”不可。

我国古典建筑都是“装配式”建筑，所以很久以前，我国建筑就有异地搬迁的例子。历史上，汉朝宫殿用过秦朝宫殿建筑材料；明朝宫殿用过元朝宫殿建筑材料；北魏有把洛阳宫殿整体搬运到邺都的记载。

1.3.2.4 殖民扩张

装配式建筑满足了军事和殖民扩张的需求。16 世纪和 17 世纪，英国需要在海外殖民地进行定居点的快速建设，组件在英国制造并由轮船运往世界各地建造简易的木框架房屋。到 1830 年，英国木匠曼宁（John Manning）借助造船业基础，发明了由带槽的梁、地面板、三角桁架构成的木质框架系统的改良品（图 1-9），并在澳大利亚大量使用。其部件都具有相同的尺寸，整个系统可以用标准扳手将螺栓连接。

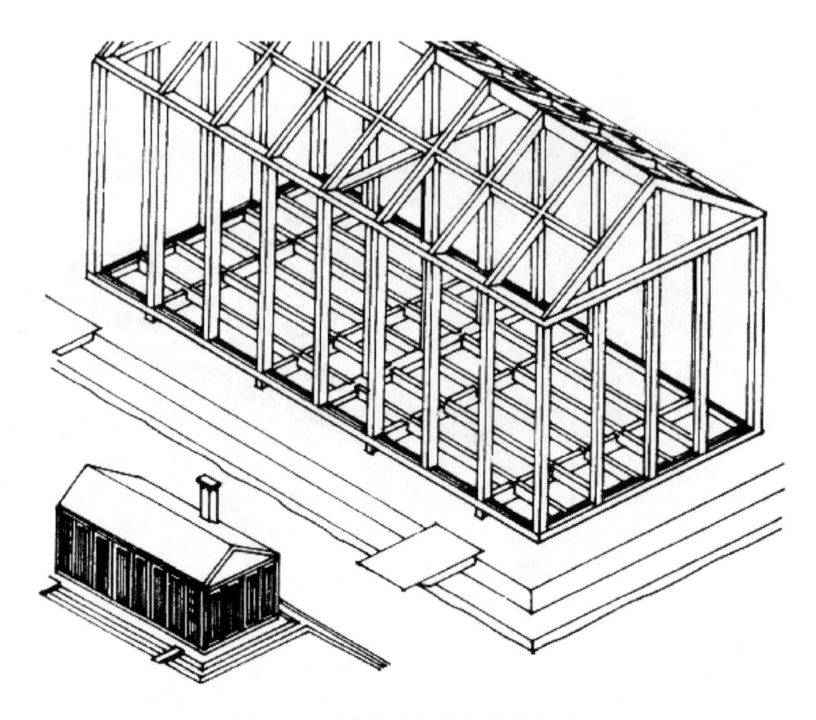

图 1-9 曼宁移动房框架及外观图

1.3.2.5 铁制建筑

工业革命开始之后，铸造和轧制材料的发展推动了建筑工业化的进程。其首先对早期的桥梁施工特别有用，而由查尔斯·巴奇（Charles Bage）于 1796 年设计的 Ditherington Flax Mill 被认为是最早的、内部框架完全由序列化生产的铸铁柱和托梁构成的建筑物之一。英国工程师在 19 世纪中期优化了用生铁制造低碳钢的过程，钢铁材料从而以轧制的形式普遍用于之后的框架结构中，也使现代钢结构建筑具有天然的预制与装配属性。

1851 年，第一次工业革命在英国结出了丰硕成果，大英帝国处于鼎盛时期，英女王邀请世界各国参加大英帝国举办的第一届世界博览会。展览会的中心部分是水晶宫，巨大的展览馆大厅玻璃墙壁闪闪发光，就像在阳光照射下的水晶一样。选择约瑟夫·帕克斯顿设计建筑物，是基于他早先创作的玻璃暖房。它的框架是铸铁的，带有玻璃面板。约瑟夫·帕克斯顿仰仗现代工业技术提供的经济性、精确性和快速性，第一次完全采用单元部件的连续生产方式，通过装配式结构的手法建造大型空间，设计和建造了伦敦世界博览会会场水晶宫，只用 6 个月就建成了长 563m、宽 124m、最大跨度 22m、最高顶棚高度 33m、约 9 万 m^2 的建筑面积。1852 年，水晶宫被拆卸，在泰晤士河的南岸悉丹翰重新被组装起来。水晶宫经历了从设计构思、制作、运输到最后建造和拆除的全过程，是一个完整的预制建造系统工程。1936 年，水晶宫毁于员工在厕所引起的火灾。

水晶宫整个结构只有两种不同形式的柱子，尽管跨度不同，但桁架的高度是一致的。建筑框架的单元尺寸源自当时可以批量生产的玻璃窗板的最大尺寸，而这种单元结构甚至使整个建筑成为一种可以向各个方向扩展的体系（图 1-10）。

图 1-10 建造中的水晶宫

1.3.2.6 预制混凝土建筑

预制混凝土最早可以在古罗马早期的预制喷泉和雕塑作品中找到，却消失了近 13 个世纪，直到 1756 年，英国工程师约翰・斯密顿（John Smeaton）在混凝土中使用了水硬石灰。在 19 世纪 40 年代，以此为基础的波特兰水泥被发明。园丁约瑟夫・莫尼尔（J. Monier）于 1867 年通过插入电线使水泥花盆更稳定，进而开发出第一个钢筋混凝土构件。弗朗索瓦・艾内比克（F. Hennebique）于 1896 年为法国国家铁路公司开发了混凝土模块化门房。托马斯・爱迪生在 1908 年开发了一种钢筋混凝土原型试验房屋，采用借助铸铁模板的整体浇筑技术（图 1-11）。

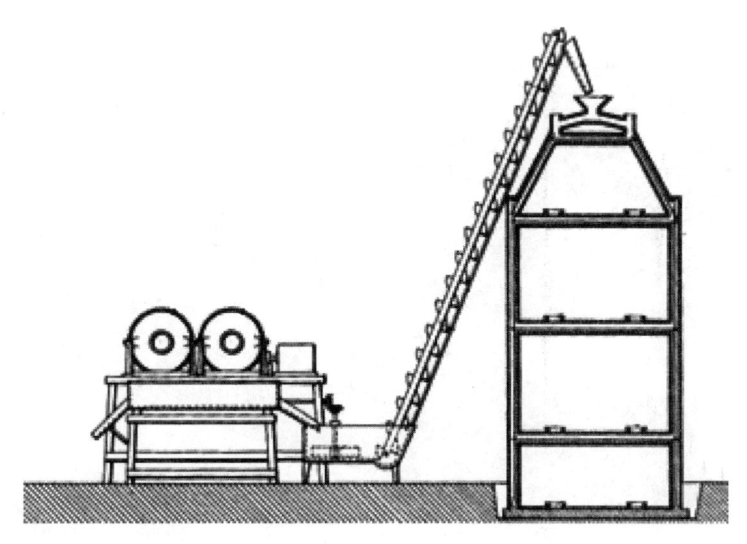

图 1-11 托马斯・爱迪生的整体浇筑房专利图

1.3.3 国外装配式建筑发展现状

工业革命开始之后，欧美资本主义国家的城市与建筑都发生了种种矛盾与变化，新型交通工具和大型工程杰作对建筑设计的思潮也带来了冲击。此时欧洲大城市的人口不断膨胀，产生了严重的住房短缺问题，而美国的西进运动也接近尾声。这些都要求建筑设计在工业化的帮助下，在材料、建造方式、空间与形式方面探寻新的出路。

1.3.3.1 美国

美国的装配式混凝土住宅起源于 20 世纪 30 年代。1976 年，美国国会通过了国家工业化住宅建造及安全法案，同年出台一系列严格的行业规范及标准。1991 年，美国 PCI（预制预应力混凝土协会）年会上提出将装配式混凝土建筑的发展作为美国建筑业发展的契机，由此带来装配式混凝土建筑在美国二十多年的长足发展。目前，混凝土结构建筑中，装配式混凝土建筑的比例占到 35%左右；在美国同一地点，相比用传统方式建造的同样房屋，只需花不到 50%的费用就可以购买一栋装配式混凝土住宅。除了注重质量，更注重提升美观、舒适性及个性化。现在在美国每 16 个人中就有 1 个人居住的是装配式住宅，并成为非政府补贴的经济适用房的主要形式。

美国装配式混凝土建筑建材产品和部品部件种类齐全，构件通用化水平高，呈现商品化供应的模式，并且构件呈现大型化的趋势。基于美国建筑业强大的生产施工能力，美国装配式混凝土建筑的构件连接以干式连接为主，可以实现部品部件在质量保证年限之内的重复组装使用。

美国苹果公司的总部大楼 Apple Park 呈现出飞碟一样的圆形形态，用“切蛋糕”的形式把这个圆形切成了 N 个模块，且都是重复的构造和统一的尺寸，里面依然以钢、混凝土、玻璃这三种材料为主，通过很简约的设计，将大块的玻璃构件、双层的隔层楼板（中间可以走机电管道）组装在一起，是集结构、机电和建筑的美学于一体的绿色建筑（图 1-12）。

图 1-12 Apple Park

1.3.3.2 德国

德国是世界上工业化水平较高的国家。第二次世界大战后，装配式混凝土建筑在德国得到广泛应用，经过数十年的发展，目前德国的装配式混凝土建筑产业链处于世界领先水平。建筑、结构、水暖电专业协作配套，施工企业与机械设备供应商合作密切，机械设备、材料和物流先进，高校、研究机构和企业不断为行业提供研发支持。

德国主要采用叠合板混凝土剪力墙结构体系，剪力墙板、梁、柱、楼板、内隔墙板、外挂板、阳台板、空调板等构件采用预制与现浇混凝土相结合的建造方式，并注重保温节能特性，目前已发展成系列化、标准化的高质量、节能的装配式住宅生产体系。

德国是在降低建筑能耗上发展最快的国家。20 世纪末，德国在建筑节能方面提出了“3 升房”的概念，即每平方米建筑每年的能耗不超过 3L 汽油。同一时期，德国又提出零能耗的“被动式建筑”的理念。这类建筑使用超厚的绝热材料和复杂的门窗，主要通过住宅本身的构造做法达到高效的保温隔热性能，并利用太阳能和家电设备的散热为居室提供热源，减少或不使用主动供应的能源，即便是需要提供其他能源，也尽量采用清洁的可再生能源。建筑师为房子设计了密封的外壳，所以房屋大多没有任何热量散失，也没有任何冷风吹进来。被动式建筑不仅能够通过阳光加热，甚至可以利用家电或居住者身体释放的热量保温，非常节能环保（图 1-13）。

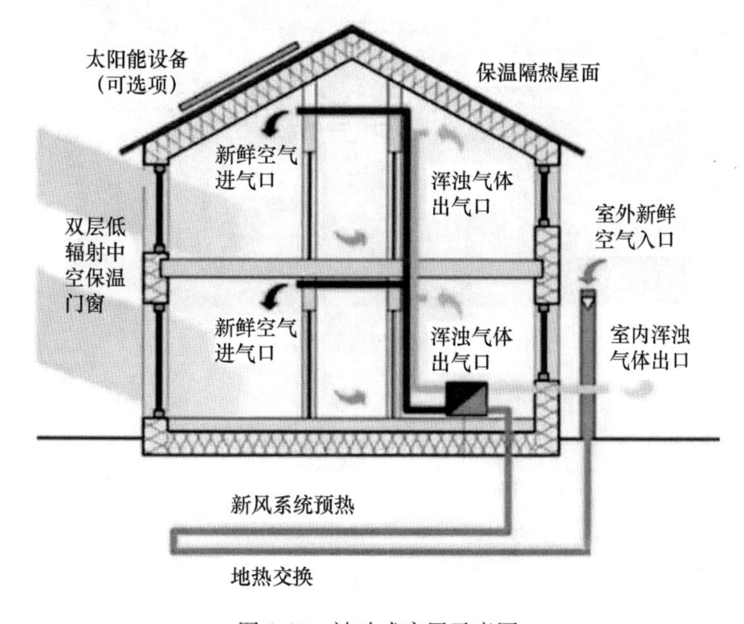

图 1-13　被动式房屋示意图

2012 年，在柏林落成的 Tour Total 大厦，代表了德国预制混凝土装配式建筑的一个发展方向。该项目建筑面积约 2.8 万 m^2，高度 68m，外墙面积约 1 万 m^2，由 1395 个、200 多个不同种类、三维方向变化的混凝土预制构件装配而成。每个构件高度 7.35m，构件误差小于 3mm，安装缝误差小于 1.5mm。构件由白色混凝土加入石材粉末颗粒浇筑而成，精确、细致的构件和三维方向微妙变化富有雕塑感的预制件，使建筑显得光影丰富、精致耐看（图 1-14）。

图 1-14　德国 Tour Total 大厦

1.3.3.3　苏联

装配式建筑在西方第二次世界大战后重建和经济恢复方面发挥了非常重要的作用，基于工厂化生产和机械化装配的建筑工业化概念开始形成，但技术不成熟，管理粗放，建造成本相对较高，不具备市场化条件，基本处于政府主导、企业参与的模式。赫鲁晓夫楼（图 1-15）奠定了早期预制装配式建筑规模化基础。主打“多快好省”的赫鲁晓夫楼曾是人类历史上最大的城市发展项目。面对第二次世界大战后城市规模爆炸式扩张、人口迅速增长、住房严重短缺的现象，1954 年，苏联政府在五年计划中提出，在最短的时间内以最低的成本改善城市居民的居住条件。

雄心勃勃的苏联领导人赫鲁晓夫命令建筑师开发一种可迅速复制的建筑模板，使其成为“全世界的典范”。这种楼广泛采用组合式钢筋混凝土部件与结构，预制件都是在工厂里流水线生产好的标准件，成本低廉，然后采用统一的工业化建造，所有楼房统一规格，如同复制、粘贴一样，统一为 5 层（设计师认为电梯成本太高，而且影响建造速度，所以把高度定位 5 层，极少有 3 层或 4 层）。随后大规模的建设就此展开，莫斯科别利亚耶沃地区至今保留了大量赫鲁晓夫楼，后来，随着需求增长，层数达到 16 层。

图 1-15　赫鲁晓夫楼

1.3.3.4　日本

1950 年以后，日本经历了第二次世界大战后的经济复兴期并随后进入高速增长期。大量人口涌入城市，住宅的短缺日益成为大城市严重的社会问题。日本装配式建筑的研究是从 1955 年日本住宅公团成立时开始的，并以公团为中心展开。住宅公团的任务就是执行战后复兴基本国策，解决城市化过程中中低层收入人群的居住问题。20 世纪 60 年代中期，日本装配式混凝土住宅有了长足发展，预制混凝土构配件生产形成独立行业，住宅部品化供应发展很快，但当时的装配式混凝土建筑尚处在为满足基本住房需求服务的阶段。从 70 年代开始，在日本，住宅的部件尺寸和功能标准开始有固定的体系。厂家按照标准生产出来的构配件，在装配建筑物时都是通用的。1973 年，日本建立装配式混凝土住宅准入制度，标志着作为体系建筑的装配式混凝土住宅的起步。从 70 年代后期至 80 年代后期，日本形成了若干种较为成熟的装配式混凝土住宅结构体系。1985 年后，日本的装配式混凝土建筑达到了高品质住宅阶段。目前日本建筑业的工厂化水平高，预制构件与装修、保温、门窗等集成化程度高，并通过严格的立法和生产与施工管理来保证装配式混凝土构件和建筑的质量。

日本建筑行业推崇的结构形式是以框架结构为主，剪力墙结构等刚度大的结构形式很少得到应用。目前日本装配式混凝土建筑中，柱、梁、板构件的连接尚以湿式连接为主，但强大的构件生产、储运和现场安装能力对结构质量提供了强有力的保证，并且为设计方案的制订提供了更多可行的空间。以莲藕梁安装（图 1-16）为例，梁柱节点核心区整体预制，保证了梁、柱连接的安全性，但误差容忍度低。

图 1-16　莲藕梁安装（四角钢筋先穿过）

提到日本的建筑，不得不提到日本的抗震技术。日本国土地震频发且烈度高，因此装配式混凝土的减震隔震技术得到了大力的发展和广泛的应用。基础隔震技术（图 1-17）是在建筑上部结构与地基之间采用柔性连接，设置足够安全的隔震系统，由于隔震层的“隔震”“吸震”作用，地震时上部结构做近似平动，结构反应仅相当于不隔震情况下的 1/4～1/8，从而“隔离”了地震，通俗地说，使用隔震技术的房屋经历 8 级地震的震动仅相当于 5.5 级地震，不仅达到了减轻地震对上部结构造成损坏的目的，而且建筑装修及室内设备也得到有效保护。在诸多隔震系统中，隔震橡胶支座是当前世界研究和应用的主流。

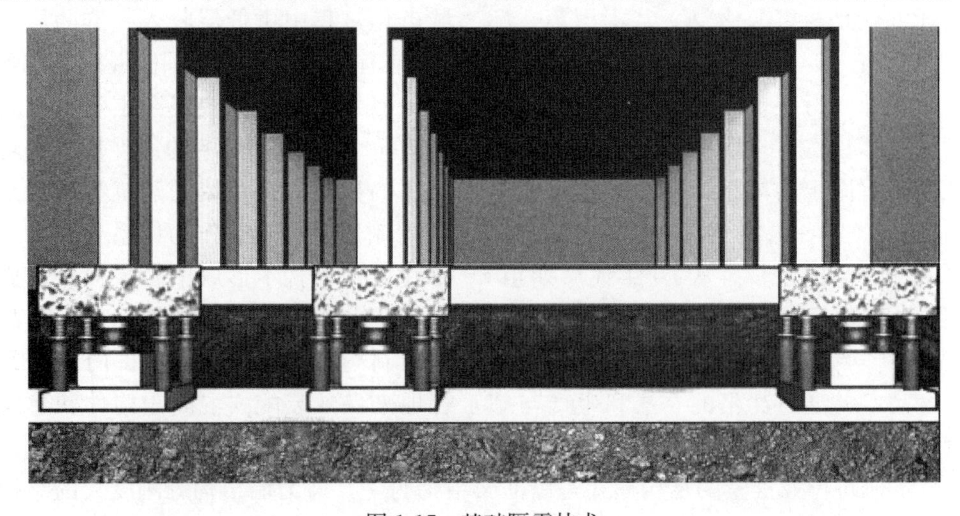

图 1-17　基础隔震技术

1995 年，日本阪神 7.2 级地震中，有两幢隔震结构建筑取得了地震观测记录。西部邮政大楼建筑面积为 46000m^2，有 6 层，是日本最大的隔震建筑。地震记录观测地面一层水平方向的最大加速度只有基础的 1/3～1/4，该建筑震后完好，设备无损，在救灾中发挥了较大作用，隔震效果得到了充分发挥。Matsumura-Gumi 研究所大楼为 3 层隔震楼，该大楼和毗邻的管理大楼为 3 层非隔震楼，两栋都得到了地震观测记录。隔震楼一层最大加速度值比基础小，而非隔震楼屋面最大加速度比隔震楼大 2～5 倍。

1.3.3.5 其他国家

新加坡的建筑行业受政府的影响较大。在政府的政策推动下，装配式混凝土建筑得到了良好的发展。以组屋项目（保障房）为例，新加坡强制推行组屋项目装配化，目前装配率可达到 70%。通过推行装配式混凝土建筑，新加坡不仅提高了房屋建造效率，还缓解了用工成本过高的问题。

加拿大作为美国的近邻，在发展装配式混凝土建筑的道路上借鉴了美国的经验和成果。目前加拿大混凝土建筑的装配率高，构件的通用性高，大城市多为装配式混凝土建筑和钢结构建筑，抗震设防烈度 6 度以下地区甚至推行全预制混凝土建筑。

法国在 1950—1970 年开始推行装配式混凝土建筑，经过几十年的发展，目前已经比较完善，装配率达到 80%。法国的装配式混凝土建筑多采用框架或者板柱体系，采用焊接等干式连接方法。

海牙是荷兰第三大城市，约有 50 万人。2011 年 5 月建成的第二市政厅（Leyweg 市政厅，见图 1-18）是 Rudy Uytenhaak 建筑事务所的代表作之一。建筑的外形像一艘行驶在 Hague 市的船。人性化的采光建筑和白色主调，看起来干净又舒服，以白色不规则四边形斜插向地面，成为区域地标，同时尽情地表现着结构之美，并被列入海牙现代建筑的代表。大楼总建筑面积约 33000m^2，功能灵活，其中包含会议大厅、市政办公、音乐厅及图书馆，甚至还有公寓。在结构上，Leyweg 市政办公室以实现建筑的高品质、低资源消耗、低环境影响、可持续发展经济作为主要标准，所以主体结构构件混凝土预制墙板，集中在一个气候控制层与混凝土浇筑而成，这种预制墙板，同时具备隔声和防火功能。因此，仅仅使用规则的承重外墙就达到了拉伸建筑总层高的效果；办公室区域也是完全灵活的布局，使用灵活。

图 1-18　Leyweg 市政厅

1.3.3.6 国外发展总结与启示

至第二次世界大战结束，装配式建筑已经发展出框架结构、轻型框架结构、板式结构等典型结构类型，材料也囊括常见的木材、金属材料、混凝土材料等，同时根据项目特征有不同的预制程度。而装配式建筑发展的活跃期与人口膨胀、社会转型等因素紧密相关，也使装配式建筑产生了超越建筑本身建造意义之外的、特殊的社会属性。西方发达国家的装配式混凝土结构建筑经过几十年甚至上百年的时间，已经发展到了相对成熟、完善的阶段。受世界各国经济水平、科技水平、自然条件、地理分布和文化差异等影响，日本、美国、澳大利亚等国家和地区按照各自的经济、社会工业化程度、自然条件等特点，选择了不同的道路和方式。

通过总结以上国家在发展装配式建筑的经验，我们得到以下启示：

（1）应结合自身的地理环境、经济与科技水平、资源供应水平选择装配式建筑的发展方向。例如，欧美各国普遍位于非地震区，且建筑物以低层和多层为主，因此多推广普及干式连接施工方式；日本处于地震多发区，加之高层建筑较多，故推广普及等同现浇的湿式连接施工方式。英国结合本国的科技水平选择了发展装配式钢结构建筑的道路，瑞典等北欧国家由于木材资源丰富，故多以装配式木结构为主发展装配式建筑。

（2）政府应在发展装配式混凝土建筑过程中发挥积极的作用。成熟的装配式混凝土生产方式不仅绿色、环保、节能，还能降低项目的造价。但是，在推广装配式混凝土建筑初期，由于其尚未形成规模，往往成本比传统施工方式高，并且部分企业的社会责任感不强，一味追求经济利益，故装配式混凝土建筑的竞争力相对较弱。因此，在推广初期，政府的积极推动对装配式混凝土建筑的发展具有十分关键的作用。

（3）完善装配式混凝土建筑产业链是发展装配式混凝土建筑的关键。美国、德国、日本等国家的装配式混凝土建筑发展，均得益于其完备的建筑产业链及优秀的操作与管理能力。因此，完善行业生产的关键技术，提高产业工人的职业素质，提高部品部件的生产质量、物流能力和装配水平，完善质量管理和评价体系，是我国装配式建筑从业人员亟待完成的任务和使命。

1.3.4 我国装配式混凝土建筑发展历程

我国将 prefabricated 翻译为“装配”而不是“预制”，而装配（assembly）更多强调的是建筑部件以干法方式进行连接的过程，预制则强调部件以非现场方式（offsite construction）进行预先制造甚至组装。这些概念之间既有联系又有一定的区别，但都是工业化（industrialized）建筑体系的重要组成部分。

伴随国家对数字中国、绿色建筑概念的重视不断加深，建筑发展形式也在发生转变，建设城市的概念不单单是追求现代化，而是更加注重绿色、环保、人文、智慧及宜居性，装配式建筑具有符合绿色施工及环保高效的特点。全面推进装配式建筑发展成为建筑业的重中之重。我国装配式建筑发展历程如图 1-19 所示。

20世纪50年代

起步阶段

建筑工业化起步，借鉴苏联和东欧各国的经验，在国内执行标准化、工厂化、机械化的预制构件和装配式建筑

20世纪60年代至80年代初

持续发展阶段

多种装配式体系得到快速发展，装配式大板建筑、装配式混凝土框架结构、装配式混凝土排架结构大量推广

20世纪80年代末开始

低潮阶段

建设标准低，抗震性差，建筑建设呈个性化、多样化、复杂化等特点，混凝土现浇结构广泛应用

2008年至今

新发展阶段

建筑技术进步，劳动力成本上升，节能环保需求增加及国家政策支持，装配式发展迎来新的契机

图 1-19　我国装配式建筑发展历程

1.3.4.1　起步阶段（20 世纪 50 年代）

我国的建筑工业化发展始于 20 世纪 50 年代，在“一五”计划中提出借鉴苏联及东欧各国的经验，在国内推行标准化、工厂化、机械化的预制构件和装配式建筑。

我国装配式混凝土建筑起源于 20 世纪 50 年代。此时中华人民共和国刚刚成立，全国处在百废待兴的状态，发展建筑行业，为人民提供和改善居住环境，迫在眉睫。当时著名建筑学家梁思成先生最先提出“建筑工业化”的理念，并且这一理念被纳入“一五”计划中，提出借鉴苏联和东欧各国的经验，在我国建筑行业中推行标准化、工厂化、机械化的预制构件和装配式建筑。

1955 年，北京第一建筑构件厂在北京东郊百子湾兴建；1959 年，我国采用预制装配式混凝土技术建成了高达 12 层的北京民族饭店（图 1-20）。这些事件标志着我国装配式混凝土建筑已经起步。

图 1-20　1959 年北京民族饭店首次采用预制装配式框架-剪力墙结构

1.3.4.2 持续发展阶段（20世纪60年代至80年代末）

20世纪60年代至80年代，多种混凝土装配式建筑体系进入持续发展阶段，预应力混凝土圆孔板、预应力空心板等快速发展；装配式建筑应用大量推广，北京从东欧引入了装配式大板住宅体系，建设面积达70万m^2，至80年代末全国已经形成数万家预制构件厂，年产量达2500万m^2。1976年兴建的北京前三门住宅区为中华人民共和国成立后第一个最大单项住宅工程，见图1-21。

我国装配式混凝土建筑在这一时期得到快速发展，其原因有以下几点：

（1）当时各类建筑标准不高，形式单一，易于采用标准化方式建造。

（2）当时的房屋建筑抗震性能要求不高。

（3）当时的建筑行业建设总量不大，预制构件厂的供应能力可满足建设要求。

（4）当时我国资源相对匮乏，木模板、支撑体系和建筑用钢筋短缺。

（5）计划经济体制下，施工企业采用固定用工制预制装配式施工方式可减少现场劳动力投入。

图1-21　1976年兴建的北京前三门住宅区

1.3.4.3 低潮阶段（20世纪80年代末开始）

1976年我国遭遇了唐山大地震，地震中预制装配式房屋破坏严重，结构整体性、抗震性差的缺点暴露明显（图1-22）。随着我国经济的发展，建筑业建设规模急剧增加，建筑设计也呈现出个性化、多样化的特点，而当时装配式生产和施工能力无法满足新形式的要求。我国装配式混凝土建筑在20世纪80年代末开始遭遇低潮，发展近乎停滞。随着农民工大量进入城镇，劳动力成本降低，加之各类模板、脚手架的普及和商品混凝土的广泛应用，现浇结构施工技术得到了广泛的应用。

图 1-22 唐山大地震时遭到严重破坏的预制房屋

1.3.4.4 新发展阶段（2008 年至今）

随着我国建筑科学的持续进步，抗震技术有了突出发展，为装配式建筑的发展打下了基础；与此同时，我国人口红利逐步消失，建筑业农民工数量减少，我国劳动力成本大幅提升，实现建筑工业化降低生产成本逐步得到建筑企业重视。我国政府和建设行业行政主管部门对推进建筑产业现代化、推动新型建筑工业化、发展装配式建筑给予了大力支持，国家对建筑行业转型升级的决心和重视程度不言而喻。

1. 国家和各地方政府的政策要求

推行装配式建筑与环保限产、供给侧结构性改革政策需求相契合。装配式建筑性能优越，具有建造速度快、节能环保、强度高、自重轻、空间利用率大、隔热性能好等优点，能极大降低污染和资源浪费，顺应绿色制造与节能环保需求。另外，发展装配式建筑是供给侧改革组合拳之一，“三去一降一补”中，装配式建筑承担着生态文明补短板和钢铁、水泥、建材等行业去库存重任。目前，中央及各地装配式建筑行业政策见表 1-1。

表 1-1 国家和各地方政府对装配式建筑的政策

政策级别	发布时间	部门	政策	主要内容
装配式建筑占比规定				
中央	2017 年 3 月	住房城乡建设部	《“十三五”装配式及建筑行动方案》	提出到 2020 年全国装配式建筑占新建建筑比例达到 15%以上，其中重点推进地区和鼓励推进地区分别达 20%、15%和 10%
地方配套	2017—2018 年	北京等各地区住建厅	各地区《关于推进装配式建筑发展的实施意见》	根据各地实际情况，明确 2020 年、2025 年装配式建筑占新建建筑面积的比例，明确重点推进地区、积极推进地区、鼓励推进地区及各地区比例目标

续表

政策级别	发布时间	部门	政策	主要内容
建筑装配率规定				
中央	2017—2018年	住房城乡建设部	《装配式混凝土建筑技术标准》《装配式钢结构建筑技术标准》《装配式木结构建筑技术标准》《装配式建筑评价标准》	明确规定被评定为装配式建筑的单体建筑需满足下列条件：1）竖向承重构件为混凝土材料时，预制部品部件比例不应低于50%；2）竖向非承重构件为金属材料、木材及非水泥基复合材料时，竖向构件应全部采用预制部品部件；3）楼盖构件比例不低于70%；4）外围护墙比例不低于80%；5）内隔墙不低于50%；6）采用全装修
地方配套	2017—2018年	北京等各地区住建厅	《北京市发展装配式建筑2017年工作计划》等	细化了装配式建筑装配率要求、评价标准、实施范围等，如北京规定装配式建筑装配率不低于50%，同时明确高度在60m（含）以下时，单体建筑预制率应不低于40%，建筑高度在60m以上时，单体建筑预制率应不低于20%
装配式建筑补贴支持政策				
中央	2016年9月	国务院	《关于大力发展装配式建筑的指导意见》	明确提出推进装配式建筑的保障措施，包括加大政策支持，给予相关企业政策优惠、税收优惠、土地保障等
	2017年3月	住房城乡建设部	《“十三五”装配式及建筑行动方案》	明确提出要落实支持政策，包括鼓励各地创新支持政策，加强对供给侧和需求侧双向支持力度，加强土地保障，税收优惠等，同时可将装配率水平作为支持鼓励政策的依据
地方配套	2017—2018年	上海等各地区住建厅	各地区《关于推进装配式建筑发展的实施意见》等	如北京提出包括面积奖励、财政奖励、增值税即征即退优惠、房屋预收便利等支持政策；上海提出符合条件的装配式建筑项目，每平方米补贴100元

各地为了执行落实这些政策，在土地出让合同上就要求兴建装配式建筑。例如，早在2016年，南京国土部门发布的2016年第5号土地出让公告，来自江宁、江北的10幅地块在7月8日正式公开出让。这10幅地块中，有8幅采用“限价”新规。此外，有6幅地块的公告备注中首次出现了“装配式建筑”的强制性要求。除了南京市，海南省、黑龙江省、成都市、德阳市、嘉兴市、佛山市等开始在土地出让合同中明确必须采用装配式建筑，见表1-2。

表 1-2 土地出让明确装配式建筑要求的地区

省市地区	相关规定
南京市	南京市国土局 2016 年第 5 号土地出让公告中首次明确将“装配式建筑”写入公告，土地出让公告中，6 幅地块的公告备注中首次出现“装配式建筑”的强制性要求
海南省	新出台的《装配式建筑实施主要环节管理规定（暂行）》要求，住建部门在土地出让前，需明确是否实施装配式建筑，如果实施，应明确相关指标。土地出让成交后，就装配式建筑的相关要求与竞得人签订补充协议，并负责监管
黑龙江省	各地自然资源主管部门要根据当地装配式建筑发展目标，将装配式建筑的相关要求纳入供地方案，并落实到土地使用合同中
成都市	全市新建房建工程项目应在土地出让阶段严格落实绿色建筑和装配式建筑建设要求。各区（市）县建设行政主管部门应将每一宗拟出让土地具体的绿色建筑和装配式建筑建设要求写入《（招拍挂）建设条件通知书》中予以明确
德阳市	全市在 2020 年 1 月 1 日前已出让土地但未明确装配式建筑具体要求的项目，自 2020 年 1 月 1 日起（以《建设工程规划许可证》获得时间为准）应全面推行装配式建设方式（含混凝土结构、钢结构、木结构等）
嘉兴市	嘉兴市拍卖嘉秀洲-004 号地块，在挂牌出让时明确要求做装配式住宅，这是嘉兴市首例在土地出让中明确必须采用装配式建筑
佛山市	各区自然分局在编制出让方案时征求住建部门意见，明确出让地块需要使用装配式建筑的比例，出让公告注明“受让人需采用装配式建筑的建造方式”的，该用地必须按照要求实施装配式建筑，装配式建筑的认定按照国家或省现行的装配式建筑评价标准

2. 国家级规范标准

伴随着国家大力发展装配式建筑政策的纷纷出台，为规范装配式建筑的推广，指导行业企业和从业人员合理应用装配式技术，我国相继出台了若干装配式领域的规范、规程、标准、图集。

（1）《装配式混凝土结构技术规程》（JGJ 1—2014）

我国自 1991 年施行《装配式大板居住建筑设计和施工规程》（JGJ 1—1991）后，经过二十多年的沉淀，结合新技术、新工艺、新材料的发展，参考有关国内标准和国外先进标准，于 2014 年施行《装配式混凝土结构技术规程》（JGJ 1—2014）。与已废止的 1991 年版标准相比，2014 年标准扩大了适用范围，新标准适用于居住建筑和公共建筑；此外，加强了装配式结构整体性的设计要求；增加了装配整体式剪力墙结构、装配整体式框架结构和外挂墙板的设计规定；修改了多层装配式剪力墙结构的有关规定；增加了钢筋套筒灌浆连接和浆锚搭接连接的技术要求；补充、修改了接缝承载力的验算要求。

（2）《装配式混凝土建筑技术标准》（GB/T 51231—2016）

在行业标准《装配式混凝土结构技术规程》（JGJ 1—2014）发布两年后，国家标准《装配式混凝土建筑技术标准》（GB/T 51231—2016）于 2016 年施行。《装配式混凝土建筑技术标准》（GB/T 51231—2016）的发布，不仅是对《装配式混凝土结构技术规程》（JGJ 1—2014）的有效补充，还在一些条文中对《装配式混凝土结构技术规程》（JGJ 1—2014）进行了修改。此外，《装配式钢结构建筑技术标准》（GB/T 51232—2016）、《装配式木结构建筑技术标准》（GB/T 51233—2016）也同时施行。

（3）《预制混凝土剪力墙外墙板》（15G365-1）等 9 项国家建筑标准设计图集

由中国建筑标准设计研究院有限公司组织编制的《预制混凝土剪力墙外墙板》（15G365-1）等 9 项国家建筑标准设计图集（图 1-23）自 2015 年 3 月起实施。该系列图集是在国家建筑标准设计的基础上，依据《装配式混凝土结构技术规程》（JGJ 1—2014）编制的，对规范内容进行了细化和延伸，对现阶段量大面广的装配式混凝土剪力墙结构设计、生产、施工起到规范和全方位的指导作用。这套图集的内容涵盖表示方法、设计示例、连接节点构造及常用的构件等，见表 1-3。

图 1-23　装配式混凝土结构国家建筑标准设计图集

表 1-3　装配式混凝土结构国家建筑标准设计图集介绍

专业	图集	图集号	主要内容
建筑	《装配式混凝土结构住宅建筑设计示例（剪力墙结构）》	15J939-1	图集以设计实例为蓝本，编制了方案阶段与施工图阶段的设计示例，体现了装配式剪力墙结构住宅建筑设计的特点、方法及要求
结构	《装配式混凝土结构表示方法及示例（剪力墙结构）》	15G107-1	包括装配式混凝土剪力墙结构施工图表示方法及示例两部分，示例为一个完整的装配式混凝土剪力墙结构施工图示例
结构	《装配式混凝土结构连接节点构造（2015 合订本）》	G310-1～2	图集重点给出楼盖结构和楼梯，以及装配式混凝土剪力墙结构的连接节点做法及节点内钢筋构造要求
结构	《预制混凝土剪力墙外墙板》	15G365-1	图集主要编制了层高为 2800mm、2900mm、3000mm 的非组合式夹芯保温外墙板常用平面构件
结构	《预制混凝土剪力墙内墙板》	15G365-2	图集主要编制了层高为 2800mm、2900mm、3000mm 的剪力墙内墙板常用平面构件
结构	《桁架钢筋混凝土叠合板（60mm 厚底板）》	15G366-1	图集编制了单向受力、双向受力两种情况下叠合板用桁架钢筋混凝土底板，各类板型模板图、配筋图及材料表，相应的构造节点
结构	《预制钢筋混凝土板式楼梯》	15G367-1	图集编制剪力墙结构常用预制楼梯，归纳了常用建筑开间所对应的梯段板类型
结构	《预制钢筋混凝土阳台板、空调板及女儿墙》	15G368-1	图集编制了预制钢筋混凝土阳台板、空调板及女儿墙构件图，归纳了常用的构件规格和类型，以及模板图、配筋图及其节点连接构造等

(4)《装配式建筑评价标准》(GB/T 51129—2017)

我国于2015年发布《工业化建筑评价标准》(GB/T 51129—2015),并在2017年发布《装配式建筑评价标准》(GB/T 51129—2017),同时《工业化建筑评价标准》(GB/T 51129—2015)废止。新标准的发布,对进一步促进装配式建筑的发展和规范装配式建筑的评价,起到了重要的作用。

(5)其他

此外,我国还发布了诸如《钢筋连接用灌浆套筒》(JG/T 398—2019)、《钢筋套筒灌浆连接应用技术规程》(JGJ 355—2015)、《钢筋连接用套筒灌浆料》(JG/T 408—2019)、《装配式混凝土剪力墙结构住宅施工工艺图解》(16G906)等规范、标准、图集,进一步促进和规范了行业的发展。

3. 各地保障政策

我国各省、自治区、直辖市均结合自身特点,提出各自的装配式建筑发展目标和保障政策。

上海市:"十三五"期间,上海市全市装配式建筑的单体预制率达到40%以上或装配率达到60%以上。外环线以内采用装配式建筑的新建商品住宅、公租房和廉租房项目100%采用全装修。

天津市:2021—2025年全市范围内国有建设用地新建项目具备条件的全部采用装配式建筑。为保证以上目标实现,天津市规定,经认定为高新技术企业的装配式建筑企业,减按15%的税率征收企业所得税,装配式建筑企业开发新技术、新产品、新工艺发生的研究开发费用,可以在计算应纳税所得额时加计扣除。

广东省:到2025年前,珠三角城市群装配式建筑占新建建筑面积比例达到35%以上,其中政府投资工程的装配式建筑面积占比达到70%以上;常住人口超过300万的粤东西北地区地级市中心城区,装配式建筑占新建建筑面积的比例达到30%以上,其中政府投资工程的装配式建筑面积占比达到50%以上;全省其他地区装配式建筑占新建建筑面积的比例达到20%以上,其中政府投资工程的装配式建筑面积占比达到50%以上。对装配式建筑项目,广东省政府优先安排用地计划指标,对增值税实施即征即退的优惠政策,落实适当的资金补助,并优先给予信贷支持。

湖北省:到2025年,全省装配式建筑占新建建筑面积的比例达到30%以上,并对装配式建筑给予配套资金补贴、容积率奖励、商品住宅预售许可、降低预售资金监管比例等激励政策。

江苏省:到2025年年末,要求建筑产业现代化建造方式成为主要建造方式,全省建筑产业现代化施工的建筑面积占同期新开工建筑面积的比例、新建建筑装配化率达到50%以上,装饰装修装配化率达到60%以上。对装配式项目,政府将给予财政扶持政策,提供相应的税收优惠,优先安排用地指标,并给予容积率奖励。

辽宁省:到2025年年底,全省装配式建筑占新建建筑面积比例力争达到35%以上,其中沈阳市力争达到50%以上,大连市力争达到40%以上,其他城市力争达到30%以上。辽宁省将对装配式建筑项目给予财政补贴、增值税即征即退优惠,优先保障装配式建筑部品部件生产基地(园区)、项目建设用地,允许不超过规划总面积的5%

不计入成交地块的容积率核算。

1.3.4.5 国内发展总结与启示

总体来看，近年来我国装配式建筑呈现良好发展态势，在促进建筑产业转型升级、推动城乡建设领域绿色发展和高质量发展方面发挥了重要作用。在政策驱动和市场引领下，装配式建筑的设计、生产、施工、装修等相关产业能力快速提升，同时还带动构件运输、装配安装、构配件生产等新型专业化公司发展。

各地住房和城乡建设主管部门高度重视装配式建筑的质量安全和建筑品质提升，并在实践中积极探索，多措并举，形成了很多很好的经验，例如：

(1) 加强了关键环节把关和监管，北京、深圳等多地实施设计方案和施工组织方案专家评审、施工图审查、构件驻厂监理、构件质量追溯、灌浆全程录像、质量随机检查等监管措施。

(2) 改进了施工工艺工法，通过技术创新降低施工难度，如北京市推广使用套筒灌浆饱满度监测器，有效解决了套筒灌浆操作过程中灌不满、漏浆等问题。

(3) 加大了工人技能培训，各地行业协会和龙头企业积极投入开展产业工人技能培训，推动了职工技能水平的提升。

1.3.4.6 国内装配式建筑案例

1. 雄安市民服务中心

由中国雄安集团投资的第一个高起点规划、高标准建设的城建项目——雄安市民服务中心，是未来雄安缔造智慧城市、绿色城市的缩影，具有十分重要的样板意义（图 1-24）。装配式建筑具有绿色环保的特点，助力雄安新区在规划时间内建设完成。这是雄安新区第一个基础设施项目，为雄安首个装配式建筑，承担着政务服务、规划展示等多项功能，整个项目工期比传统模式缩短 40%，建筑垃圾比传统建筑项目减少 80%以上，创造了全新的“雄安速度”：4d，完成 3100t 基础钢筋的安装；5d，完成建设现场临建布置；7d，完成 12 万 m^3 土方开挖；10d，完成 3.55 万 m^3 基础混凝土浇筑；12d，完成现场临时办公、生活搭建；25d，完成 1.22 万 t 钢构件安装；40d，项目 7 个钢结构单体全面封顶；从开工到全面封顶仅历时 1000h。

图 1-24 雄安市民服务中心

2. 火神山医院

疫情就是命令，现场就是战场。为救治新型冠状病毒感染的肺炎患者，解决当时医疗资源不足的困境，火神山医院身负着舒缓战疫前线压力的重大职责，经过10d快马加鞭，在亿万人的关注下迅速落地建成。作为土木学子，我们在致敬一线劳动者的辛勤与付出的同时，还应对高效便捷、规模化和产业化的10个昼夜酣战做深入了解。

如图1-25所示，每一个建筑部件就像施工人员手中的乐高积木，在现场组装完成。这些“积木”是提前在工厂预制完成的部品构件，工人通过模块化拼装就可以组成一间房屋。

图1-25　火神山医院

火神山医院速度：2020年除夕，上百台挖土机抵达现场平整土地；大年初一，火神山医院正式开工；初二，第一间样板房建成；初三，场地回填、整平全部完成，首批箱式板房吊装搭建；初四，双层病房区钢结构初具规模；初五，三百多个箱式板房骨架安装完成；初六，HDPE防渗膜铺设完成，污水处理间设备吊装同步展开；初七，集装箱拼装基本完成；初八，医疗配套设备安装；初九，交付完工。

火神山医院建设速度的背后，是我国建造技术的创新。医院的建设采用了建筑业最前沿的装配式建筑技术，最大限度地采用拼装式工业化成品，大幅减少现场作业的工作量，节约了大量时间，装配式建筑快速建造的优势得到了淋漓尽致的发挥!

1.4　装配式建筑评价标准

装配式建筑的装配化程度由装配率来衡量。装配率是指单体建筑室外地坪以上的主体结构、围护墙和内隔墙、装修和设备管线等采用预制部品部件的综合比例。构成装配率的衡量指标相应包括装配式建筑的主体结构、围护墙和内隔墙、装修与设备管线等部分的装配比例。

1.4.1 评价单元的确定

装配式建筑的装配率计算和装配式建筑等级评价应以单体建筑作为计算和评价单元，并应符合下列规定：

(1) 单体建筑应按项目规划批准文件的建筑编号确认。

(2) 建筑由主楼和裙房组成时，主楼和裙房可按不同的单体建筑进行计算和评价。

(3) 单体建筑的层数不多于3层，且地上建筑面积不超过500m^{2}时，可由多个单体建筑组成建筑组团作为计算和评价单元。

1.4.2 评价的分类

为保证装配式建筑评价质量和效果，切实发挥评价工作的指导作用，装配式建筑评价分为预评价和项目评价，并符合下列规定：

(1) 设计阶段宜进行预评价，并应按设计文件计算装配率。预评价的主要目的是促进装配式建筑设计理念尽早融入项目实施中。如果预评价结果满足控制项要求，评价项目可结合预评价过程中发现的不足，通过调整和优化设计方案，进一步提高装配化水平；如果预评价结果不满足控制项要求，评价项目应通过调整和修改设计方案使其满足要求。

(2) 项目评价应在项目竣工验收后进行，并应按竣工验收资料计算装配率和确定评价等级。评价项目应通过工程竣工验收再进行项目评价，并以此评价结果作为项目最终评价结果。

1.4.3 认定评价标准

装配式建筑应同时满足下列4项要求：

(1) 主体结构部分的评价分值不低于20分

主体结构即建筑物的主要受力构件，主要包括柱、承重墙等竖向构件，以及梁、板、楼梯、阳台、空调板等水平构件。这些构件对建筑物的结构安全起到决定性的作用。推进主体结构的装配化对发展装配式建筑有着非常重要的意义。

(2) 围护墙和内隔墙部分的评价分值不低于10分

新型装配式墙体的应用对提高建筑质量和品质、改变建造方式等都具有重要意义。积极引导和逐步推广新型建筑墙体也是装配式建筑的重点工作。非砌筑是新型建筑墙体的共同特征之一。将围护墙和内隔墙采用非砌筑类型墙体作为装配式建筑评价的控制项，也是为了推动其更好地发展。非砌筑类型墙体包括采用各种中大型板材、幕墙、木材及复合材料的成品或半成品复合墙体等，满足工厂生产、现场安装、以干作业为主的要求。

围护墙和内隔墙采用非砌筑墙体的最低应用比例要求达到50%。制定这一规定，一是综合考虑了各种民用建筑的功能需求和装配式建筑工程实践中的成熟经验；二是按照适度提高标准，确保具体措施切实可行的原则。

(3) 采用全装修

全装修是指建筑功能空间的固定面装修和设备设施安装全部完成，达到建筑使用功能和建筑性能的基本要求。

发展建筑全装修是实现建筑标准提升的重要内容之一。不同建筑类型的全装修内容和要求可能是不同的。对居住、教育、医疗等建筑类型，在设计阶段即可明确建筑功能空间对使用和性能的要求及标准，应在建造阶段实现全装修。对办公、商业等建筑类型，其建筑的部分功能空间对使用和性能的要求及标准等，需要根据承租方的要求进行确定时，应在建筑公共区域等非承租部分实施全装修，并对实施“二次装修”的方式、范围、内容等做出明确规定；评价时可结合两部分内容进行。

（4）装配率不低于50％

装配化装修是将工厂生产的部品部件在现场进行组合安装的装修方式，主要包括干式工法楼面地面、集成厨房、集成卫生间、管线分离等。

集成厨房是指地面、吊顶、墙面、橱柜、厨房设备及管线等通过集成设计、工厂生产，在工地主要采用干式工法装配完成的厨房。集成厨房多指居住建筑中的厨房。集成卫生间是指地面、顶棚、墙板和洁具设备及管线等通过集成设计、工厂生产，在工地主要采用干式工法装配完成的卫生间。集成卫生间充分考虑卫生间空间的多样组合或分隔，包括多器具的集成卫生间产品和仅有洗面、洗浴或便溺等单一功能模块的集成卫生间产品。集成厨房和集成卫生间是装配式建筑装饰装修的重要组成部分，其设计应按照标准化、系列化原则，并符合干式工法施工的要求，在制作和加工阶段全部实现装配化。

1.4.4 装配率计算方法

1. 装配率总分计算

装配率应根据表1-4中的评价项得分值，按式（1.1）计算：

$$P=(Q_1+Q_2+Q_3)/(1-Q_4)\times 100\% \quad (1.1)$$

式中 P——装配率；

Q_1——主体结构指标实际得分值；

Q_2——围护墙和内隔墙指标实际得分值；

Q_3——装修和设备管线指标实际得分值；

Q_4——评价项目中缺少评价项分值总和。

表1-4 装配式建筑评分表

评价项		评价要求	评价分值（分）	最低分值（分）
主体结构（50分）	柱、支撑、承重墙、延性墙板等竖向构件	35％≤比例≤80％	20～30	20
	梁、板、楼梯、阳台、空调板等构件	70％≤比例≤80％	10～20	
围护墙和内隔墙（20分）	非承重围护墙非砌筑	比例≥50％	5	10
	围护墙与保温、隔热、装饰一体化	50％≤比例≤80％	2～5	
	内隔墙非砌筑	比例≥50％	5	
	内隔墙非砌筑的内隔墙与管线、装修一体化	50％≤比例≤80％	2～5	

续表

评价项		评价要求	评价分值（分）	最低分值（分）
装修和设备管线（30分）	全装修	—	6	6
	干式工法楼面、地面	比例≥70%	6	—
	集成厨房	70%≤比例≤90%	3～6	
	集成卫生间	70%≤比例≤90%	3～6	
	管线分离	50%≤比例≤70%	4～6	

2. 柱、支撑、承重墙、延性墙板等主体结构竖向构件应用比例计算

柱、支撑、承重墙、延性墙板等主体结构竖向构件主要采用混凝土材料时，预制部品部件的应用比例应按式（1.2）计算：

$$q_{1a}=V_{1a}/V\times100\% \tag{1.2}$$

式中 q_{1a}——柱、支撑、承重墙、延性墙板等主体结构竖向构件中预制部品部件的应用比例；

V_{1a}——柱、支撑、承重墙、延性墙板等主体结构竖向构件中预制部品部件中预制混凝土体积之和；

V——柱、支撑、承重墙、延性墙板等主体结构竖向构件混凝土总体积。

当符合下列规定时，主体结构竖向构件间连接部分的后浇混凝土可计入预制混凝土体积计算：

（1）预制剪力墙墙板之间宽度不大于600mm的竖向现浇段和高度不大于300mm的水平后浇带、圈梁的后浇混凝土体积；

（2）预制框架柱框架梁之间柱梁节点的后浇混凝土体积；

（3）预制柱间高度不大于柱截面较小尺寸的连接区后浇混凝土体积。

3. 梁、板、楼梯、阳台、空调板等构件应用比例计算

梁、板、楼梯、阳台、空调板等构件中预制部品部件的应用比例应按式（1.3）计算：

$$q_{1b}=A_{1b}/A\times100\% \tag{1.3}$$

式中 q_{1b}——梁、板、楼梯、阳台、空调板等构件中预制部品部件的应用比例；

A_{1b}——各楼层中预制装配梁、板、楼梯、阳台、空调板等构件的水平投影面积之和；

A——各楼层建筑平面总面积。

预制装配式楼板、屋面板的水平投影面积可包括：

（1）预制装配式叠合楼板、屋面板的水平投影面积。

（2）预制构件间宽度不大于300mm的后浇混凝土带水平投影面积。

（3）金属楼层板和屋面板、木楼盖和屋盖及其他在施工现场免支模的楼盖和屋盖的水平投影面积。

4. 非承重围护墙中非砌筑墙体应用比例

非承重围护墙中非砌筑墙体应用比例应按式（1.4）计算：

$$q_{2a}=A_{2a}/A_{w1}\times100\% \tag{1.4}$$

式中 q_{2a}——非承重围护墙中非砌筑墙体的应用比例；

A_{2a}——各楼层非承重围护墙中非砌筑墙体的外表面积之和，计算时可不扣除门、窗及预留洞口等的面积；

A_{w1}——各楼层非承重围护墙外表面总面积，计算时可不扣除门、窗及预留洞口等的面积。

5. 围护墙采用墙体、保温、隔热、装饰一体化的应用比例

围护墙采用墙体、保温、隔热、装饰一体化的应用比例应按式（1.5）计算：

$$q_{2b}=A_{2b}/A_{w2}\times 100\% \tag{1.5}$$

式中 q_{2b}——围护墙采用墙体、保温、隔热、装饰一体化的应用比例；

A_{2b}——各楼层围护墙采用墙体、保温、隔热、装饰一体化的墙面外表面积之和，计算时可不扣除门、窗及预留洞口等的面积；

A_{w2}——各楼层围护墙外表面总面积，计算时可不扣除门、窗及预留洞口等的面积。

6. 内隔墙中非砌筑墙体的应用比例

内隔墙中非砌筑墙体的应用比例应按式（1.6）计算：

$$q_{2c}=A_{2c}/A_{w3}\times 100\% \tag{1.6}$$

式中 q_{2c}——内隔墙中非砌筑墙体的应用比例；

A_{2c}——各楼层内隔墙中非砌筑墙体的墙面面积之和，计算时可不扣除门、窗及预留洞口等的面积；

A_{w3}——各楼层内隔墙墙面总面积，计算时可不扣除门、窗及预留洞口等的面积。

7. 内隔墙采用墙体、管线、装修一体化的应用比例

内隔墙采用墙体、管线、装修一体化的应用比例应按式（1.7）计算：

$$q_{2d}=A_{2d}/A_{n3}\times 100\% \tag{1.7}$$

式中 q_{2d}——内隔墙采用墙体、管线、装修一体化的应用比例；

A_{2d}——各楼层内隔墙采用墙体、管线、装修一体化的墙面面积之和，计算时可不扣除门、窗及预留洞口等的面积；

A_{n3}——各楼层内隔墙外表面总面积，计算时可不扣除门、窗及预留洞口等的面积。

8. 干式工法楼面、地面的应用比例

干式工法楼面、地面的应用比例应按式（1.8）计算：

$$q_{3a}=A_{3a}/A\times 100\% \tag{1.8}$$

式中 q_{3a}——干式工法楼面、地面的应用比例；

A_{3a}——各楼层采用干式工法楼面、地面的水平投影面积之和。

9. 集成厨房干式工法应用比例

集成厨房的橱柜和厨房设备等应全部安装到位。墙面、顶面和地面中干式工法的应用比例应按式（1.9）计算：

$$q_{3b}=A_{3b}/A_{k}\times 100\% \tag{1.9}$$

式中 q_{3b}——集成厨房干式工法的应用比例；

A_{3b}——各楼层厨房墙面、顶面和地面采用干式工法的面积之和；

A_k——各楼层厨房的墙面、顶面和地面的总面积。

10. 集成卫生间干式工法应用比例

集成卫生间的洁具设备等应全部安装到位。墙面、顶面和地面中干式工法的应用比例应按式（1.10）计算：

$$q_{3c}=A_{3c}/A_b\times100\% \tag{1.10}$$

式中 q_{3c}——集成卫生间干式工法的应用比例；

A_{3c}——各楼层卫生间墙面、顶面和地面采用干式工法的面积之和；

A_k——各楼层卫生间墙面、顶面和地面的总面积。

11. 管线分离比例

管线分离比例应按式（1.11）计算：

$$q_{3d}=L_{3d}/L\times100\% \tag{1.11}$$

式中 q_{3d}——管线分离比例；

L_{3d}——各楼层管线分离的长度，包括裸露于室内空间及敷设在地面架空层、非承重墙体空腔和吊顶内的电气、给水排水和采暖管线长度之和；

L——各楼层电气、给水排水和采暖管线的总长度。

12. 评价等级划分

当评价项目满足上述“认定评价标准”中提到的四点要求且主体结构竖向构件中预制部品部件的应用比例不低于35%时，可进行装配式建筑等级评价。

装配式建筑评价等级应划分为A级、AA级、AAA级，并应符合下列规定：

（1）装配率达到60%～75%时，评价为A级装配式建筑；

（2）装配率达到76%～90%时，评价为AA级装配式建筑；

（3）装配率达到91%以上时，评价为AAA级装配式建筑。

课程思政　壮志在我胸：土木青年的责任与梦想

据统计，建筑业能耗约占社会总能耗的30%，建筑业钢材消耗量占社会钢材消耗总量的50%，每年产生建筑垃圾15亿～24亿t。资源能耗高的同时，环境污染严重、人员劳动强度大等问题长久以来一直存在。因此以工业化生产、装配式施工的方式为起点，对建筑业进行转型升级符合社会需求，也是我国“制造2025计划”中的重要篇章。

在我国制造业转型升级大背景下，中央层面持续出台相关政策推进建筑业改革，大力推广装配式建筑，装配式建筑的发展已上升到国家战略层面。党的十八大报告明确提出：要坚持中国特色新型工业化、信息化、城镇化、农业现代化道路；推动信息化与工业化深度融合。时隔5年后，党的十九大报告再次强调：更好地发挥政府作用，推动新型工业化、信息化、城镇化、农业现代化同步发展。以上充分表明党中央和国务院对将生态建筑理念贯彻到我国新型工业化中以推动建筑工业化的重视。当前，我国已经有30多个省市地区就装配式建筑的发展制定了相关的政策和指导意见，其中22个省均已制定装配式发展的阶段性目标。在政策强力推动的大背景下，装配式建筑的发展和行业内相关资源的需求已进入井喷倒计时。

1. 绿水青山就是金山银山

近年来环境污染带来的危害给生态系统造成直接的破坏和影响。“雾霾”最近几年成为我们的“新朋友”，雾霾的源头多种多样，工业生产排放的废气、建筑工地和道路交通产生的扬尘（图1-26）、家庭装修等都是人为造成雾霾的重要因素。作为当前全球第一建筑大国，我国既有建筑近400亿m^2。建筑中99%为高耗能建筑；每年新增建筑面积超过20亿m^2，95%以上仍是高能耗建筑；新建房屋占全球一半以上，单位建筑面积采暖能耗为发达国家新建建筑的3倍以上。总体而言，我国传统建筑的生产方式普遍存在资源能耗高、环境污染严重、人员劳动强度大等问题，以上现状迫切需要对建筑行业进行转型升级。

图1-26　建筑工地扬尘

2013 年，国务院出台《大气污染防治十条措施》，包含减少污染物排放；严控高耗能、高污染行业的新增耗能；大力推行清洁生产；加快调整能源结构；强化节能环保指标约束；推行激励与约束并举的节能减排新机制，加大排污费征收力度，加大对大气污染防治的信贷支持等。

装配式建筑的优势正好契合了节能环保的要求，据统计，从《大气污染防治十条措施》颁布开始，2016 年北京 $PM_{2.5}$ 浓度是 73μg/m³，比 2015 年下降 9.9%。我国重点经济发展区京津冀、长三角、珠三角跟 2013 年比，改善的幅度在 30%左右。这些经济重点发展区域，也是装配式建筑推广起步较早、建筑业改革力度较大的地区。

由此可见，装配式建筑作为一种更节约资源、环保的建筑重新被定义，并迅速进入市场，引领建筑业开启新的篇章。装配式建筑最大的优势就是绿色、环保、节能，装配式建筑构件采用工厂化制造、现场拼装的生产方式，与传统建筑相比，施工过程更加简单，节省了大量的人力物力，缩短了工期，并且减少了工地现场的噪声污染和粉尘污染。要想建成“强富美高”的中国，建筑业必须考虑绿水青山就是金山银山，装配式建筑绿色、环保，比传统的建筑更适合中国未来的发展。装配式建筑是一场建筑业的技术革新和产业升级，使建筑从“建造”走向“智造”，改变了传统建筑行业落后的生产方式，使房屋建造开启了绿色发展新征程。

2. 攻坚克难、任重道远

当前国家大力发展装配式建筑，是新时代发展先进生产力的要求，其目的在于驱动生产关系的变革，摆脱传统粗放的建造方式，建立新型工业化的生产方式。显然，有什么样的生产力，就决定了有什么样的生产关系，通过发展装配式建造技术，进而助力并驱动建筑业在技术和管理及体制机制上发生根本性变革，从而实现建筑业的转型升级。

我国从 20 世纪 50 年代就开始尝试工业化建造，到 20 世纪 70 年代中期的唐山大地震，使全社会陷入一种只要触及预制装配建造房子即色变的恐慌心态。后来随着现浇混凝土结构的兴起，才逐渐从这种脆弱的心理状态中慢慢走出来，20 世纪 90 年代又开始研究运用预制构件的相关技术体系，而此时，国外早已经大兴装配式建筑。

许多发达国家和地区均在 20 世纪开始推行装配式建筑，并且利用住宅大规模建设的有利契机，因地制宜地形成了合适的建造体系，改变了传统的住宅以人力为主的建造方式。这些国家的工业化方式将建筑精度从厘米提升至毫米。

纵观全球，建筑业的全过程企业管理系统，欧美几乎垄断全球管理系统市场份额；在产业工人的培训体系及工业化生产的精细化管理方面，日本也走在了行业发展的前列。相比我国目前的工业化发展相对滞后，装配式建筑的推广成为科技创新的重要助力。

我国装配式混凝土建筑技术多以借鉴境外成功经验为主，主要依托引进境外成熟的技术工艺来实现我国装配式混凝土建筑技术得以快速发展。但在当前我国对装配式混凝土建筑中材料技术及结构技术的基础研究仍然不足的大环境下，不可避免地存在一些水土不服的问题。由表 1-5 可知，“拿来主义”并不完全适用。

表 1-5 境外部分装配式技术与我国的不匹配之处

地区	国外装配式技术	不匹配之处
日本	高层住宅多为框架结构。梁、柱、墙、叠合楼板均为预制，梁、柱钢筋的连接为注浆套筒，仅节点及楼板上层混凝土为现浇，预制率达75%以上	日本抗震设防烈度更高，且为柔性抗震设计体系。我国为刚性抗震设计体系，高层一般为混凝土剪力墙或钢结构，不完全适合中国国情
欧洲、新加坡等	欧美住宅多为1～3层的别墅，高层住宅偏少，以木结构、钢结构为主。模数化、商品化程度极高	欧美、新加坡等大多数非抗震区，如楼梯间为预制板，不完全适合中国国情
中国香港	高层为框架-剪力墙结构，设计为不抗震结构，暗柱少、配筋少，钢筋连接为搭接	中国香港房屋凸窗、外墙等多为预制，采用现浇外挂，预制率可达60%以上，但非抗震设计，与内地抗震地区需求不符，不完全适合中国内地
中国台湾	多为框架结构，干法连接较多	与日本雷同，不完全适合中国大陆

我国当前装配式建筑的建造对象重点针对住宅建筑，公共建筑亟待普遍开发。国内住宅习惯毛坯房，在传统建筑装修时砸墙凿洞很常见，似乎无关大碍；但在装配式混凝土建筑，如在预制承重构件凿洞的后果极其严重，一旦凿洞部位恰好在结构连接部位，极易造成质量安全隐患。

我国外墙保温技术多以外保温为主，最常用的就是保温层外挂玻纤网抹薄灰浆层，但该工法极易发生保温层脱落、火灾事故等。为规避此类风险，国内工程师向日本等国外高层建筑借鉴自保温形式，同时也可达到保温层与结构层同寿命，但夹芯保温板拉结件设计与锚固安全成为我国装配式建筑的薄弱环节。

我们必须充分认识到，发展装配式建筑是一个长期的、艰苦的、全方位的创新过程，需要耐心，不仅需要一点一滴的积累和完善，更需要站在实现建筑产业现代化的高度做好顶层设计，进一步明确发展的目的；站在建筑业转型升级的高度培育企业的创新能力，打造企业核心竞争力；站在新时代的高度深刻认识装配式建筑发展的历史必然性及其重大意义。因此，未来装配式建筑发展道路将越来越取决于我们对待发展的态度——是否有耐心，是否脚踏实地，是否专注发展质量，是否在技术和管理两个方面双轮驱动，并有持续不断的创新精神。

我们必须清醒地看到，当前装配式建筑发展仍处于起步阶段，思想认识还不到位，技术体系尚未成熟，管理体制机制还不完善，企业创新能力不够强，发展质量和效益还不高，各种潜在矛盾复杂地交织显露，一哄而上、急功近利、盲目扩张、急于求成的发展模式必然导致扎实、专注、执着的实业精神的削弱。装配式建筑是建造方式的重大变革，在传统生产方式向工业化转型过程中面临着如下模式：“乙方”向“甲方”转型；“工地”向“工厂”转型；“分包”向“总包”转型。我们必须意识到，在转型过程中，还缺乏工业思维和管理能力，缺乏系统理念和设计能力，缺乏技术集成和采购能力，缺乏生产协同和组织能力，而且在技术、利益、观念、体制等方面都顽固地存在保守和强大的惯性。

发展装配式建筑，不是装配式替代“现浇”，也不是“唯装配式”，装配式建筑的本质不仅是技术创新，更是建造文明的发展进程。装配式建造相当于工业制造，要树立以建筑为最终产品的理念，用工业化的思维和方法建造房屋。装配式建筑的建造过程是一个产品生产的系统流程，以实现工程建造的标准化、一体化、工业化和高度组织化。毫无疑问，发展装配式建筑是一场建造方式的变革，也是生产方式的革命，这是实现我国建筑业转型和创新发展的必由之路。

总之，发展装配式建筑任重而道远，实现建造方式的变革不可能一蹴而就，需要耐心、需要积累、需要时间，更需要专注实业、专注脚踏实地的创新精神。我国有一大批致力于装配式建筑发展的企业及企业家在为之奋斗，在努力地付诸工程实践，将装配式建筑做实做精，使中国建筑业在产业升级换代的过程中实现转型升华，从而支撑我国成为世界真正强大的建筑产业现代化国家，为实现中华民族伟大复兴而不断奋斗。

3. 功以才成，业由才广

人口红利是指一个国家的劳动年龄人口占总人口比重较大，抚养率比较低，为经济发展创造了有利的人口条件，可使整个国家的经济呈高储蓄、高投资和高增长的局面。“红利”在很多情况下和“债务”是相对应的。2013 年 1 月，国家统计局公布的数据显示，2012 年我国 15～59 岁劳动年龄人口在相当长时期里第一次出现了绝对下降，比 2011 年减少 345 万人，这意味着人口红利趋于消失，导致未来中国经济要过一个“减速关”。

作为劳动力需求量较大的行业之一，相较其他行业而言，传统建筑业对劳动力的依赖更高，且因工作环境、强度、时间等因素，多需要年轻人。但是整个行业技术进步缓慢，劳动生产率提高幅度不大，质量问题较多，分散、低水平、低效的传统粗放手工业生产方式仍占据主导地位，至今多是以包工头为单位、小规模，主要依靠劳动力的投入，导致传统建筑业高成本、低效率。

随着我国人口红利期结束，“用工荒”蔓延，工地工作越来越难吸引到年轻人。同时由于国家发展带动城市新兴产业发展，从劳动强度、职业地位、就业环境等各方面来看，当前建筑业与其他新兴产业存在较大差距，新生代的劳动力就业择业优先选择其他新兴产业，偏离传统建筑业，懂技术操作的建筑产业工人更稀缺。建筑业工人的转型势在必行，必须加快使传统农民工转型为建筑产业工人，在逐渐摆脱低效的粗放的手工业生产方式，转而以高效的工业化作业方式替代。

“功以才成，业由才广。”党和国家历来重视人才工作，习近平总书记多次就此作出重要论述。在即将全面建成小康社会、开启全面建设社会主义现代化国家新征程的今天，人才的作用更加凸显。科技创新、产业升级、文化发展、国家治理现代化……要实现“十四五”时期高质量发展目标，建设高质量教育体系、强化人才培养与使用至关重要。党的十九届五中全会强调，要“贯彻尊重劳动、尊重知识、尊重人才、尊重创造方针，深化人才发展体制机制改革，全方位培养、引进、用好人才，造就更多国际一流的科技领军人才和创新团队，培养具有国际竞争力的青年科技人才后备军”。

这就要求建筑业增加对建筑工人的继续教育、建立长期培训的机制，培养出专业更齐全、技术更精湛的产业工人，最终达到以工业化的生产方式替代大量手工业生产方式。

技术进步是当前提升国力的根本需求。通过推动装配式建筑，最终实现建筑产业化，这个发展过程带动建筑业软、硬件技术的革新、人才的培养，并不断地实践、完善、提炼、总结，使装配式建筑最终真正成为建筑产业化的核心，并带动整个产业链的革新。由此可见，发展装配式建筑是建筑业革命的起点，意义深远，这就是我们每位土木青年最笃行的土木梦想。

4. 土木青年的责任与梦想

人生就像读土木，你必须能够抗压、抗剪、抗扭……

既为土木人，不忘土木梦。首先是身体上的考验，从第一次走上工地，享受太阳热情的蒸烤，一身未曾停止流汗，一双被晒黑的双臂，一捧黝黑的脸庞，一步绊倒而崴伤的脚等，都足以令自己感触万分。其次为内心的最持久坚守，朝花夕拾、又是一季，每日拖着疲倦的身板坐在计算机旁，对着窗外蝉语蛙声，掀开一张张最美的蓝图，识图绘图；亦或不忘初心，对标梦想，在专业道路上砥砺前行。

让我们洒一路汗水，饮一路风尘，嚼一路艰辛，在平凡的岗位上，在建设的最前线，默默扎根，扎扎实实，像一颗石子，静静地躺在为人民服务的道路，做一名合格的土木人，为国家装配式建筑发展做出一份贡献。

复习思考题

1. 简述装配式建筑的定义及其分类。

2. 简述装配式建筑的特点和优势。

3. 我国装配式混凝土建筑的发展历程是什么？

4. 试列举我国和世界上具有代表性的装配式建筑，并按照下表填写这些装配式建筑的基本情况。

序号	名称	地点	建设时间	层数	高度	类型	建筑/结构特点
1							
2							
…							

5. 列举当前我国9项装配式混凝土建筑国家建筑标准设计图集。

6. 装配式建筑如何划分评价等级？

7. 结合自身实际，简述你所树立的土木梦想。今后的人生中，如何能够抗压、抗剪、抗扭等？

2 装配式混凝土结构构造与识图

教学目标

了解：装配式混凝土结构节点连接形式；装配式混凝土建筑、结构设计基本内容。

熟悉：装配式混凝土结构深化设计的原则、流程、内容和深度要求；装配式混凝土常见图集。

掌握：装配式混凝土结构体系、常见预制构件；能熟练识读装配式建筑、结构图纸。

了解火神山医院的建设背景，体会中国制度的伟大自信。

预制混凝土构件是指在工厂中通过标准化、机械化方式加工生产的混凝土部件，其主要组成材料为混凝土、钢筋、预埋件、保温材料等。由于构件在工厂内机械化加工生产，构件质量及精度可控，且受环境制约较小。采用预制构件建造，具备节能减排、减噪降尘、减员增效、缩短工期等诸多优势。

2.1 常见装配式混凝土结构

近年来，我国装配式混凝土工程常见结构有装配整体式框架结构、装配整体式剪力墙结构、装配整体式框架-剪力墙结构等。

2.1.1 装配整体式框架结构

装配整体式框架结构由预制混凝土构件通过各种可靠的方式进行连接并与现场后浇混凝土、水泥基灌浆料形成的装配式混凝土结构。它一般由预制柱、预制梁、预制楼板和非承重墙板组成，然后采用等效现浇节点或装配式节点进行组合。

框架结构建筑平面布置灵活、造价低、使用范围广，在较低多层住宅和公共建筑中得到了广泛的应用。装配整体式混凝土框架结构继承了传统框架结构的以上优点。根据国内外多年的研究成果，在地震区的装配整体式框架结构，当采用了可靠的节点连接方式和合理的构造措施后，其性能可等同于现浇混凝土框架结构。因此，对装配整体式框架结构，当节点及接缝采用适当的构造并满足相关要求时，可认为其性能与现浇结构基本一致。

预制框架结构体系的外墙作为结构体的荷载，不作为主要受力构件，根据建筑物的性质，可以选择预制混凝土墙板或者玻璃幕墙。预制墙板与结构体的连接采用干法或湿法连接，结构主体遇到外部荷载发生形变时，墙板之间可以发生变形，但墙体本身不发生破坏（图 2-1）。

图 2-1　装配整体式混凝土框架结构

2.1.2　装配整体式剪力墙结构

装配整体式剪力墙结构部分或全部剪力墙采用预制墙板，通过可靠的方式进行连接并与现场后浇混凝土、水泥基灌浆料形成整体的剪力墙结构，称为装配整体式剪力墙结构。其中，竖向构件剪力墙利用预制的形式进行生产，在组装中将板利用叠合的形式进行连接。竖向构件使用浆锚进行连接，水平构件和竖向构件使用预留钢筋叠合加现浇的形式进行连接，使其形成了完整的建筑体系（图 2-2）。

图 2-2　装配整体式混凝土剪力墙结构

装配整体式混凝土剪力墙结构中，墙体之间的接缝数量多且构造复杂，接缝的构造措施及施工质量对结构整体的抗震性能影响较大，使装配整体式剪力墙结构抗震性能很难完全等同于现浇结构。由于对装配式混凝土剪力墙建筑的研究、试验和经验较少，国内对装配式混凝土剪力墙结构的规定比较慎重。与装配式框架结构构件较简单、采用较少数量的高强度、大直径钢筋的连接方式相比，装配式剪力墙结构的剪力墙连接面积大、钢筋直径小、钢筋间距小，连接复杂，施工过程中很难做到对连接节点灌浆作业的全过程质量监控。因此，在装配式剪力墙结构设计中，建议部分剪力墙预制、部分剪力墙现浇，现浇剪力墙作为装配式剪力墙结构的“第二道防线”。

2.1.3 装配整体式框架-剪力墙结构

装配整体式框架-剪力墙结构由预制框架梁柱通过采用各种可靠的方式进行连接，与现场浇筑的混凝土剪力墙可靠连接并形成整体的框架-剪力墙结构，如图 2-3 所示。全预制装配整体式剪力墙结构由于水平及竖向接缝过多、过长，结构的整体性难以得到保证，相应的整体计算方法也有待进一步研究，且当前国内相关的研究及试验较少，特别是此类结构还未经受过大震的检验。相对于装配整体式剪力墙结构，装配、整体式框架-剪力墙结构的优点如下：梁、柱等预制构件为线性构件，可以控制自重，有利于现场吊装，节点连接区域采用现浇，能够保证结构的整体性，比较适合装配式结构。室内可采用轻质隔断，形成灵活多变的布局形式，对住宅内部进行精装修处理，可有效避免外露梁、柱造成的影响。

图 2-3 装配整体式框架-剪力墙结构

2.2 预制构件简介

目前，预制混凝土构件可按结构形式分为水平构件和竖向构件。其中水平构件包括预制叠合板、预制空调板、预制阳台板、预制楼梯板、预制梁等；竖向构件包括预制内墙板、预制外墙板（预制外墙飘窗）、预制女儿墙、预制柱等。

2.2.1 预制叠合板

预制混凝土叠合板是指预制混凝土板顶部在现场后浇混凝土而形成的整体板构件，简称叠合板。叠合板的预制板厚度不宜小于 60mm，后浇混凝土叠合层厚度不应小于 60mm。跨度大于 3m 的叠合板，宜采用桁架钢筋混凝土叠合板；跨度大于 6m 的叠合板，宜采用预应力混凝土预制板；板厚大于 180mm 的叠合板，宜采用混凝土空心板。当叠合板的预制板采用空心板时，板端空腔应封堵。

1. 桁架钢筋混凝土叠合板

叠合板采用环形生产线一次浇筑成型，表面机械拉毛。进蒸养窑养护，循环流水作业。模板一边采用螺栓固定，其他边可采用磁盒固定。出筋部位需涂刷超缓凝剂，拆模后高压水冲洗成粗糙面。桁架钢筋混凝土叠合板的预制层在待现浇区预留桁架钢筋。桁架钢筋的主要作用是将后浇筑的混凝土层与预制底板联结成整体，并在制作和安装过程中提供一定刚度（图 2-4）。

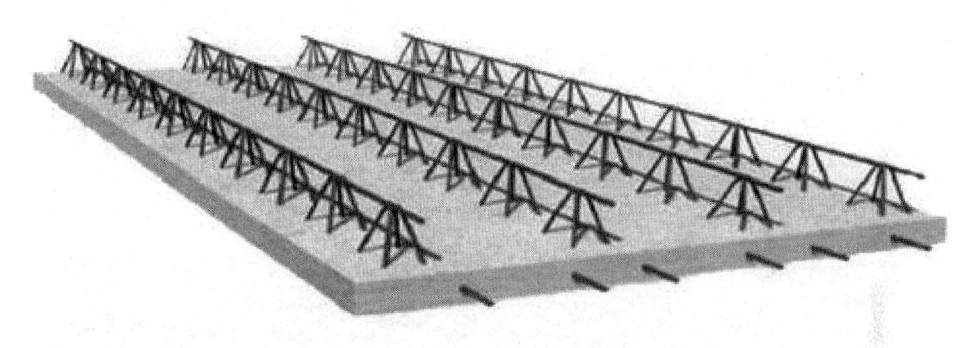

图 2-4 桁架钢筋混凝土叠合板

桁架钢筋应沿主要受力方向布置；距板边不应大于 300mm，间距不宜大于 600mm；桁架钢筋弦杆钢筋直径不宜小于 8mm，腹杆钢筋直径不应小于 4mm；桁架钢筋弦杆混凝土保护层厚度不应小于 15mm。

2. 预应力带肋混凝土叠合楼板

预应力带肋混凝土叠合楼板，又称 PK 板，是一种新型的装配整体式预应力混凝土楼板。它是以倒 T 形预应力混凝土预制带肋薄板为底板，肋上预留椭圆形孔，孔内穿置横向预应力受力钢筋，然后浇筑叠合层混凝土，从而形成整体双向楼板。

预应力带肋混凝土叠合楼板具有厚度薄、质量轻等特点，并且采用预应力可以极大地提高混凝土的抗裂性能。由于采用了 T 形肋，且肋上预留钢筋穿过的孔洞，新老混凝土能够实现良好的互相咬合（图 2-5）。

2.2.2 预制空调板

建筑物外立面悬挑出来放置空调室外机的平台就是预制空调板。预制空调板通过预留负弯矩筋伸入主体结构后浇层，浇筑成整体（图 2-6）。

图 2-5　预应力带肋混凝土叠合楼板

图 2-6　预制空调板

2.2.3　预制阳台板

预制阳台板是集承重、围护、保温、防水、防火等功能为一体的重要装配式预制构件，按照构件形式分为叠合板式阳台、全预制板式阳台、全预制梁式阳台，按照建筑做法分为封闭式阳台和开敞式阳台。预制阳台板通过预留埋件焊接及钢筋锚入主体结构后浇筑层进行有效连接（图 2-7）。

图 2-7 预制阳台板

2.2.4 预制楼梯板

楼梯间使用的预制混凝土构件，一般为清水构件，不再进行二次装修，代替了传统现浇结构楼梯，一般由梯段板、两端支撑段及休息平台段组成，一般按形式分为双跑楼梯和剪刀式单跑楼梯。楼梯采用立式生产，分层下料振捣，以附着式振动器配合振捣棒。工业化生产比现浇楼梯质量好，外形精度高，棱角清晰（图 2-8）。

图 2-8 预制楼梯板

2.2.5 预制梁

梁类构件采用工厂生产，现场安装。预制梁（图 2-9）通过外露钢筋、预埋件等进行二次浇筑连接，简称叠合梁。

图 2-9 预制梁

装配整体式框架结构中，当采用叠合梁时，框架梁的后浇混凝土叠合层厚度不宜小于 150mm，次梁的后浇混凝土叠合层厚度不宜小于 120mm；当采用凹口截面预制梁时，凹口深度不宜小于 50mm，凹口边厚度不宜小于 60mm。

抗震等级为一、二级的叠合框架梁的梁端箍筋加密区宜采用整体封闭箍筋。当叠合梁受扭时宜采用整体封闭箍筋，且整体封闭箍筋的搭接部分宜设置在预制部分（图 2-10）。

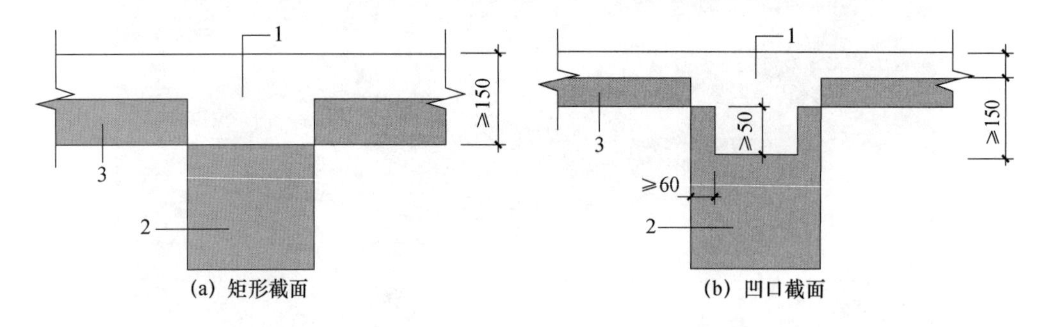

图 2-10 预制梁截面

1—后浇混凝土叠合层；2—叠合梁；3—叠合板

采用组合封闭箍筋的形式时，开口箍筋上方应做成 135°弯钩；非抗震设计时，弯钩端头平直段不应小于 5d（d 为箍筋直径）；抗震设计时，平直段长度不应小于 10d。现场应采用箍筋帽封闭开口箍，箍筋帽两端应做成 135°弯钩，也可做成一端 135°，另一端 90°弯钩，但 135°弯钩和 90°弯钩应沿纵向受力钢筋方向交错布置，框架梁弯钩平直段长度不应小于 10d，次梁 135°弯钩平直段长度不应小于 5d，90°弯钩平直段长度不应小于 10d（图 2-11）。

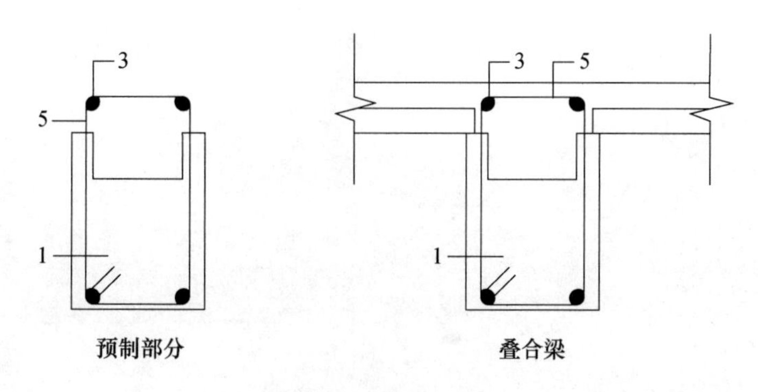

(a) 采用整体封闭箍筋的叠合梁

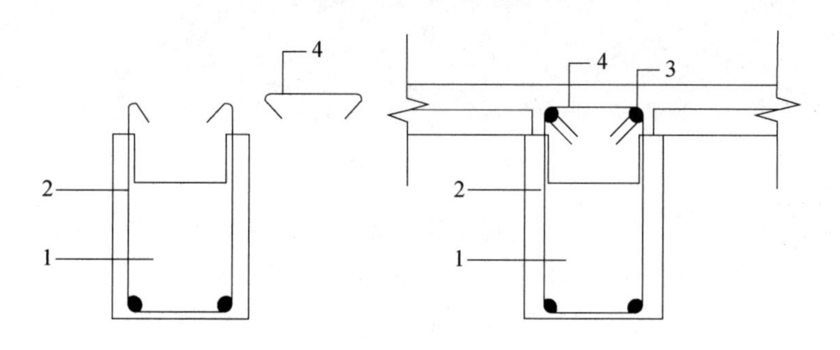

两端135°钩箍筋帽

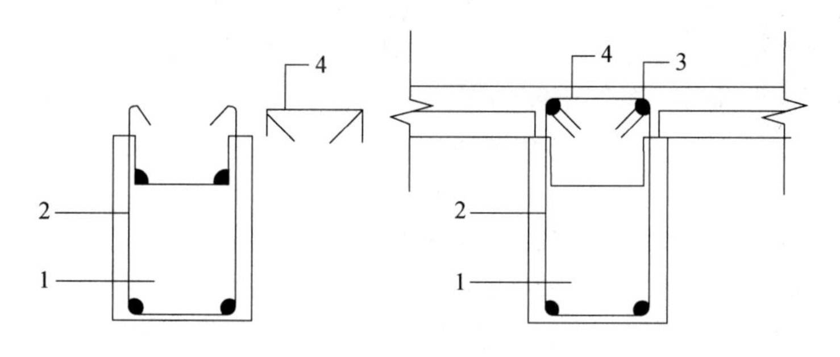

一端135°另一端90°弯钩箍筋帽

(b) 采用组合封闭箍筋的叠合梁

图 2-11 叠合梁箍筋构造

1—预制梁；2—开口箍筋；3—上部纵向钢筋；4—箍筋帽；5—封闭箍筋

2.2.6 预制内墙板

装配整体式建筑中，作为承重内隔墙的预制构件，上下层预制内墙板的钢筋也是采用套筒灌浆连接的。内墙板之间水平钢筋采用整体式接缝连接。采用环形生产线一次浇筑成型，预埋件安装可采用磁性底座，但应避免振捣时产生位移。预养护后，表面人工抹光。蒸养拆模后翻板机辅助起吊（图 2-12）。

图 2-12 预制内墙

预制剪力墙宜采用“一”字形，也可采用L形、T形或U形。开洞预制剪力墙的洞口宜居中布置，洞口两侧的墙肢宽度不应小于200mm，洞口上方连梁高度不宜小于250mm。

预制剪力墙的连梁不宜开洞。当需开洞时，洞口宜预埋套管。洞口上、下截面的有效高度不宜小于梁高的1/3，且不宜小于200mm。被洞口削弱的连梁截面应进行承载力验算，洞口处应配置补强纵向钢筋和箍筋，补强纵向钢筋的直径不应小于12mm。

预制剪力墙开有边长小于800mm的洞口且在结构整体计算中不考虑其影响时，应沿洞口周边配置补强钢筋。补强钢筋的直径不应小于12mm，截面面积不应小于同方向被洞口截断的钢筋面积。该钢筋自孔洞边角算起伸入墙内的长度不应小于其抗震锚固长度。

当采用套筒灌浆连接时，自套筒底部至套筒顶部并向上延伸300mm范围内，预制剪力墙的水平分布筋应加密。加密区水平分布筋直径不应小于8mm。当构件抗震等级为一、二级时，加密区水平分布筋间距不应大于100mm；当构件抗震等级为三、四级时，其间距不应大于150mm。套筒上端第一道水平分布钢筋距离套筒顶部不应大于50mm。

端部无边缘构件的预制剪力墙，宜在端部配置2根直径不小于12mm的竖向构造钢筋。沿该钢筋竖向应配置拉筋，拉筋直径不宜小于6mm，间距不宜大于250mm。

2.2.7 预制外墙板

预制外墙板主要指装配整体式建筑结构中，作为承重的外墙板，上下层外墙板主筋采用灌浆套筒连接，相邻预制外墙板之间采用整体接缝式现浇连接。预制外墙板又被称为“三明治板”，具有承重、围护、保温、隔热、隔声、装饰等功能，分为外叶装饰层、中间夹芯保温层及内叶承重结构层，可根据不同的建筑风格做成不同的样式（图2-13）。

图 2-13　预制外墙板

预制外墙挂板立面分格尺寸大，一般为 3m 左右，一般不宜大于一个层高，厚度不宜小于 100mm。立面整体性好，生产工艺多样化，建筑风格独特，可有效处理好围护装饰保温等性能要求，质量标准高。外墙挂板在与主体结构连接形式上灵活多样，设计与施工可选择性强，工程造价合理，围护使用成本低，耐久性好，可与混凝土结构同寿命。

预制外挂墙板宜采用双层双向配筋，竖向和水平向钢筋的配筋率均不应小于 0.15%，且钢筋直径不宜小于 5mm，间距不宜大于 200mm。外挂墙板应在门窗洞口周边、角部配置加强筋。加强筋不应少于 2 根，直径不应小于 12mm，且应满足锚固长度的要求。预制外挂墙板的接缝构造应满足防水、防火、隔声等建筑功能要求，且接缝宽度应满足主体结构的层间位移、密封材料的变形能力、施工误差、温度引起变形等要求，且不应小于 15mm。

2.2.8　预制女儿墙

预制女儿墙主要指装配整体式建筑结构中，作为承重的外墙板。上下层外墙板主筋采用灌浆套筒连接，相邻预制女儿墙之间采用整体接缝式现浇连接。预制女儿墙分为外叶装饰层、中间夹芯保温层及内叶承重结构层（图 2-14）。

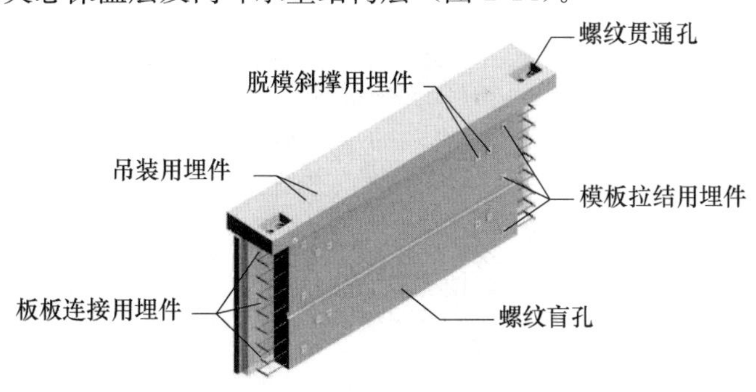

图 2-14　预制女儿墙

2.2.9 预制柱

柱类构件采用工厂生产，现场安装，上下层预制柱竖向钢筋通过灌浆套筒连接（图 2-15）。

图 2-15 预制柱

矩形预制柱截面边长不宜小于 400mm，圆形预制柱截面直径不宜小于 450mm，且不宜小于同方向梁宽的 1.5 倍。柱纵向受力钢筋直径不宜小于 20mm，纵向受力钢筋间距不宜大于 200mm 且不应大于 400mm。柱纵向受力钢筋可集中于四角配置且宜对称布置。柱中可设置纵向辅助钢筋（辅助钢筋直径不宜小于 12mm 且不宜小于箍筋直径）。当正截面承载力计算不计入纵向辅助钢筋时，纵向辅助钢筋可不伸入框架节点。

柱纵向受力钢筋在柱底连接时，柱箍筋加密区长度不应小于纵向受力钢筋连接区域长度与 500mm 之和；当采用套筒灌浆连接或浆锚连接等方式时，套筒或搭接段上端第一道箍筋距离套筒或搭接段顶部不应大于 50mm（图 2-16）。

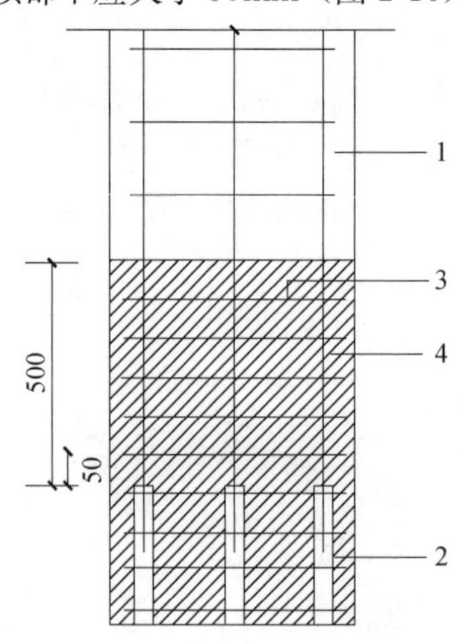

图 2-16 预制柱底部链筋加密区构造

1—预制柱；2—连接接头或钢筋连接区域；3—加密区箍筋；4—箍筋加密区（阴影区域）

2.3 装配式混凝土结构节点连接形式

2.3.1 节点构造连接设计原则

装配式混凝土结构应重视构件连接节点的选型和设计，连接节点的选型和设计应注重概念设计，满足耐久性要求，并通过合理的连接节点与构造，保证构件的连续性和结构的整体稳定性，使整个结构具有必要的承载能力、刚性和延性，以及良好的抗风、抗震和抗偶然荷载的能力，并避免结构体系出现连续倒塌。

（1）应根据设防烈度、建筑高度及抗震等级选择适当的节点连接方式和构造措施。重要且复杂的节点与连接的受力性能应通过试验确定，试验方法应符合相应规定。

（2）装配式混凝土结构的节点和连接应同时满足使用和施工阶段的承载力、稳定性和变形的要求。在保证结构整体受力性能的前提下，应力求连接构造简单、传力直接、受力明确。所有构件承受的荷载和作用，应有可靠的传向基础的连续的传递路径。

（3）承重结构中，节点和连接的承载能力和延性不宜低于同类现浇结构，亦不宜低于预制构件本身，应满足“强剪弱弯、更强节点”设计理念。

（4）宜采取可靠的构造措施及施工方法，使装配式混凝土结构中预制构件之间或者预制构件与现浇构件之间的节点或接缝的承载力、刚度和延性不低于现浇混凝土结构，使装配式混凝土结构成为等同现浇装配式混凝土结构。

（5）当节点连接构造不能使装配式混凝土结构成为等同现浇混凝土结构时，应根据结构体系的受力性能、节点和连接的特点，采取合理、准确的计算模型，并应考虑连接和节点刚度对结构内力分布与整体刚度的影响。

（6）预制构件的连接部位应满足建筑物理性能的功能要求。预制外墙及其连接部位的保温、隔热和防潮性能应符合国家现行相关建筑节能设计标准的规定，必要时应通过相关的试验。

2.3.2 常见节点连接形式

装配式混凝土的连接根据构件类型，可分为非承重构件的连接和承重构件的连接。非承重构件的连接是指结构附属构件的连接或承重构件与非承重构件的连接，如挂板连接、承重墙与填充墙的连接等，连接自身对结构的承载影响不大；承重构件的连接主要指柱（墙）-基础连接、柱-柱连接、柱-梁连接、墙-墙水平连接、墙-墙纵向连接等，连接对结构荷载的传导与分配起重要作用。

按预制结构施工方法的不同，承重构件的连接可以分为湿连接和干连接。湿连接需要在连接的两构件之间（节点处）浇筑混凝土或灌注水泥浆。为确保连接的完整性，浇筑混凝土前，从连接的两构件伸出钢筋或螺栓，焊接、搭接或机械连接。在通常情况下，现浇节点（湿连接）是预制结构连接中常用且便利的连接方式，其结构整体性能更接近于现浇混凝土。因此，现浇节点是比较常用的一种预制结构节点施工方式。干连接则是通过在连接的构件内植入钢板或其他钢部件，通过螺栓连接或焊接，从而达到连接的目的。

装配式混凝土建筑结构的常见节点连接形式如下：

1. 现浇柱端节点连接

在预制柱中段留有一间隙，预制梁端预留钢筋插入间隙中，现场配置箍筋，浇筑混凝土（图 2-17）。

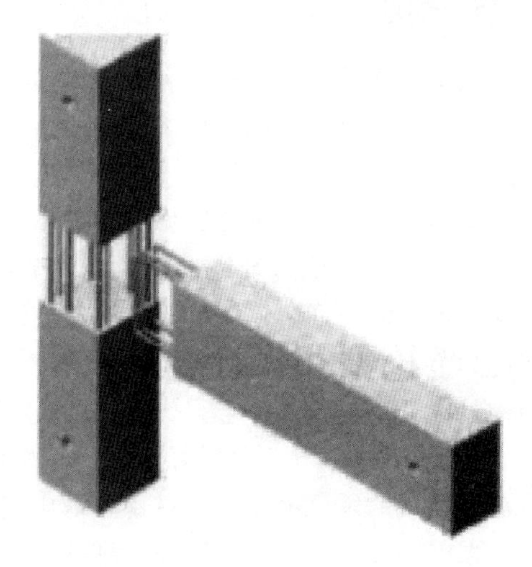

图 2-17　现浇柱端节点

2. 现浇梁端节点连接

在预制柱与梁相交的地方预留钢筋，预制梁端也预留钢筋，现场配置箍筋，浇筑混凝土（图 2-18）。

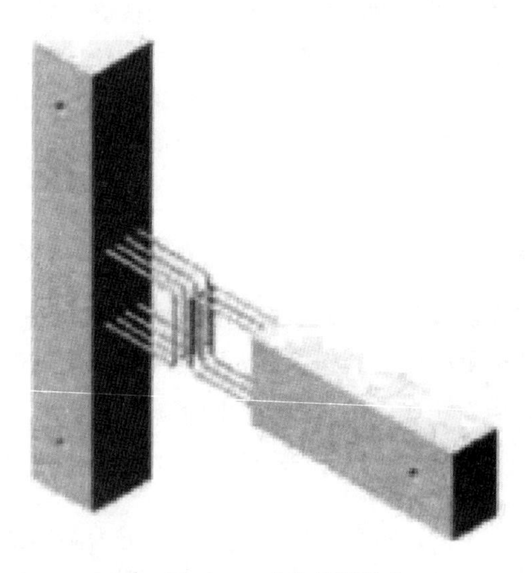

图 2-18　现浇梁端节点

3. 现浇叠合梁柱节点连接

组合式节点将梁底部钢筋焊在柱伸出牛腿的内埋钢板上，保证了底部钢筋的连续性。同时，将梁上部钢筋穿过柱间隙，并浇筑叠合层，这样保证了节点的整体性（图 2-19）。

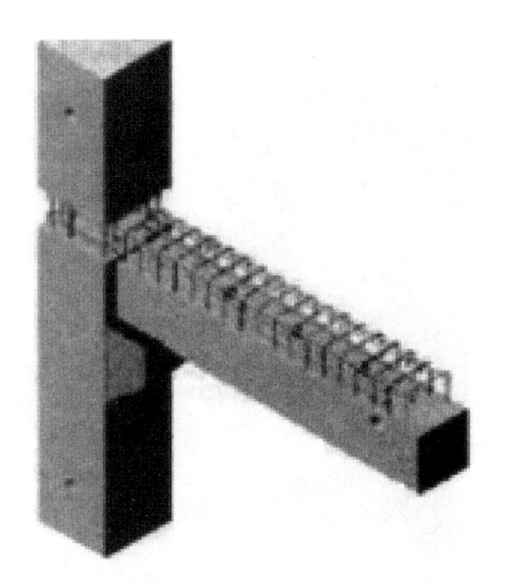

图 2-19　叠合式节点

4. 叠合梁与预制剪力墙墙板支座连接

叠合梁与预制剪力墙墙板支座连接处，剪力墙应预留梁窝，梁窝尺寸应满足梁纵筋锚固构造要求，预制梁端支座搁置长度不应少于 20cm（图 2-20）。

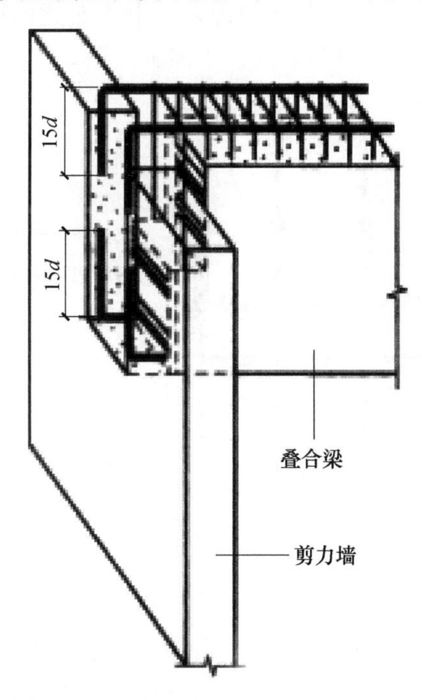

图 2-20　叠合梁与预制剪力墙墙板支座连接

5. 现浇叠合墙板与楼板节点连接

现浇叠合墙板与楼板节点连接把墙板和楼板相互搭建在一起，然后使用现浇混凝土在叠合楼板和叠合墙板之间进行浇筑，从而形成一个整体结构，在现浇混凝土固化后，形成高强度坚固的建筑结构（图 2-21）。

图 2-21　现浇叠合墙板与楼板节点连接

6. 剪力墙竖向带点连接

竖向布置的两个预制剪力墙采用灌浆套筒连接，位于下部的预制剪力墙的剪力墙纵筋伸入位于上部的预制剪力墙的灌浆套筒内，在上下布置的两个预制剪力墙之间预留10～20mm的灌浆缝；墙板调整就位后灌注水泥浆（图 2-22）。

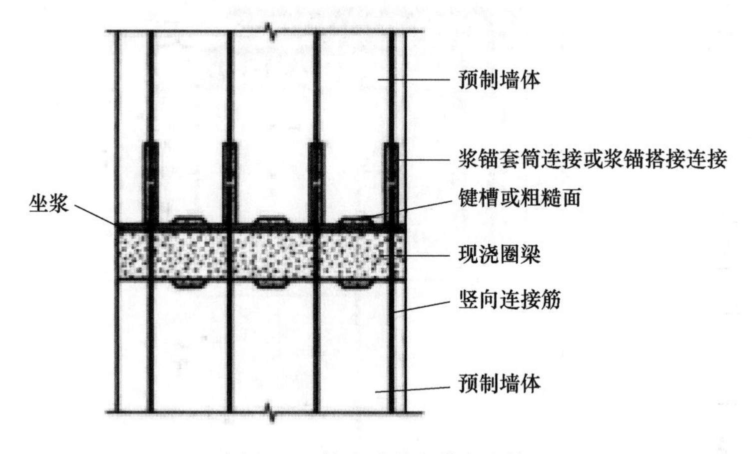

图 2-22　剪力墙竖向带点连接

7. 叠合楼板与预制梁节点连接

预制叠合板与叠合板现浇层的钢筋为一整体，在节点处预制梁槽一侧的钢筋置于叠合板现浇层和预制叠合板内，预制叠合板内靠近预制梁槽的架力筋在节点处不连接，设置有延伸段，两根延伸段相互重叠，位于节点处向内的弯折段与延伸段相连并相互垂直，在预制梁槽的内部具有凹槽（图 2-23）。

8. 预制框架柱节点连接

预制框架柱纵筋采用钢筋套筒灌浆连接，将预制下柱（或基础）预留钢筋插入预制上柱的预制钢筋套筒内，上、下预制柱调整就位后灌注水泥浆（图 2-24）。

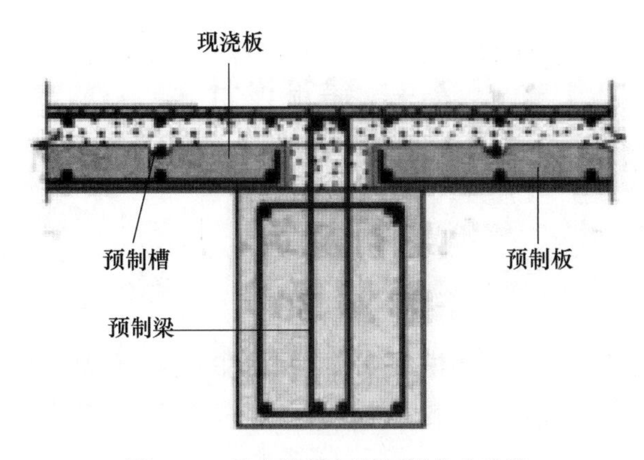

图 2-23　叠合楼板与预制梁节点连接

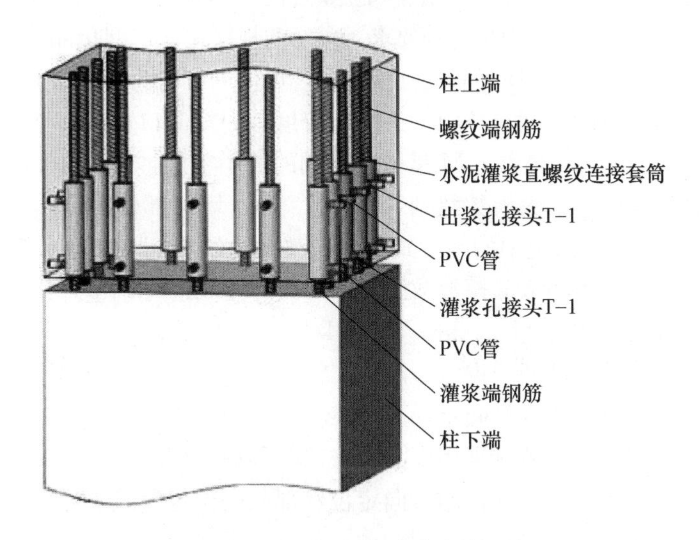

图 2-24　预制框架柱灌浆套管连接

9. 墙板节点连接

墙板节点连接是通过预制墙板预留的钢筋，将预制构件与后浇混凝土（包括其中的配筋）叠后连成一体（图 2-25）。

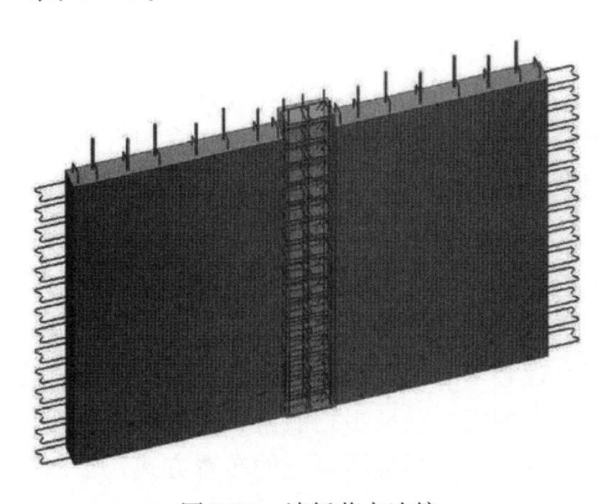

图 2-25　墙板节点连接

2.4 建筑设计

装配式混凝土建筑应遵循建筑全周期的可持续性原则，并应满足模数协调、标准化设计和集成设计等要求。

2.4.1 模数协调

装配式混凝土建筑设计应采用模数协调结构构件、内装部品、设备与管线之间的尺寸关系，做到部品部件设计、生产和安装等相互间尺寸协调，减少和优化各部品部件的种类和尺寸。

模数协调是建筑部品部件实现通用性和互换性的基本原则，使规格化、通用化的部品部件适用于常规的各类建筑，满足各种要求。大量的规格化、定型化部品部件的生产可稳定质量，降低成本。通用部件所具有的互换能力，可促进市场的竞争和生产水平的提高。

装配式混凝土建筑的开间与柱距、进深与跨度、门窗洞口宽度等宜采用水平扩大模数数列 2*n*M、3*n*M（*n* 为自然数；M 是模数协调的最小单位，1M=100mm）。层高和门窗洞口高度等宜采用竖向扩大模数数列 *n*M，梁、柱、墙等部件的截面尺寸宜采用竖向扩大模数数列 *n*M。内装系统中的装配式隔墙、整体收纳空间和管道井等单元模块化部品宜采用基本模数，也可插入分模数数列 *n*M/2 或 *n*M/5 进行调整。构造节点和部件的接口尺寸宜采用分模数数列 M/2、*n*M/5、*n*M/10。

装配式混凝土建筑的开间、进深、层高、洞口等优先尺寸应根据建筑类型、使用功能、部品部件生产与装配要求等确定。

装配式混凝土建筑的定位宜采用中心定位法与界面定位法相结合的方法。对部件的水平定位宜采用中心定位法。部件的竖向定位和部品的定位宜采用界面定位法。

装配式混凝土建筑应严格控制预制构件、预制与现浇构件之间的建筑公差。部品部件尺寸及安装位置的公差协调应根据生产装配要求、主体结构层间变形、密封材料变形能力、材料干缩、温差变形、施工误差等确定。接缝的宽度应满足主体结构层间变形、密封材料变形能力、施工误差、温差引起变形等要求，防止接缝漏水等质量事故发生。

2.4.2 标准化设计

建筑中相对独立、具有特定功能、能够通用互换的单元称为模块。装配式混凝土建筑应采用模块及模块组合的设计方法，遵循少规格、多组合的原则。公共建筑应采用楼梯、电梯、公共卫生间、公共管井、基本单元等模块进行组合设计。住宅建筑应采用楼电梯、公共管井、集成式厨房、集成式卫生间等模块进行组合设计。

装配式混凝土建筑部品部件的接口应具有统一的尺寸规格与参数，并满足公差配合及模数协调。这样的接口称作标准化接口。

装配式建筑设计应重视其平面、立面和剖面的规则性，宜优先选用规则的形体，同时便于工厂化、集约化生产加工，提高工程质量，并降低工程造价。装配式混凝土建筑平面设计应采用大开间大进深、空间灵活可变的布置方式；平面布置应规则，承重构件布置应上下对齐贯通，外墙洞口宜规整有序；设备与管线宜集中设置，并应进行管线综合设计。在装配式混凝土建筑立面设计中，外墙、阳台板、空调板、外窗、遮阳设施及装饰等部品部件宜进行标准化设计；宜通过建筑体量、材质肌理、色彩等变化，形成丰富多样的立面效果；装饰面层宜采用清水混凝土、装饰混凝土、免抹灰涂料和反打面砖等耐久性强的建筑材料。

装配式混凝土建筑应根据建筑功能、主体结构、设备管线及装修等要求，确定合理的层高及净高尺寸。

2.4.3 集成设计

集成设计是指建筑结构系统、外围护系统、设备与管线系统、内装系统一体化的设计。装配式混凝土建筑应进行集成设计，提高集成度、施工精度和效率。各系统设计应统筹考虑材料性能、加工工艺、运输限制、吊装能力等要求。

结构系统宜采用功能复合度高的部件进行集成设计，优化部件规格；应满足部件加工、运输、堆放、安装的尺寸和质量要求。

外围护系统应对外墙板、幕墙、外门窗、阳台板、空调板及遮阳部件等进行集成设计；应采用提高建筑性能的构造连接措施；宜采用单元式装配外墙系统。

设备与管线系统应集成设计。给水排水、暖通空调、电气智能化、燃气等设备与管线应综合设计；宜选用模块化产品，接口应标准化，并应预留扩展条件。

内装设计应与建筑设计、设备与管线设计同步进行；内装系统宜采用装配式楼地面、墙面、吊顶等部品系统；住宅建筑宜采用集成式厨房、集成式卫生间及整体收纳等部品系统。

接口及构造设计也应进行集成设计。结构系统部件、内装部品部件和设备管线之间的连接方式应满足安全性和耐久性要求；结构系统与外围护系统宜采用干式工法连接，接缝宽度应满足结构变形和温度变形的要求；部品部件的构造连接应安全可靠，接口及构造设计应满足施工安装与使用维护的要求；应确定适宜的制作公差和安装公差设计值；设备管线接口应避开预制构件受力较大部位和节点连接区域。

2.4.4 其他

装配式混凝土建筑设计宜建立信息化协同平台，采用标准化的功能模块、部品部件等信息库，统一编码、统一规则，全专业共享数据信息，实现建设全过程的管理和控制。

装配式混凝土建筑应满足建筑全寿命期的使用维护要求，宜采用管线分离的方式。装配式混凝土建筑应满足现行国家标准和行业标准的有关防火、防水、保温、隔热及隔声等要求。

2.5 结构设计

结构系统是指由结构构件通过可靠的连接方式装配而成，以承受或传递荷载作用的整体。装配式混凝土建筑应采取有效措施加强结构的整体性，保证结构和构件满足承载力、延性和耐久性的要求。装配式混凝土结构属于混凝土结构的一个子类别，除了应执行装配式混凝土建筑相关规定外，尚应符合现行混凝土结构规范、规程等要求。目前，我国装配式混凝土建筑仅在抗震设防烈度为 8 度及以下的地区推广和采用。

2.5.1 适用高度

装配整体式混凝土结构与现浇混凝土结构的最大适用高度的比较见表 2-1。

表 2-1 装配整体式混凝土结构与现浇混凝土结构的最大适用高度的比较 m

结构体系	非抗震设计		抗震设防烈度							
			6 度		7 度		8 度（0.2g）		8 度（0.3g）	
	《高规》	《装规》	《高规》	《装规》	《高规》	《装规》	《高规》	《装规》	《高规》	《装规》
框架结构	70	70	60	60	50	50	40	40	35	30
框架-剪力墙结构	150	150	130	130	120	120	100	100	80	80
剪力墙结构	150	140（130）	140	130（120）	120	110（100）	100	90（80）	80	70（60）
框支剪力墙结构	130	120（110）	120	110（100）	100	90（80）	80	70（60）	50	40（30）

注：1. 框架-剪力墙结构剪力墙部分全部现浇。

2. 装配整体式剪力墙结构和装配整体式框支剪力墙结构，在规定的水平力作用下，当预制剪力墙结构底部承担的总剪力大于该层总剪力的 50%时，其最大适用高度应适当降低；当预制剪力墙构件底部承担的总剪力大于该层总剪力 80%时，最大适用高度应取表中括号内的数值。

3. 《高规》指《高层建筑混凝土结构技术规程》，《装规》指《装配式混凝土结构技术规程》，下同。

由表 2-1 可知：

（1）框架结构，装配整体式混凝土结构与现浇混凝土结构一样。

（2）框架-现浇剪力墙结构，装配整体式混凝土结构与现浇混凝土结构一样。

（3）结构中竖向构件全部现浇混凝土结构，仅楼盖采用叠合梁、板时，装配整体式混凝土结构与现浇混凝土结构一样。

（4）剪力墙结构，装配整体式混凝土结构比现浇混凝土结构降低 10～20m。

2.5.2 高宽比

装配整体式混凝土结构与现浇混凝土结构的高宽比比较见表 2-2。

表 2-2 装配整体式混凝土结构与混凝土结构的高宽比比较

结构体系	非抗震设计		抗震设防烈度			
			6 度、7 度		8 度	
	《高规》	《装规》	《高规》	《装规》	《高规》	《装规》
框架结构	5	5	4	4	3	3
框架-剪力墙结构	7	6	6	6	5	5
剪力墙结构	7	6	6	6	5	5

注：框架-剪力墙结构装配式是指框架部分，剪力墙全部现浇。

由表 2-2 可知：

（1）框架结构，装配整体式混凝土结构与现浇混凝土结构一样。

（2）框架-剪力墙结构和剪力墙结构，在非抗震设计情况下，装配整体式混凝土结构比现浇混凝土结构小；在抗震设计情况下，装配整体式混凝土结构与现浇混凝土结构一样。

2.5.3 平面形状

装配式混凝土结构建筑的平面形状的规定与现浇混凝土结构的规定一致，建筑平面尺寸及凸出部位比例限制详见图 2-26 和表 2-3。

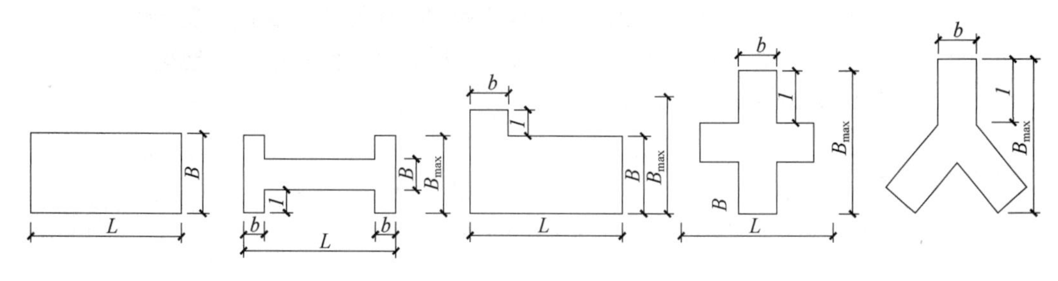

图 2-26 建筑平面规则性

表 2-3 平面尺寸及凸出部位比例限制

抗震设防烈度	L/B	l/B_{max}	l/b
6 度、7 度	≤6.0	≤0.35	≤2.0
8 度	≤5.0	≤0.30	≤1.5

2.5.4 结构竖向布置

装配式混凝土结构竖向布置应连续、均匀，应避免抗侧力结构的侧向刚度和承载力沿竖向突变，并应符合现行《建筑抗震设计规范》（TB 50011）的有关规定。特别不规则的建筑因非标准构件多，且在地震作用下内力分布复杂，不宜采用装配式混凝土结构。

2.5.5 现浇部位

高层装配整体式混凝土结构的现浇部位有如下规定：

（1）宜设置地下室，地下室宜采用现浇混凝土；地下室顶板作为上部结构的嵌固部位时，宜采用现浇混凝土以保证其嵌固作用。对嵌固作用没有直接影响的地下室结构构件，当有可靠依据时，也可采用预制混凝土。

震害调查表明，有地下室的高层建筑破坏比较轻，而且有地下室对提高地基的承载力有利；高层建筑设置地下室，可以提高其在风、地震作用下的抗倾覆能力。因此，高层建筑装配整体式混凝土结构宜规定设置地下室。地下室顶板作为上部结构的嵌固部位时，宜采用现浇混凝土以保证其嵌固作用。对嵌固作用没有直接影响的地下室结构构件，当有可靠依据时，也可采用预制混凝土。

（2）剪力墙结构底部加强部位的剪力墙宜采用现浇混凝土。

高层建筑装配整体式剪力墙结构和部分框支剪力墙结构的底部加强部位是结构抵抗罕遇地震的关键部位。弹塑性分析和实际震害均表明，底部墙肢的损伤往往比上部墙肢严重，因此对底部墙肢的延性和耗能能力的要求较上部墙肢高。目前，高层建筑装配整体式剪力墙结构和部分框支剪力墙结构的预制剪力墙竖向钢筋连接接头面积百分率通常为 100%，其抗震性能尚无实际震害经验，对其抗震性能的研究以构件试验为主，整体结构试验研究偏少，剪力墙墙肢的主要塑性发展区域采用现浇混凝土有利于保证结构整体抗震能力。因此，高层建筑剪力墙结构和部分框支剪力墙结构的底部加强部位的竖向构件宜采用现浇混凝土。

（3）框架结构首层柱采用现浇混凝土，顶层采用现浇楼盖结构。

该规定主要是基于确保装配式建筑的抗震性能和整体性的考虑，但实际上，由于建筑功能和结构的需要，建筑底部与标准层大多不一样，做装配式极不方便也不合算，故上述规定并没有因为现浇而增加装配式结构的成本和施工难度。

2.5.6 转换层

（1）当采用部分框支剪力墙结构时，底部框支层不宜超过2层，且框支层及相邻上层应采用现浇结构。

（2）部分框支剪力墙以外的结构中，转换梁、转换柱宜现浇。

2.5.7 混凝土强度

装配式结构预制构件的混凝土强度等级不宜低于C30；预应力混凝土预制构件的强度等级不宜低于C40，且不应低于C30；现浇混凝土的强度等级不应低于C25。可见装配式结构最低混凝土强度等级高于现浇混凝土结构。

预制构件节点及接缝处后浇混凝土强度等级不应低于预制构件的混凝土强度等级；多层剪力墙结构中墙板水平接缝用坐浆材料的强度等级应大于被连接构件的混凝土强度等级。此处的“坐浆材料”仅限于多层剪力墙结构墙板接缝使用，不是套筒灌浆连接和浆锚连接的灌浆料。框架结构和高层剪力墙结构的水平接缝应当用灌浆料填满。

2.5.8 等同现浇设计

现阶段我国装配式混凝土结构设计，最核心的理念非“等同现浇”莫属。当采取可靠的构造措施及施工方法，保证装配整体式钢筋混凝土结构中，预制构件之间或者预制构件与现浇构件之间的节点或接缝的承载力、刚度和延性不低于现浇钢筋混凝土结构，使装配整体式钢筋混凝土结构的整体性能与现浇钢筋混凝土结构基本相同时，此类装配整体式结构称为等同现浇装配式混凝土结构，简称等同现浇装配式结构。“等同现浇”的工作原理，是通过钢筋之间的可靠连接（如“浆锚灌浆”“钢筋搭接”“灌浆套筒”连接等），将预先浇筑构件（主要是大部分外墙）与现浇部分有效连接起来，让整个装配式结构与现浇实现“等同”，满足建筑结构安全的要求。

（1）当预制构件之间采用后浇带连接且接缝构造及承载力满足现行国家标准、行业标准与规范的相应要求时，可按现浇混凝土结构进行模拟。

装配式混凝土结构中，存在等同现浇的湿式连接节点，也存在非等同现浇的湿式或者干式连接节点。对现行国家标准、行业标准与规范中列入的各种现浇连接接缝构造，如框架节点梁端接缝、预制剪力墙竖向接缝等，已经有了很充分的试验研究，当其构造及承载力满足标准中的相应要求时，均能够实现等同现浇的要求，因此弹性分析模型可按照等同于连续现浇的混凝土结构来模拟。

（2）对现行国家标准、行业标准与规范中未包含的连接节点及接缝形式，应按照实际情况模拟。对现行国家标准、行业标准与规范中未列入的节点及接缝构造，当有充足的试验依据表明其能够满足等同现浇的要求时，可按照连续的混凝土结构进行模拟，不考虑接缝对结构刚度的影响。所谓充足的试验依据，是指连接构造及采用此构造连接的构件，在常用参数（如构件尺寸、配筋率等）、各种受力状态（如弯、剪、扭或复合受力、静力及地震作用）下的受力性能均进行过试验研究，试验结果能够证明其与同样尺寸的现浇构件具有基本相同的承载力、刚度、变形能力、延性、耗能能力等方面的性能水平。

对干式连接节点，一般应根据其实际受力状况模拟为刚接、铰接或者半刚接节点。如梁、柱之间采用牛腿、企口搭接，其钢筋不连接时，则模拟为铰接节点；如梁、柱之间采用后张预应力压紧连接或螺栓压紧连接，一般应模拟为半刚性节点。计算模型中应包含连接节点，并准确计算出节点内力，以进行节点连接件及预埋件的承载力复核。连接的实际刚度可通过试验或者有限元分析获得。

预应力压紧连接或螺栓压紧连接，一般应模拟为半刚性节点。计算模型中应包含连接节点，并准确计算出节点内力，以进行节点连接件及预埋件的承载力复核。连接的实际刚度可通过试验或者有限元分析获得。

2.5.9 其他

（1）当底部加强部位的剪力墙、框架结构的首层柱采用预制混凝土时，应采取可靠的技术措施。

当高层建筑装配整体式剪力墙结构和部分框支剪力墙结构的底部加强部位及框架结构首层柱采用预制混凝土时，应进行专门研究和论证，采取特别的加强措施，严格控制构件加工和现场施工质量。在研究和论证过程中，应重点提高连接接头性能、优化结构布置和构造措施，提高关键构件和部位的承载能力，尤其是柱底接缝与剪力墙水平接缝的承载能力，确保实现“强柱弱梁”的目标，并对大震作用下首层柱和剪力墙底部加强部位的塑性发展程度进行控制，必要时应进行试验验证。

（2）结构转换层宜采用现浇楼盖。屋面层和平面受力复杂的楼层宜采用现浇楼盖；当采用叠合楼盖时，需提高后浇混凝土叠合层的厚度和配筋要求，楼板的后浇混凝土叠合层厚度不应小于100mm，且后浇层内应采用双向通长配筋，钢筋直径不宜小于8mm，间距不宜大于200mm，同时叠合楼板应设置桁架钢筋。

2.6 装修系统设计

2.6.1 一般规定

以内装系统为例，内装系统分部主要由楼地面、轻质隔墙、吊顶、门窗、厨房和卫生间等组合而成，以满足建筑空间使用要求。

1. 一体化协同设计

装配式混凝土建筑的内装设计应遵循标准化设计和模数协调的原则，宜采用建筑信息模型（BIM）技术与结构系统、外围护系统、设备管线系统进行一体化设计。从目前建筑行业的工作模式来说，都是先建筑各专业的设计，再进行内装设计。这种模式使后期的内装设计经常要对建筑设计的图纸进行修改和调整，造成施工时的拆改和浪费。因此，装配式混凝土建筑的内装设计应与建筑各专业进行协同设计。

2. 管线分离

装配式混凝土建筑的内装设计应满足内装部品的连接、检修更换和设备及管线使用年限的要求，宜采用管线分离。从实现建筑长寿化和可持续发展理念出发，采用内装与主体结构、设备管线分离是为了在长寿命的结构与短寿命的内装、机电管线之间取得协调，避免设备管线和内装的更换维修对长寿命的主体结构造成破坏，影响结构的耐久性。

3. 干式工法

干式工法是指采用干作业施工的建造方法。现场采用干作业施工工艺的干式工法是装配式建筑的核心内容。我国传统现场具有湿作业多、施工精度差、工序复杂、建造周期长、依赖现场工人水平和施工质量难以保证等问题，干式工法作业可实现高精度、高效率和高品质。

4. 装配式装修

采用干式工法，将工厂生产的内装部品在现场进行组合安装的装修方式，称为装配式装修。装配式混凝土建筑宜采用工业化生产的集成化部品进行装配式装修。推进装配式装修是推动装配式发展的重要方向。采用装配式装修的设计建造方式具有以下五个方面的优势：

（1）部品在工厂制作，现场采用干式作业，可以最大限度保证产品质量和性能。

（2）提高劳动生产率，节省大量人工和管理费用，大大缩短建设周期，综合效益明显，从而降低生产成本。

（3）节能环保，减少原材料的浪费，施工现场大部分为干式工法，减少噪声、粉尘和建筑垃圾等污染。

（4）便于维护，降低了后期运营维护的难度，为部品更换创造了可能。

（5）工业化生产的方式有效解决了施工生产的尺寸误差和模数接口问题。

5. 全装修

全装修是指所有功能空间的固定面装修和设备设施全部安装完成，达到建筑使用功能和建筑性能的状态。全装修强调了作为建筑的功能和性能的完备性。装配式建筑的最低要求应该定位在具备完整功能的成品形态，不能割裂结构、装修，底线是交付成品建筑。推进全装修，有利于提升装修集约化水平，提高建筑性能和消费者的生活质量，带动相关产业发展。全装修是房地产市场成熟的重要标志，是与国际接轨的必然发展趋势，也是推进我国建筑产业健康发展的重要路径。

6. 其他

装配式混凝土建筑的内装部品与室内管线应与预制构件的深化设计紧密配合，预留接口位置应准确到位。装配式混凝土建筑应在内装设计阶段对部品进行统一编号，在生产、安装阶段按编号实施。

2.6.2 内装部品设计选型

装配式混凝土建筑应在建筑设计阶段对轻质隔墙系统、顶棚系统、楼地面系统、墙面系统、集成式厨房、集成式卫生间、内门窗等进行部品设计选型。装配式建筑的内装设计与传统内装设计的区别之一就是部品选型的概念，部品是装配式建筑的组成基本单元，具有标准化、系列化、通用化的特点。装配式建筑的内装设计更注重通过对标准化、系列化的内装部品选型来实现内装的功能和效果。

内装部品应与室内管线进行集成设计，并应满足干式工法的要求。内装部品应具有通用性和互换性。采用管线分离时，室内管线的敷设通常是设置在墙、地面架空层、顶棚或轻质隔墙空腔内，将内装部品与室内管线进行集成设计，会提高部品集成度和安装效率，责任划分也更加明确。

1. 装配式隔墙、顶棚、楼地面

装配式隔墙、顶棚和楼地面是由工厂生产的，具有隔声、防火、防潮等性能，且满足空间功能和美学要求的部品集成，并主要采用干式工法装配而成的隔墙、顶棚和楼地面。装配式混凝土建筑宜采用装配式隔墙、顶棚和楼地面。墙面系统宜选用具有高差调平作用的部品，并应与室内管线进行集成设计。

轻质隔墙系统宜结合室内管线的敷设进行构造设计，避免管线安装和维修更换对墙体造成破坏；应满足不同功能房间的隔声要求；应在吊挂空调、画框等部位设置加强板或采取其他可靠加固措施。

顶棚系统设计应满足室内净高的需求，并宜在预制楼板（梁）内预留顶棚、桥架、管线等安装所需预埋件；应在顶棚内设备管线集中部位设置检修口。

楼地面系统宜选用集成化部品系统，并应保证楼地面系统的承载力满足房间使用要求。为实现管线分离，装配式混凝土建筑宜设置架空地板系统。架空地板系统宜设置减振构造。架空地板系统的架空高度应根据管径尺寸、敷设路径、设置坡度等确定，并应设置检修口。在住宅建筑中，应考虑设置架空地板对住宅层高的影响。

发展装配式隔墙、吊顶和楼地面部品技术，是我国装配化装修和内装产业化发展的主要内容。以轻钢龙骨石膏板体系的装配式隔墙、吊顶为例，主要特点如下：

（1）干式工法，实现建造周期缩短60%以上。

（2）减少室内墙体占用面积，提高建筑的得房率。

（3）防火、保温、隔声、环保及安全性能全面提升。

（4）资源再生，利用率在90%以上。

（5）空间重新分割方便。

（6）健康环保性能提高，可有效调整湿度，增加舒适感。

2. 集成式厨卫

集成式厨房是指由工厂生产的楼地面、顶棚、墙面、橱柜和厨房设备及管线等集成并主要采用干式工法装配而成的厨房。集成式卫生间是指由工厂生产的楼地面、墙面（板）、顶棚和洁具设备及管线等集成并主要采用干式工法装配而成的卫生间。集成式厨房、集成式卫生间是装配式建筑装饰装修的重要组成部分，其设计应按照标准化、系统化原则，并符合干式工法施工的要求，在制作和加工阶段全部实现装配化。集成式厨房设计应合理设置洗涤池、灶具、操作台、排油烟机等设施，并预留厨房电气设施的位置和接口；应预留燃气热水器及排烟管道的安装及留孔条件；给水排水、燃气管线等应集中设置、合理定位，并在连接处设置检修口。集成式卫生间宜采用干湿分离的布置方式，湿区可采用标准化整体卫浴产品。集成式卫生间应综合考虑洗衣机、排气扇（管）、暖风机等的设置，并应在给水排水、电气管线等连接处设置检修口。

2.6.3 接口与连接

1. 标准化接口

标准化接口是指具有统一的尺寸规格与参数，并满足公差配合及模数协调的接口。在装配式建筑中，接口主要是两个独立系统、模块或者部品部件之间的共享边界。接口的标准化，可以实现通用性和互换性。

装配式混凝土建筑的内装部品应具有通用性和互换性。采用标准化接口的内装部品，可有效避免出现不同内装部品系列接口的非兼容性。在内装部品的设计上，应严格遵守标准化、模数化的相关要求，提高部品之间的兼容性。

2. 连接

装配式混凝土建筑的内装部品、室内设备管线与主体结构的连接在设计阶段宜明确主体结构的开洞尺寸及准确定位。连接宜采用预留预埋的安装方式；当采用其他安装固定方式时，不应影响预制构件的完整性与结构安全。内装部品接口应做到位置固定、连接合理、拆装方便、使用可靠。

轻质隔墙系统的墙板接缝处应进行密封处理。隔墙端部与结构系统应有可靠连接。门窗部品收口部位宜采用工厂化门窗套。集成式卫生间采用防水底盘时，防水底盘的固定安装不应破坏结构防水层；防水底盘与壁板、壁板与壁板之间应有可靠连接设计，并保证水密性。

2.7 深化设计

装配式混凝土结构深化设计，也被称为拆分设计（图 2-27），是指在设计单位提供的施工图的基础上，结合装配式混凝土建筑结构特点及参建各方的生产和施工能力，对图纸进行细化、补充和完善，制作能够直接指导预制构件生产和现场安装施工的图纸，并经原设计单位签字确认。

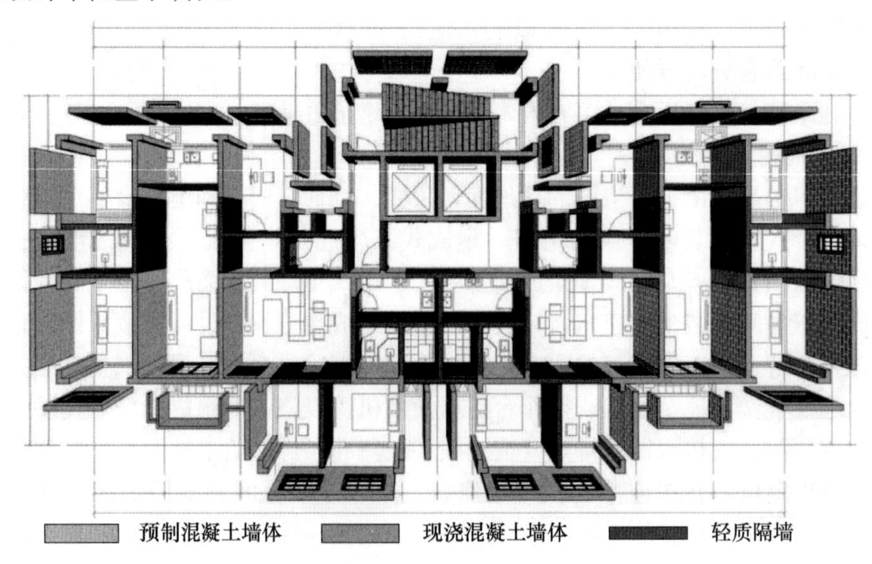

图 2-27 拆分设计

该阶段是设计中最重要的环节，也是整个设计过程的核心，对主体结构受力状况、预制构件承载能力、建筑功能、建筑平立面、建造成本、装配率等控制指标影响非常大。最耗人力，也最容易出现问题。深化设计涉及诸多方面，包括结构合理性，预制构件在制作、运输、安装等环节的可行性、便利性，以及是否影响到建筑的使用功能及艺术效果。所以深化设计是一项综合性很强的工作，既要考虑技术的合理性、外部环境的可行性，还要考虑经济的合理性和建筑方案的稳定性。作为结构设计师，需要与建设方一起充分调研当地的生产能力、道路运输能力、施工单位的吊装能力等外部情况，协调好建筑师、设备工程师，最后做出适合所设计项目的构件拆分方案。

2.7.1 深化设计的通用原则

1. 符合标准和政策要求原则

这是拆分设计需要遵循的根本。预制构件拆分设计符合国家、行业、地方等相关规程、标准，意味着拆分设计的成果使装配式混凝土结构的安全性有了基本保障；而预制构件拆分设计满足项目所在地方政策的需求，又可以基本确保拆分成果包括预制楼梯、叠合楼盖、预制墙板的比例、预制装配率等在内的可实施性。

2. 协同原则

协同原则在装配式混凝土结构设计中是一个相对现浇混凝土结构设计来说更重要的原则。可以这么说，闭门造车造出来的预制构件拆分设计只能是个半成品。因为这个协同，不仅包括建筑、结构、风、水、电、装修甚至预算等各专业之间的协同，还包括建设方、施工方、预制构件制作方甚至质监部门等在内的整个建设各个环节的协同。

3. 模数协调原则

根据模数协调原则优化各预制构件的尺寸和拆分位置，尽量减少预制构件的种类，使建筑部品实现通用性和互换性，保证房屋在建设过程中，在功能、质量、技术和经济等方面获得最优的方案。

4. 约束条件原则

对装配式混凝土结构而言，预制构件的拆分无法做到随心所欲，不能为了安装效率和施工便利而想做多大就做多大，因为存在制作、运输、安装的可行性等诸多问题，受制约的因素很多。既要考虑制作厂家起重机效能、模台或生产线尺寸，又要考虑交通法限制的运输限高、限宽、限重及道路路况的约束，还要结合施工现场塔式起重机吊能的因素。

5. 形状限制原则

需要注意预制构件的形状受到制作、运输、安装等影响，往往是一维线形构件或二维平面构件较容易制作、运输、安装，而三维立体构件的制作、运输、安装会有意想不到的麻烦。

6. 指标报批原则

装配式混凝土结构的构件拆分设计等装配式方案，需要依据项目相关审批文件规定的预制率等指标要求进行，以确定预制构件的范围。

7. 经济性原则

拆分设计对装配式混凝土结构的成本影响很大。结构设计师需要牢牢记住经济性这根弦，与预算人员一起多做些拆分方案进行经济比选，尤其是要控制预制构件种类，以控制成本。

8. 结构合理性原则

这也是构件拆分设计最重要的一个原则。构件拆分设计往往由结构专业完成也是基于这个原因。从结构专业而言，预制构件拆分直接决定了预制构件设计与连接设计，以确保装配式混凝土结构的整体性能和抗震性能。

（1）作为结构设计师，首先必须了解规范规定的现浇区域，以及不适宜甚至不适应做预制构件的部位，如剪力墙底部加强部位的剪力墙、框架结构的首层柱、平面复杂或开洞较大的楼层楼盖转换层的转换构件等。

（2）预制构件拆分应尽量遵循少规格、多组合、标准化原则，统一和减少构件规格和种类。

（3）拆分应考虑结构的合理性，应尽量选择应力较小或变形不集中的部位进行预制构件拆分，当无法避免时，必须采取有效措施。

（4）相邻构件拆分应考虑构件连接处构造的合理性；合理确定预制构件的截面形式、连接位置和连接方式。

（5）相邻构件的拆分应考虑相互的协调，如叠合楼板与支承楼板的预制剪力墙板应考虑施工的可行性与协调性等。

9. 建筑外立面构件拆分原则

建筑外立面混凝土构件的拆分需要考虑结构的合理性和实现的便利性，更需要考虑建筑功能和艺术效果，因此建筑和结构两专业要密切配合共同完成预制构件拆分，建筑外立面构件拆分应考虑如下因素：

（1）建筑功能的需要，如围护功能、保温功能、采光功能；

（2）建筑艺术的需要；

（3）建筑、结构、保温、装饰一体化；

（4）对外墙或外围柱、梁后浇区域的表皮处理；

（5）构件规格尽可能少；

（6）整间墙板尺寸或质量超过了制作、运输、安装条件许可的应对办法；

（7）符合结构设计标准的规定和结构的合理性及可安装性。

2.7.2 深化设计的具体原则

1. 叠合楼盖拆分

叠合楼盖作为传递竖向和水平荷载的重要构件，一般通过叠合现浇层保证结构水平荷载的传递，而竖向荷载的传递则与其拆分方案关联密切。叠合楼盖的拆分方案相对简单，但也要考虑板宽的规格化及拼缝方向，以免板块型号过多影响经济性或拼缝交错带来施工不便。从这几点出发，叠合楼盖的拆分主要遵循如下原则：

（1）在板的次要方向拆分，即板缝应当垂直于板的长边；

（2）在板的受力较小部位分缝；

（3）板的宽度不超过运输超宽的限制和工厂线模台宽度的限制，一般为 3.5m；

（4）尽可能统一或减小板的规格；

（5）有管线穿过的楼板，拆分时需考虑避免管线和钢筋或桁架筋冲突；

（6）顶棚无吊顶时，板缝应避开灯具、接线盒或吊扇位置；

（7）叠合楼盖宜结合墙、柱、梁等竖向构件结构平面位置拆分；

（8）注意与剪力墙、框架柱、框架主次梁等其他构件拆分的协调性。

2. 框架结构拆分

装配式混凝土框架结构是应用最广泛、技术最成熟的结构体系，也是目前国内比较容易实现等同现浇性能的结构体系，相关的抗震标准几乎与现浇混凝土结构无异。对该体系而言，其构件拆分，主要集中在预制柱、梁的拆分，拆分设计时应遵循如下原则：

（1）铭记必须现浇的部位。如叠合梁与叠合楼板的连接必须现浇；叠合楼板面层必须现浇；当梁、柱构件独立，拆分点在梁、柱节点区域内，梁、柱连接节点区域必须现浇。

（2）遵守宜现浇构件的理念。例如首层柱，考虑到首层的剪切变形远大于其他各层，首层出现塑性铰的框架结构，其倒塌可能性大。在目前设计和施工经验尚不充足的情况下采用现浇柱，可最大限度地保证结构的抗地震倒塌能力。否则，对首层柱采用预制，就需要经过专项研究和论证，采用可靠的技术措施，特别加强措施，严格控制制作加工和现场施工质量，同时重点提高连接接头性能，确保实现强柱弱梁的目标。

（3）拆分部位宜设置在构件受力最小部位。

（4）梁与柱的拆分节点应避开塑性铰位置。

（5）预制柱一般按楼层高度拆分，拆分位置一般在楼层标高处，其长度可为1层、2层或3层，也可在水平荷载效应较小的柱高、中部进行拆分。

（6）预制梁可按其跨度拆分，即在梁端拆分，也可在水平荷载效应较小的梁跨中拆分。拆分位置在梁端部时，梁纵向钢筋套管连接位置距离柱边不宜小于1.0h（h为梁高）；在水平荷载效应较小的梁跨中拆分，不应小于0.5h。

（7）预制柱、梁与预制楼板的拆分要协调。

3. 剪力墙结构拆分

对装配整体式混凝土剪力墙结构的构件拆分，主要集中在预制墙板的拆分，应遵循如下原则：

（1）铭记宜现浇部位。设置的地下室、底部加强部位、抗震设防烈度为8度时的电梯井筒等。

（2）结构方案比较原则，即根据结构方案进行综合因素比较和多因素分析，选择灵活合理的拆分方案。

（3）预制剪力墙宜按建筑开间和进深尺寸划分，高度不宜大于层高，竖向拆分宜在各层层高进行，接缝位于楼板标高处；同时考虑制作、运输、吊运、安装等尺寸限制。例如制作，常用模具宽度为3～4m，可生产的预制墙板宽度一般比模具小300mm左右，而剪力墙一般竖向堆放运输，住宅层高3m左右，基本可满足整片墙预制的要求；再如吊装，一般高层建筑常用塔式起重机的悬臂半径为45m，若最大吊重5t的话，预制墙板宽约3.2m、重约4.6t，满足吊能需求。

（4）应符合模数协调原则，优化预制构件的尺寸和形状，减少种类。

（5）水平拆分应根据剪力墙位置（拐角处、相交处等）进行确定，保证门窗洞口的完整性，并考虑非结构构件的设计要求，便于部品标准化生产。

（6）结构构件受力较复杂、较大，如剪力墙结构最外部转角应采取加强措施，当不满足设计构造要求时可采用现浇构件；剪力墙配筋较多的部位，为避免套筒灌浆连接或浆锚搭接连接的对位困难、施工难度较大情况，也可考虑采用现浇。

（7）预制剪力墙板宜为规整的一字形截面的平板类构件，以利于简化模具，降低制作成本。单个剪方墙控制在5t以内，预制长度不超过4m。

（8）预制墙板、预制楼板的拆分要协调。

4. 预制外挂墙板拆分

（1）尽量增大墙板尺寸，减少节点数量，前提是符合运输安装要求；

（2）应考虑窗口位置及其对窗洞口的处理；

（3）拼缝宜处于梁或柱轴线位置；

（4）注意与作为支座的剪力墙、框架柱、框架梁等主体构件拆分的协调性。

2.7.3 深化设计的设计流程

装配式混凝土结构深化设计的流程可分为以下几个步骤：

1. 开始阶段

开始阶段即前期策划阶段，对工程所在地建筑产业化的发展程度、政府要求及项目案例等进行调查研究，与项目参建各方充分沟通，了解建筑物或建筑物群的基本信息、结构体系、项目实施的目标要求，并掌握现阶段预制构件制作水平、工人操作与安装技术水平等。结合以上信息，确定工程的装配率、构件类型、结构体系等。

2. 数据准备阶段

数据准备阶段即方案设计阶段，此阶段的质量对项目设计起着决定性的作用。为保证项目设计质量，务必十分注重方案设计各环节的质量控制，从而在设计过程初期为设计质量奠定良好的基础。方案设计对装配式建筑设计尤其重要，除应满足有关设计规范要求外，还必须考虑装配式构件生产、运输、安装等环节的问题，并为结构设计创造良好的条件。装配式混凝土结构方案设计质量控制主要有以下几个方面：

（1）在方案设计阶段，各专业应充分配合，结合建筑功能与造型，规划好建筑各部位拟采用的工业化、标准化预制混凝土构配件。在总体规划中，应考虑构配件的制作和堆放，以及起重运输设备服务半径所需空间。

（2）在满足建筑使用功能的前提下，采用标准化、系列化设计方法，满足体系化设计的要求，充分考虑构配件的标准化、模数化，使建筑空间尽量符合模数，建筑造型尽量规整，避免异型构件和特殊造型，通过不同单元的组合达到立面效果的丰富。

（3）平面设计上，宜简单、对称、规则，不应采用严重不规则的平面布置，宜采用大开间、大进深的平面布局。

承重墙、柱等竖向构件宜上、下连续，门窗洞口宜上、下对齐并成列布置，平面位置和尺寸应满足结构受力及预制构件设计要求，剪力墙结构不宜用于转角处。厨房与卫生间的平面布置应合理，其平面尺寸宜满足标准化整体橱柜及整体卫浴的要求。

（4）外墙设计应满足建筑外立面多样化和经济美观的要求。外墙饰面宜采用耐久、不易污染的材料。采用反打一次成型的外墙饰面材料，其规格尺寸、材质类别、连接构造等应进行工艺试验验证。空调板宜集中布置，并宜与阳台合并设置。

（5）方案设计中，应遵守模数协调的原则，做到建筑与部品模数协调、部品之间的模数协调，以及部品的集成化和工业化生产，实现土建与装修在模数协调原则下的一体化，并做到装修一次性到位。

（6）构件的尺寸、类型等应结合当地生产实际，并考虑运输设备、运输路线、吊装能力等因素，必要的时候进行经济性测算和方案比选。另外，因地制宜地积极采用新材料、新产品和新技术。

（7）设计优化。设计方案完成后应组织各个层面的人员进行方案会审：一是设计单位内部，包括各专业负责人、专业总工等；二是建设单位、使用单位、项目管理单位，以及构配件生产厂家、设备生产厂家等，必要时组织专家召开评审会；三是各个层面的人分别从不同的角度对设计方案提出优化的意见；四是设计方案应报当地规划管理部门审批并公示。

3. 施工图设计

施工图设计工作量大、期限长、内容广。施工图设计文件作为项目设计的最终成果和项目后续阶段建设实施的直接依据，体现着设计过程的整体质量水平，设计文件编制深度及完整准确程度等要求均高于方案设计和初步设计。施工图设计文件要在一定投资限额和进度下，满足设计质量目标要求，并经审图机构和政府相关主管部门审查。因此，施工图设计阶段的质量控制工作任重道远。

装配式混凝土结构施工图设计质量控制主要有以下几个方面：

（1）施工图设计应根据批准的初步设计编制，不得违反初步设计的设计原则和方案。

（2）施工图设计文件编制深度应满足相关要求，满足设备材料采购、非标准设备制作和施工的需要，以及满足编制施工图预算的需要，并作为项目后续阶段建设实施的依据。对装配式结构工程，施工图设计文件还应满足进行预制构配件生产和施工深化设计的需要。

（3）解决建筑、结构、设备、装修等专业之间的冲突或矛盾，做好各专业工种之间的技术协调。建筑的部件之间、部件与设备之间的连接应采用标准化接口。设备管线应进行综合设计，减少平面交叉；竖向管线宜集中布置，并应满足维修更换的要求。

（4）施工图设计文件是构件生产和施工安装的依据，必须保证它的可施工性。否则，在项目开展的过程中容易导致施工困难等问题，甚至影响项目的正常实施。可以采取构件生产厂家和施工单位提前介入参与设计讨论的方式，确保施工图纸的可实施性。

（5）采用 BIM 技术。采用 BIM 技术进行构件设计、模拟生产、安装施工、碰撞检查，提前发现设计中存在的问题。

4. 图纸审查

我国强制执行施工图设计文件审查制度。施工图完成后必须经施工图审查机构按照有关法律、法规，对施工图涉及的公共利益、公众安全和工程建设强制性标准的内容进行审查。施工图未经审查合格的，不得使用。从事房屋建筑工程、市政基础设施工程施工、监理等活动，以及实施对房屋建筑和市政基础设施工程质量安全监督管理，应当以审查合格的施工图为依据。涉及建筑功能改变、结构安全及节能改变的重大变更应重新送审图机构进行审查。

施工图审查机构应对装配式混凝土建筑的结构构件拆分及节点连接设计、装饰装修及机电安装预留预埋设计、重大风险源专项设计等涉及结构安全和主要使用功能的关键环节进行重点审查。对施工图设计文件中采取的新技术、超限结构体系等涉及工程结构安全且无国家和地方技术标准的，应当由设区市及以上建设行政主管部门组织专家评审，出具评审意见，施工图审查机构应当依据评审意见和有关规定进行审查。

2.7.4 深化设计的内容

装配式混凝土结构工程施工前，应由相关单位完成深化设计，并经原设计单位确认。预制构件的深化设计图应包括但不限于下列内容：

（1）预制构件模板图、配筋图、预埋吊件及各种预埋件的细部构造图等。

（2）夹芯保温外墙板，应绘制内外叶墙板拉结件布置图及保温板排板图。

（3）水、电线、管、盒预埋预设布置图。

（4）预制构件脱模、翻转过程中混凝土强度及预埋吊件的承载力的验算。

（5）节能保温设计图。

（6）面层装饰设计图。

（7）对带饰面砖或饰面板的构件，应绘制排砖图或排板图。

2.7.5 设计文件编制的深度要求

为体现装配式建筑的优势，切实做到节能减排、降低建造成本，在设计过程中需要结合装配式建筑、结构特点进行相关设计。

2.7.5.1 建筑专业

1. 总平面设计

增加工程建设项目的工程位置图，阐明工程建设项目基底所在的区域位置。

2. 设计说明

在设计总说明中增加装配式建筑专项设计说明。该说明应包括以下部分：

（1）装配式建筑设计概况，注明该装配式建筑应用的层数及范围。

（2）增加装配式建筑技术配置表［表格内容可参考《装配式混凝土结构住宅建筑设计示例（剪力墙结构）》（15J939-1）第4页表1］。

（3）建筑做法说明：增加预制外墙的构造做法，注明其外墙饰面做法，如预制外墙反打面砖、石材、涂料等；卫生间等有楼面降板要求的房间，其做法要充分考虑叠合楼板的特点，调整楼板板底标高及建筑做法；增加预制内墙的构造做法。砌块墙需考虑其与预制墙之间的连接和抹灰做法，做好预留预埋。

3. 建筑设计

（1）总体要求：明确装配式建筑的特点，并进行主要预制构件的统计；建筑集成技术设计：阐明预制构件预留预埋的情况。

①对预制外墙、内墙、叠合板、楼梯等部位分别增加技术要点说明。

②针对预制符合外墙板等装配式构件的采用，完善建筑节能设计专篇的相关内容。

(2) 平面图

①应体现装配式墙板。根据其厚度和现浇段位置，调整好空调管、雨水管等预留洞的位置。

②应参照行业标准图的规定，统一图例样式表示不同的装配式构件，使图面一目了然。

③预制构件与预制构件之间尽量通过现浇段来连接，以避免裂缝并消除安装误差。

(3) 立面图和剖面图

①立面图应体现预制装配式构件划分的水平缝、垂直缝及装饰缝，且应体现出外立面饰面材质及颜色。

②剖面图应体现装配式外墙、楼梯的构造特点及窗户固定位置。

③剖面图均应表达出预制部分与现浇部分的分界位置。

④当预制外墙为反打面砖或石材时，应提供立面排砖图并落实到施工图设计中。

(4) 户型大样图

①各种预留孔洞均应定位并注明其大小，如雨水管、空调管、冷凝水管、太阳能管、厨房卫生间烟气道等。

②增加设备点位综合详图（可不包含卫生间与厨房），对设备电气进行精确定位，该详图用于对建筑内装修和机电设备管线进行综合全装修设计，以使室内功能和空间系统合理、方便适用，也可避免各种错、漏、碰、缺。本图可作为构件加工图设计的提资条件，需各个专业共同完成。

③由于卫生间厨房设备电气比较复杂，因而详图比例适当放大，对设备电气进行精确定位，并注明其预留、预埋大小。

④采用整体式卫浴的建筑，需厂家提前介入并提供相应资料，各专业配合进行结构降板、预留、预埋等相关设计。

(5) 楼梯大样图

①楼梯大样图中应体现梯梁的位置、尺寸，并注明预制梯段的部位（可填充灰色块）。

②增加连接节点做法详图。

(6) 墙身节点详图

①增加通用节点详图，如预制构件水平缝、垂直缝防水节点，窗上口、窗下口节点等。

②表达预制构件与现浇构件的关系（预制构件可采用填充灰色块来表示），表达构件连接、预埋件、防水层、保温层等交接关系和构造做法。

(7) 构件尺寸控制图

表达预制构件的各系部尺寸、洞口位置及排砖方案，用作结构专业深化构件加工的条件。

2.7.5.2 结构专业

结构施工图设计内容可分为施工图设计和预制构件详图制作、计算书部分。其主要内容包括以下几项：

1. 施工图设计部分

该设计阶段应完成装配式结构的整体计算分析、结构构件的平立面、结构构件的截面和配筋设计、节点连接构造设计等。其内容包括以下几项：

（1）整体式结构设计专项说明

工程概况、设计依据、选用图集、材料、单体预制率计算、节点构造、制作、运输、安装、施工、验收等方面加以说明。

（2）构件平面布置图

含内、外墙板编号及定位尺寸、预制构件拼缝位置、叠合梁编号等，具体表示方法参见国家标准设计图集《装配式混凝土结构及示例（剪力墙结构）》（15G107-1）。

（3）预制构件与现浇构件竖向连接部位连接套筒钢筋平面布置图。

（4）预制构件与后浇混凝土节点布置图、后浇混凝土暗柱节点大样图。

（5）预制底板平面布置图，含预制底板制作说明、桁架叠合板布置方向等，具体表示方法见国家标准设计图集《桁架钢筋混凝土叠合板（60mm 厚底板）》（15G366-1）。

2. 预制构件详图制作部分

该设计阶段应综合建筑、结构和设备等专业的施工图，以及制作、运输、堆放、施工等环节的要求进行构件深化设计。其内容包括以下几项：

（1）预制底板大样图

它包括底板各个方向模板图，含预留、预埋洞口标示，灯具、烟感预埋，配筋详图、细部详图、钢筋桁架详图等，同时，在大样图右上角注明构件二维码。

（2）预制外墙、内墙大样图

它包括构件模板图、配筋图和预埋件布置图等构件加工图，含构件各方向模板图、剖面图、配筋图、配件表、钢筋下料表、混凝土用量、构件自重等，同时，在大样图右上角注明符合统一要求的构件二维码、楼面局部位置定位等相关内容。复杂构件宜提供构件立面三维透视图。

（3）预制阳台、空调板、女儿墙等大样图

它包括构件模板图、配筋图和预埋件布置图等构件加工图，含构件各方向模板图、剖面图、配筋图、配件表、钢筋下料表、混凝土用量、构件自重等，同时，在大样图右上角注明符合统一要求的构件二维码、楼面局部位置定位等相关内容。复杂构件宜提供构件立面三维透视图。

（4）预制楼梯大样图

它包括梯板制作详图及安装大样节点图，同时，在大样图右上角注明符合统一要求的构件二维码。

（5）预制构件连接节点大样图

具体表示方法见国家标准设计图集《装配式混凝土结构连接节点构造（楼盖结构和楼梯）》（15G310-1）、《装配式混凝土结构连接节点构造（剪力墙结构）》（15G310-2）。

（6）对建筑、设备、电气、精装修等专业在预制构件上的预留洞口、预埋管线、预埋件和连接件等进行综合设计，必要时提供大样详图。

3. 计算书部分

结构计算书除了结构整体计算信息（总信息、周期、位移）及梁板墙柱配筋文件外，还应增加预制构件与后浇混凝土节点承载力验算、较大内力处施工缝验算、预制构件施工吊装验算、构件临时支撑验算等内容。

2.8 装配式混凝土结构常见图集

装配式建筑节点构造详图用来反映节点处构件代号、连接材料、连接方法及对施工安装等方面内容，更重要的是表达节点处配置的受力钢筋或构造钢筋的规格、型号、性能和数量，装配式建筑工程节点部位的施工做法多数参照国家制定的通用详图集。以下重点介绍有关节点构造的几本图集。

2.8.1 《装配式混凝土结构连接节点构造（楼盖结构和楼梯）》（15G310-1）、《装配式混凝土结构连接节点构造（剪力墙结构）》（15G310-2）

该图集全面阐述了装配式混凝土剪力墙结构住宅中各类构件之间的连接节点做法及节点内钢筋的构造要求，主要涉及内容见表 2-4，相关示例见例 2-1 和例 2-2。该图集中各类构件的连接节点做法都给出几种不同的连接方式，各种连接方式构件预留钢筋的长度及后浇段尺寸都不相同，因此在设计选用时同类构件宜采用同一种连接方式，并且应结合构件自身尺寸要求、预留钢筋长度、后浇段尺寸等相关因素综合考虑。

表 2-4 《装配式混凝土连接节点构造》主要节点一览表

构件信息		相关内容
叠合板	双向板	叠合板整体接缝连接构造（后浇带形式和密拼接缝）：中间支座连接构造（有外伸钢筋和无外伸钢筋，支座为梁或剪力墙）；边支座连接构造（有外伸钢筋和无外伸钢筋，支座为梁或剪力墙）
	单向板	叠合板板侧接缝连接构造：板侧支座连接构造（有外伸钢筋和无外伸钢筋，中间支座和边支座）。注：板端支座连接构造同双向板
非框架叠合梁		后浇段对接连接构造；主次梁连接边节点、中间节点构造；搁置式主次梁连接节点构造；剪力墙平面连接节点构造
预制楼梯		高端支承为固定支座，低端支承为滑动铰支座；高端支承为固定支座，低端支承为滑动支座；高端支承、低端支承均为固定支座
剪力墙	竖缝	预制墙板墙身连接；预制墙板与现浇墙连接；预制墙板与后浇边缘暗柱连接；预制墙板与后浇端柱连接；预制墙板在转角墙处连接；预制墙板在有翼墙处连接；预制墙板在十字形墙处连接
	水平缝	预制墙板内边缘构件竖向钢筋连接；预制墙板竖向分布钢筋逐根连接；预制墙板竖向分布钢筋连接；抗剪用钢筋连接；预制墙变截面处竖向分布钢筋连接；预制墙竖向钢筋顶部构造；水平后浇带构造；后浇圈梁钢筋构造
连梁		预制连梁与后浇段连接（机械连接和锚固）；预制连梁与缺口墙连接构造（机械连接和锚固）；后浇连梁与预制墙连接；预制连梁对接连接

【例 2-1】 双向叠合板的连接

某四边支承于剪力墙的楼板，两方向跨度分别为 l_x=5400mm、l_y=7200mm，墙厚 200mm，混凝土强度等级为 C30，按双向板设计。经设计计算，楼板厚度取 140mm，楼板配筋结果如图 2-28 所示。其中板底 X 向、Y 向分别配置Φ 8@150 和Φ 8@200 的贯通纵筋；板面 X 向、Y 向配置Φ 8@200 的贯通纵筋；另外在 2、3 轴支座处板面还配有Φ 10@200 的非贯通钢筋，在 B 轴支座处板面配置有Φ 8@200 的非贯通纵筋。采用叠合楼盖，其中底板为按短向布置的三块桁架钢筋预制板。叠合板厚 140mm，其中，预制板厚 60mm，后浇层厚 80mm。

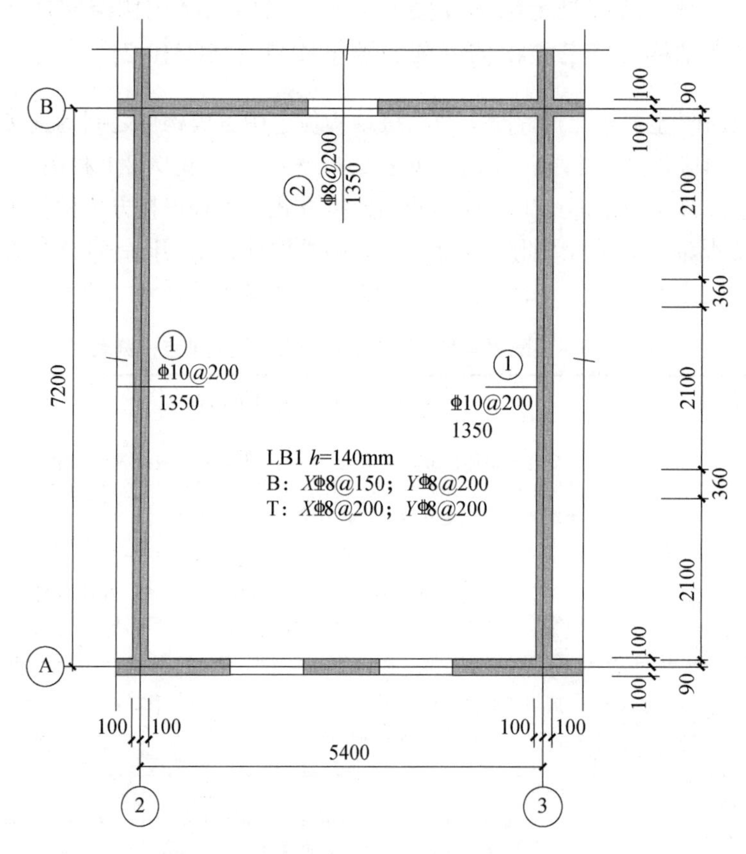

图 2-28　楼板配筋图（按现浇混凝土设计）

注：1. 图 2-28 的板配筋图表示方式按图集《混凝土结构施工图平法整体表示方法制图规则和构造详图（按现浇混凝土框架、剪力墙、梁、板）》（16G101-1）。

2. 图 2-28 未示出预制墙的连接节点。

（1）双向板的接缝（BF101）

采用本图集第 20 页的设后浇带的连接节点 B1-2。预制板外伸的板底连接钢筋为Φ 8@200。设计时取 $l_a=l_{ab}$，按本图集第 13 页可知，$l_{ab}=35d$，$l_a=35\times8=280$（mm），由此接缝宽度为 $l_b=l_a+20=280+20=300$（mm）。为可选择宽度一致的预制板，且板宽尺寸符合模数 3M，考虑预制底板伸入剪力墙，取 $a=b=10$mm，将 l_h 调整为 360mm，相应的预制板板宽为 2100mm。沿后浇带的板底纵筋A_{sa}取 3 Φ 8，设置后浇带拼接节点详见图 2-29（a）。

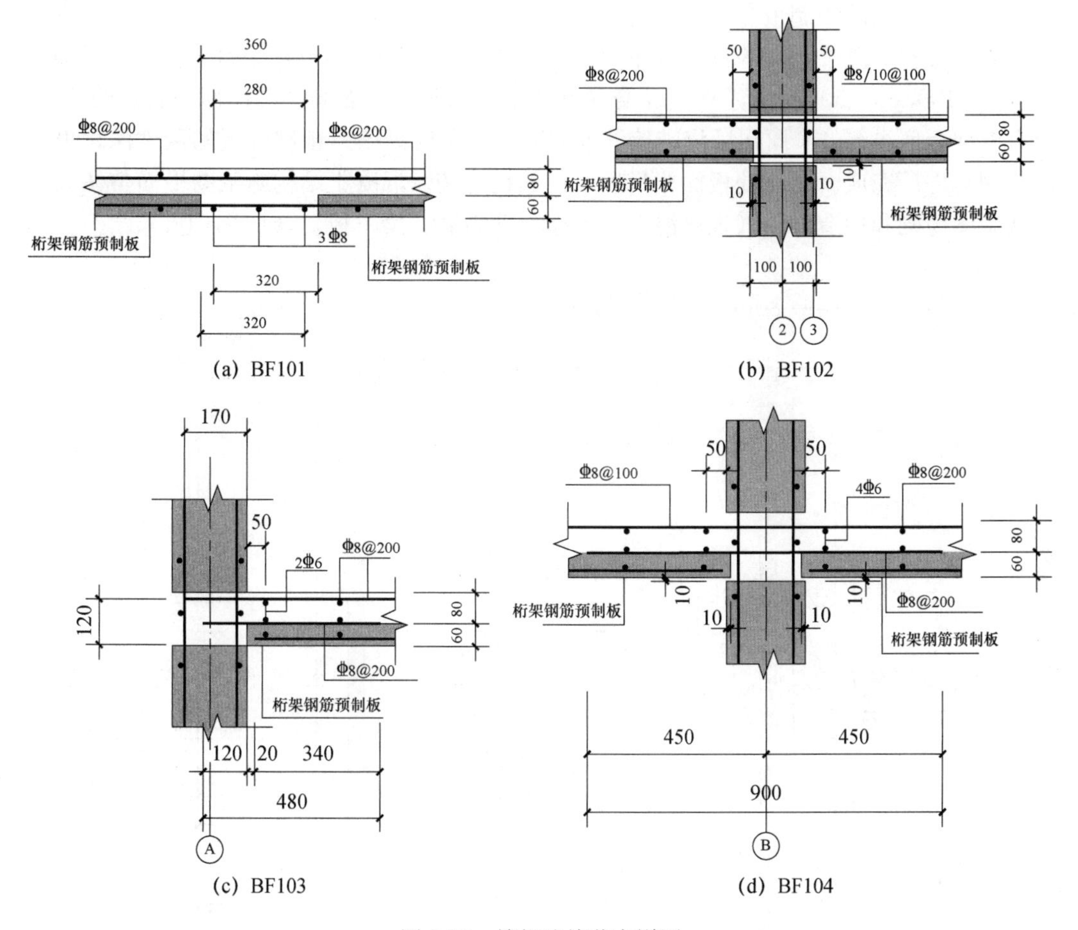

(a) BF101　(b) BF102

(c) BF103　(d) BF104

图 2-29　楼板连接节点详图

（2）楼板与 2 轴剪力墙连接（BF102）

2 轴剪力墙为楼板的中间支座，采用本图集第 25 页的节点 B5-1。板底钢筋伸入剪力墙长度为 100mm。考虑预制底板伸入剪力墙，取 $a=b=10$mm，楼板与 2 轴剪力墙连接节点详见图 2-29（b）。楼板与 3 轴剪力墙的连接做法与 2 轴相同。

（3）楼板与 A 轴剪力墙连接（BF103）

A 轴剪力增为楼板的边支座，采用本图集第 24 页的节点 B4-2。板底连接纵筋 A_{sd} 取为Φ 8@200，该钢筋长度取 480mm，其中伸入剪力墙长度为 120mm，板内长度为 360mm$>l_l+20=1.2\times280\times1.0+20=356$（mm）。板面钢筋伸入剪力墙长度为 170mm$>0.4l_{ab}=0.4\times280=112$（mm），弯折长度为 $15d=15\times8=120$（mm）。楼板与 A 轴剪力墙连接节点详见图 2-29（c）。

（4）楼板与 B 轴剪力墙连接（BF104）

B 轴剪力墙为楼板的中间支座，采用本图集第 25 页的节点 B5-2。考虑预制底板伸入剪力墙，取 $a=b=10$mm。板底连接纵筋 A_{sd} 取为Φ 8@200，该钢筋长度取 900mm，其中伸入每一侧板内长度为 350mm$>l_l+10=1.2\times280\times1.0+10=346$（mm）。楼板与 B 轴剪力墙连接节点详见图 2-29（d）。

(5) 叠合板的预制板布置及配筋图

采用设置后浇带拼接的预制板布置及配筋详见图 2-30。其中,预制底板的板底外边尺寸为 2100mm×5200mm,板底纵筋配筋 $X\Phi8@150$、$Y\Phi8@200$;预制底板的 X 向留有外伸板底纵筋,Y 向在后浇带接缝处留有外伸板底纵筋;预制底板的构件深化设计由预制构件厂完成。支座处板面非贯通纵筋的构造按《混凝土结构施工图平面整体表示方法制图规则和构造详图(现浇混凝土框架、剪力墙、梁、板)》(16G101-1)。

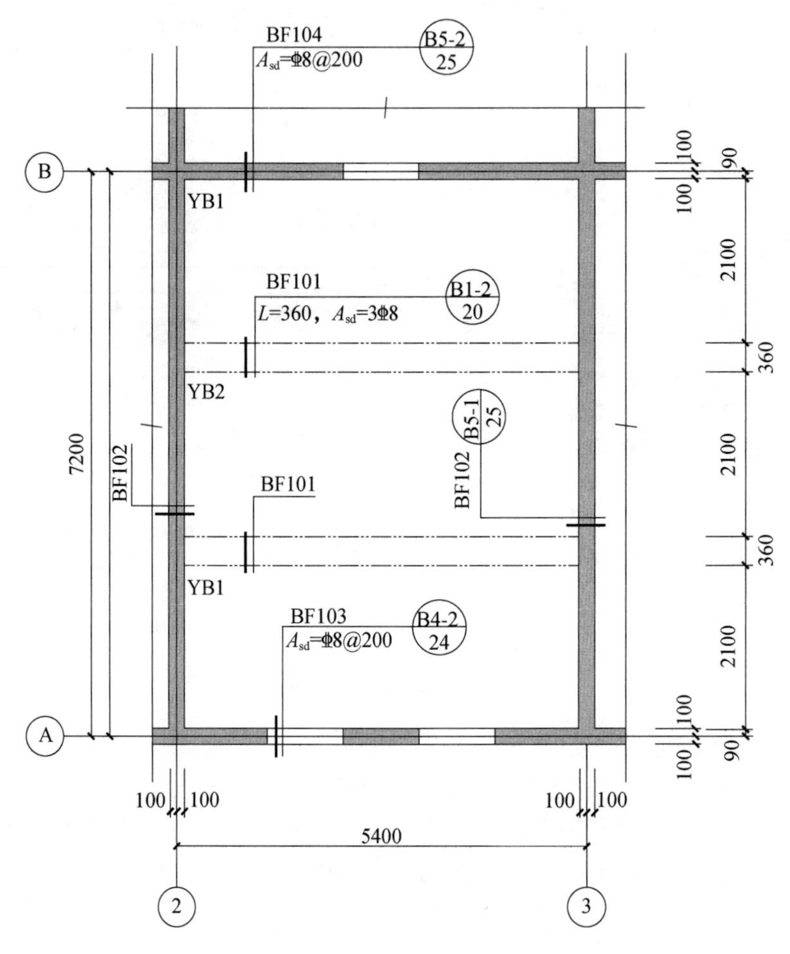

图 2-30 楼板连接节点详图说明

注:1. 图中节点“B-×-×”引自图集《装配式混凝土结构连接构造(楼盖和楼梯)》(15G310-1)。

2. 图中的“BF×××”为板的连接编号。

3. 图中==表示双向板后浇板缝。

4. 按缝处混凝土强度等级取为 C30。

【例 2-2】 双向叠合板的连接

某框架结构楼盖,开间 $l_x=7200$mm、$l_y=5400$mm。混凝土强度等级为 C30。框架柱大小为 600mm×600mm,楼板厚 120mm。经设计计算,按现浇混凝土结构设计的框架梁和次梁的配筋结果如图 2-31 所示。现采用叠合楼盖,主梁预留后浇槽口与次梁连接,对连接节点进行设计。

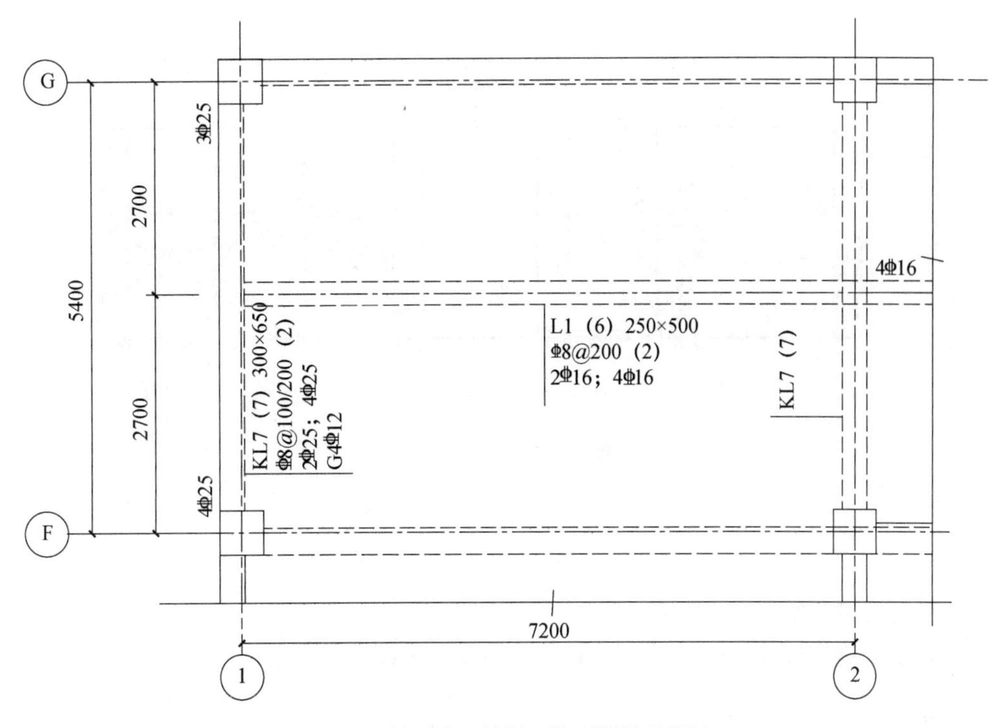

图 2-31　梁平法配筋图（按现浇结构设计）

(1) L1 与 1 轴 KL1 连接（LF101）

1 轴 KL1 为 L1 的边支座，按铰接设计，主梁梁腹配置的钢筋为构造钢筋，不伸入连接节点。采用本图集第 31 页的节点 L2-1。KL1 预留后浇槽口，b_h=280mm，h_h=500mm。L1 下部纵筋伸入 KL1 的长度为 12d，12×16=192（mm），设计取 200mm，梁上部纵筋在主梁角筋内侧弯折，实际直锚长度 245mm，大于 $0.35l_a = l_{ab} = 0.35\times 35\times 16 = 196$（mm），弯折锚固长度 $15d = 15\times 16 = 240$（mm）。L1 与 1 轴 KL1 连接节点详见图 2-32（a）。

(2) L1 与 2 轴 KL1 连接（LF102）

2 轴 KL1 为 L1 的中间支座。采用本图集第 33 页的节点 L3-1。KL1 预留后浇槽口 b_h=280mm，h_h=500mm。L1 下部纵筋伸入 KL1 的长度为 12d，12×16=192（mm），设计取 200mm，L1 与 2 轴 KL1 连接节点详见图 2-32（b）。

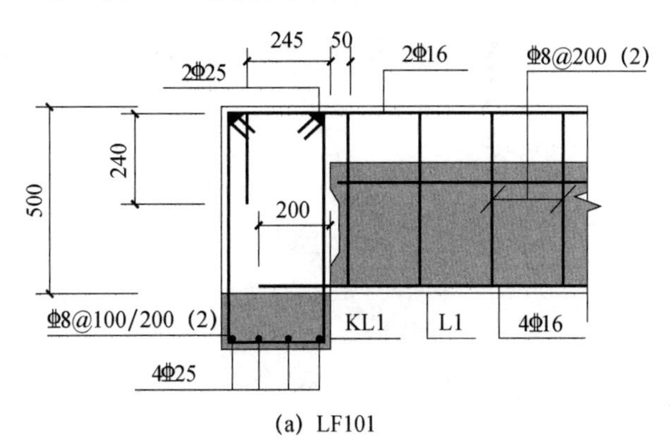

(a) LF101

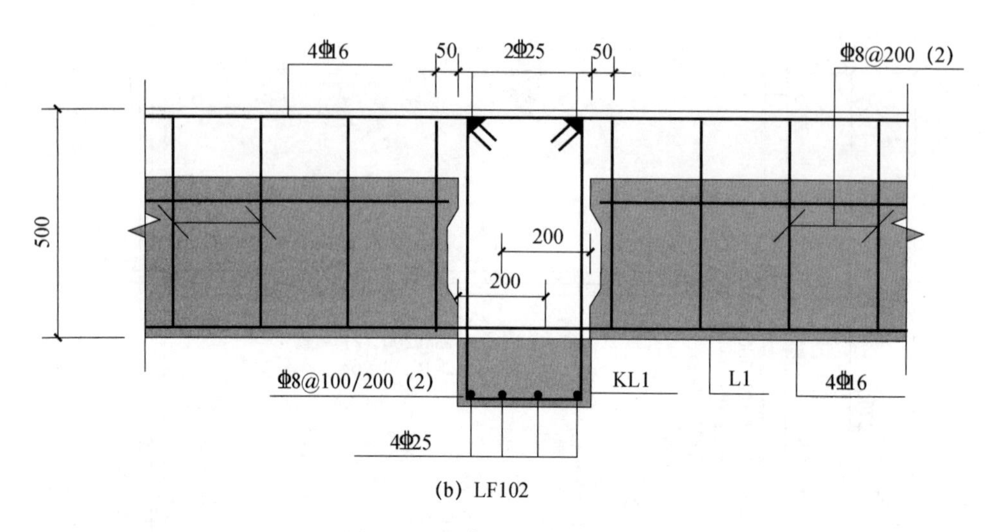

(b) LF102

图 2-32 叠合主次梁连接详图

(3) 叠合梁的结构布置及配筋图

叠合主次梁连接详见图 2-33。预制梁的构件深化设计由预制构件厂完成。

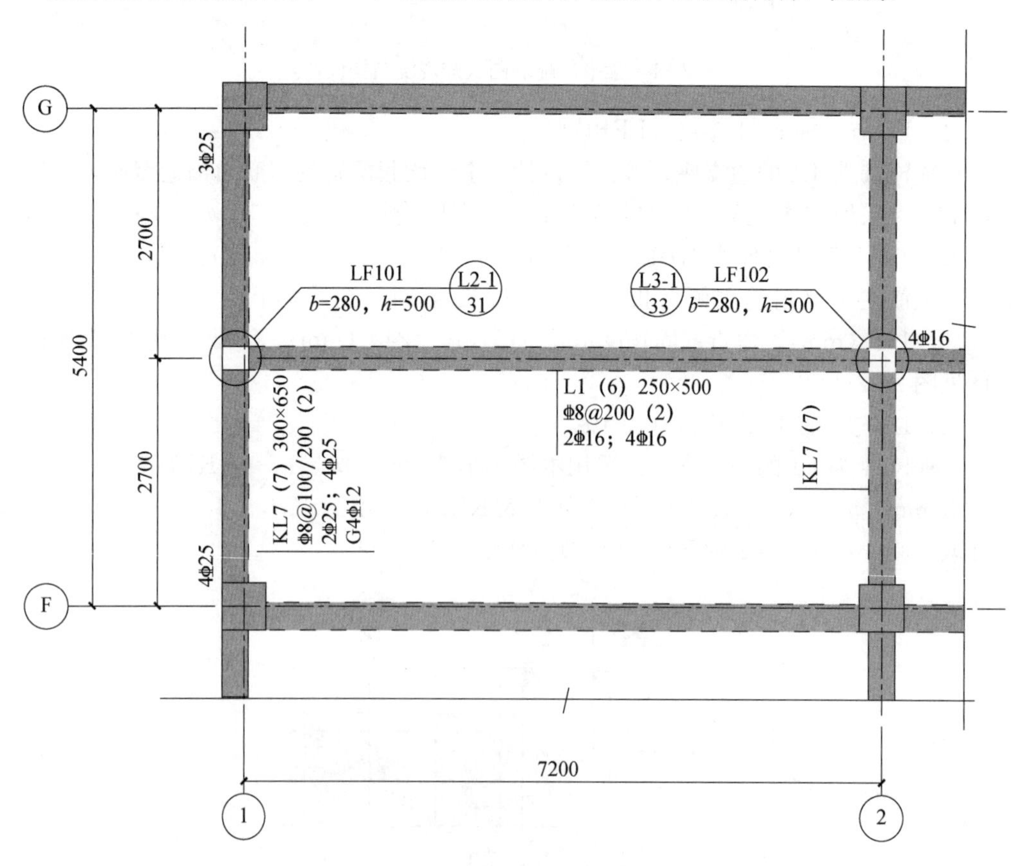

图 2-33 叠合主次梁连接设计

2.8.2 《预制混凝土剪力墙外墙板》(15G365-1)

该图集基于非组合式预制混凝土夹芯保温外墙板进行编制，主要编制了无洞口外墙、一个窗洞高窗台外墙、一个窗洞矮窗台外墙、两个窗洞外墙和一个门洞外墙五种平面构件。该图集给出了构件模板图、配筋图、配套连接节点、各类预埋件示意等，适用于具有较好规则性的高层装配整体式剪力墙结构住宅，不适用于地下室、底部加强部位及相邻上一层、顶层剪力墙。

2.8.3 《预制混凝土剪力墙内墙板》(15G365-2)

该图集中预制混凝土剪力墙内墙板参数与外墙板基本一致，编制了无洞口内墙、固定门垛内墙、中间门洞内墙、刀把内墙四种平面构件形式。与外墙所不同的是，该图集在编制过程中指定了内墙板的装配方向，设备管线预埋与墙板装配的方向相互联系。

2.8.4 《桁架钢筋混凝土叠合板 (60mm 厚底板)》(15G366-1)

该图集编制 60mm 厚桁架钢筋混凝土叠合板用预制底板，后浇叠合层厚度可为 70mm、80mm、90mm 三种情况，给出了相应的配套节点及选用示例，界定了脱模、吊装、堆放、施工临时支撑的各个环节的具体要求，设计人员选用之后不必再进行施工阶段验算，适用于剪力墙厚度为 200mm 的楼屋盖。由于板上开洞及预埋线盒位置在实际工程中千差万别，该图集并未指定具体位置，仅给出洞口设置及加强的要求，因此设计选用中应结合底板平面布置图给出洞口位置及线盒位置，生产时按要求留设。

双向受力情况下，预制底板标志宽度有 1200mm、1500mm、1800mm、2000mm、2400mm 五种，标志跨度为 3～6m，板跨度方向配筋有Φ8@200、Φ8@150、Φ10@200、Φ10@150 四种情况，板宽度方向配筋有Φ8@200、Φ8@150、Φ8@100 三种情况，底板板侧预留外伸钢筋通过后浇带形式整体接缝连接，编号中设置调节宽度以满足各种尺寸要求。

单向受力情况下，预制底板标志宽度有 1200mm、1500mm、1800mm、2000mm、2400mm 五种，标志跨度为 2.7～4.2m，板跨度方向配筋有Φ8@200、Φ8@150、Φ10@200、Φ10@150 四种情况，板宽度方向分布钢筋配筋 ϕ6@200，底板布置时采用密拼方式，通过支座处板缝以满足各种尺寸要求。

2.8.5 《预制钢筋混凝土板式楼梯》(15G367-1)

在住宅建筑中，预制楼梯是最容易实现标准化的构件，该图集根据实际使用情况给出了双跑楼梯和剪刀楼梯两类构件形式；采用高端支承为固定铰支座、低端支承为滑动铰支座的连接方式；配套墙板图集指定层高为 2.8m、2.9m、3.0m 三种情况，对双跑楼梯编制了最常用的开间尺寸为 2.4m、2.5m 两种情况，对剪刀楼梯编制了最常用的开间尺寸为 2.5m、2.6m 两种情况。

2.8.6 《预制钢筋混凝土阳台板、空调板及女儿墙》(15G368-1)

该图集包含三类构件，其中预制混凝土阳台部分包括预制叠合板式阳台、全预制板式阳台、全预制梁式阳台三种类型。预制空调板只有一种形式；预制女儿墙包括夹芯保温式女儿墙和非保温式女儿墙两种。

2.9 装配式混凝土结构工程识图

此部分可以扫描二维码识图。

2.9.1 装配式混凝土工程建筑施工图识读要点

2.9.1.1 阅读图纸目录

阅读图纸目录是了解整个建筑设计整体情况，从中可以明了图纸数量及出图大小和工程号，以及建筑单位、整个建筑物的主要功能，如果图纸目录与实际图纸有出入，必须与建筑单位核对情况，要明白建筑施工图有哪些内容，通过看图纸目录就能很清楚地找到答案。

2.9.1.2 了解施工图设计说明

1. 了解依据性文件名称和文号

如批文、本专业设计所执行的主要法规和所采用的主要标准（包括标准名称、编号、年号和版本号）及设计合同等。

2. 了解工程概况

工程概况的内容一般有建筑名称、建设地点、建设单位、建筑面积、建筑基底面积、项目设计规模等级、设计使用年限、建筑层数和建筑高度、建筑防火分类和耐火等级、人防工程类别和防护等级，人防建筑面积、屋面防水等级、地下室防水等级、主要结构类型、抗震设防烈度、项目内采用装配整体式结构单体的分布情况，范围、规模及预制构件种类、部位等，以及能反映建筑规模的主要技术经济指标，如住宅的套型和套数（包括每套的建筑面积、使用面积）、旅馆的客房间数和床位数、医院的门诊人次和住院部的床位数、车库的停车泊位数等；各装配整体式建筑单体的建筑面积统计，应列出预制外墙部分的建筑面积，说明外墙预制构件所占的外墙面积比例及计算过程，并说明是否满足不计入规划容积率的条件。

3. 掌握设计标高

读懂工程的相对标高，以及与总图绝对标高的关系。

4. 熟悉用料说明和室内外装修情况

（1）墙体、墙身防潮层、地下室防水、屋面、外墙面、勒脚、散水、台阶、坡道、油漆、涂料等处的材料和做法，可用文字说明或部分文字说明，部分直接在图上引注或加注索引号，其中应包括节能材料的说明。

（2）预制装配式构件的构造层次，当采用预制外墙时，应注明预制外墙外饰面做法，如预制外墙反打面砖、反打石材、涂料等。

（3）室内装修部分除用文字说明以外亦可用表格形式表达，在表上填写相应的做法或代号。

2.9.1.3 总平面图的功能与识读

（1）了解保留的地形和地物。

（2）熟悉测量坐标网、坐标值。

（3）了解场地范围的测量坐标（或定位尺寸）、道路红线、建筑控制线、用地红线等的位置。

（4）掌握场地四邻原有及规划的道路、绿化带等位置（主要坐标或定位尺寸），以及主要建筑物和构筑物及地下建筑物等位置、名称、层数。

（5）掌握建筑物、构筑物（人防工程、地下车库、油库、储水池等隐蔽工程以虚线表示）的名称或编号、层数、定位（坐标或相互关系尺寸）。

（6）了解广场、停车场、运动场地、道路、围墙、无障碍设施、排水沟、挡土墙、护坡等定位（坐标或相互关系尺寸）。如有消防车道和扑救场地，需注明。

（7）了解指北针或风玫瑰图。

（8）熟悉建筑物和构筑物名称编号表。

（9）掌握尺寸单位、比例、坐标及高程系统等。

2.9.1.4 平面图识读

（1）了解承重墙、柱及其定位轴线和轴线编号，内外门窗位置、编号及定位尺寸，门的开启方向，注明房间名称或编号，库房（储藏）注明储存物品的火灾危险性类别。

（2）掌握轴线总尺寸（或外包总尺寸）、轴线间尺寸（柱距、跨度）、门窗洞口尺寸、分段尺寸。

（3）了解墙身厚度（包括承重墙和非承重墙），柱与壁柱截面尺寸（必要时）及其与轴线关系尺寸；当围护结构为幕墙时，标明幕墙与主体结构的定位关系；玻璃幕墙部分标注立面分格间距的中心尺寸。

（4）掌握预制装配式构件（柱、剪力墙、围护墙体、楼梯、阳台、凸窗等）图例符号及对应位置，以及预制装配式构件的板块划分位置。

（5）掌握变形缝位置、尺寸及做法索引。

（6）了解主要建筑设备和固定家具的位置及相关做法索引，如卫生器具、雨水管、水池、台、橱、柜、隔断等。

（7）了解电梯、自动扶梯及步道（注明规格）、楼梯（爬梯）位置和楼梯上下方向示意和编号索引。

（8）熟悉主要结构和建筑构造部件的位置、尺寸和做法索引，如中庭、天窗、地沟、地坑、重要设备或设备机座的位置尺寸、各种平台、夹层、人孔、阳台、雨篷、台阶、坡道、散水、明沟等。

（9）了解楼地面预留孔洞和通气管道、管线竖井、烟囱、垃圾道等位置、尺寸和做法索引，以及墙体（主要为填充墙、承重砌体墙）预留洞的位置、尺寸与标高或高度等。

(10) 掌握室外地面标高、底层地面标高、各楼层标高、地下室各层标高。

(11) 了解底层平面标注剖切线位置、编号及指北针。

(12) 掌握有关平面节点详图或详图索引号。

(13) 熟悉屋面平面图应有的女儿墙、檐口、天沟、坡度、坡向、雨水口、屋脊(分水线)、变形缝、楼梯间、水箱间、电梯机房、天窗、屋面上人孔、检修梯、室外消防楼梯及其他构筑物，必要的详图索引号、标高等；表述内容单一的屋面可缩小比例绘制。

(14) 了解图纸名称、比例。

2.9.1.5 立面图识读

(1) 了解两端轴线编号，立面转折较复杂时可用展开立面表示，但应准确注明转角处的轴线编号。

(2) 掌握立面外轮廓及主要结构和建筑构造部件的位置，如女儿墙顶、檐口、柱、变形缝、室外楼梯和垂直爬梯、室外空调机搁板、外遮阳构件、阳台、栏杆、台阶、坡道、花台、雨篷、烟囱、勒脚、门窗及开启线、幕墙、洞口、门头、雨水管，以及其他装饰构件、线脚和粉刷分格线、预制装配式构件板块划分的立面分缝线、装饰缝和饰面做法。

(3) 掌握建筑的总高度、楼层位置辅助线、楼层数和标高及关键控制标高的标注，如女儿墙或檐口标高，外墙的留洞应标注尺寸与标高或高度尺寸(宽×高×深及定位关系尺寸)。

(4) 了解平、剖面图未能表示出来的屋顶、檐口、女儿墙、窗台及其他装饰构件、线脚等标高或尺寸。

(5) 了解在平面图上表达不清的窗编号。

(6) 熟悉各部分装饰用料名称或代号，剖面图上无法表达的构造节点详图索引。

(7) 了解图纸名称、比例。

2.9.1.6 剖面图识读

(1) 掌握墙、柱、轴线和轴线编号。

(2) 了解剖切到或可见的主要结构和建筑构造部件，如室外地面、底层地(楼)面、地坑、地沟、各层楼板、夹层、平台、顶棚、屋架、屋顶、山屋顶烟囱、天窗、挡风板、檐口、女儿墙、爬梯、门、窗、外遮阳构件、楼梯、台阶、坡道、散水、平台、阳台、雨篷、洞口及其他装修等可见的内容；当为预制装配构件时，应用不同图例示意。

(3) 掌握各外部尺寸，如门、窗、洞口高度、层间高度、室内外高差、女儿墙高度、阳台栏杆高度、总高度；掌握内部尺寸，如地坑(沟)深度、隔断、内窗、洞口、平台、吊顶等。

(4) 了解标高，包括主要结构和建筑构造部件的标高，如室内地面、楼面(含地下室)、平台、雨篷、吊顶、屋面板、屋面檐口、女儿墙顶、高出屋面的建筑物、构筑物及其他屋面特殊构件等标高，室外地面标高。

(5) 掌握节点构造详图索引号。

(6) 了解图纸名称、比例。

2.9.1.7 详图识读

（1）掌握楼梯、电梯、厨房、卫生间等局部平面放大和构造详图，注明相关的轴线和轴线编号及细部尺寸、设施的布置和定位、相互的构造关系及具体技术要求等。

（2）了解墙身大样详图、平面放大详图应表达预制构件与主体现浇之间、预制构件之间水平、竖向构造关系，表达构件连接、预埋件、防水层、保温层等交接关系和构造做法。

（3）了解室内外装饰方面的构造、线脚、图案等；看标注材料及细部尺寸、与主体结构的连接构造，如果预制外墙为反打面砖或石材，要了解其铺贴排布方式等。

（4）了解门、窗、幕墙绘制立面图，了解开启面积大小和开启方式，与主体结构的连接方式、用料材质、颜色等。

2.9.2 装配式混凝土工程结构施工图识读要点

2.9.2.1 阅读图纸目录

2.9.2.2 了解结构设计总说明

1. 了解工程结构概况

了解工程地点、工程分区、主要功能；知道各单体建筑的长、宽、高，地上与地下层数，各层层高，主要结构跨度，特殊结构及造型，装配式结构类型，各单体工程采用的预制结构构件布置情况等。

2. 了解设计依据

（1）主体结构设计的使用年限。

（2）自然条件：基本风压、基本雪压、气温（必要时提供）、抗震设防烈度等。

（3）工程地质勘察报告。

（4）装配式混凝土部分应采用装配式结构的相关法规与标准（国家行业标准和地方标准）。

（5）本行业设计所执行的主要法规和所采用的主要标准（包括标准的名称、编号、年号和版本号）。

3. 阅读图纸说明

（1）图纸中标高、尺寸的单位；设计±0.000标高所对应的绝对标高值。

（2）常用构件代码及构件编号说明，预制构件种类、常用代码及构件编号说明。

（3）各类钢筋代码说明、型钢代码及截面尺寸标记说明。

（4）混凝土结构采用平面整体表示方法时，要注明所采用的标准图名称及编号或提供标准图。

4. 了解建筑分类等级

（1）建筑结构安全等级。

（2）地基基础设计等级。

（3）建筑抗震设防类别。

（4）结构抗震等级。

（5）地下室防水等级。

（6）人防地下室的设计类别、防常规武器抗力级别和防核武器抗力级别。

（7）建筑防火分类等级和耐火等级。

（8）混凝土构件的环境类别。

5. 熟悉主要结构材料的使用情况

（1）混凝土强度等级、防水混凝土的抗渗等级、轻骨料混凝土的密度等级；注明混凝土耐久性的基本要求。

（2）砌体的种类及其强度等级、干表观密度，砌筑砂浆的种类及等级，砌体结构施工质量控制等级。

（3）钢筋种类、钢绞线或高强度钢丝种类及对应的产品标准，其他特殊要求（如强屈比等）。

（4）连接材料种类（包括连接套筒型号、浆锚金属波纹管、水泥基灌浆料性能指标、螺栓规格、螺栓所用材料、接缝所用材料、接缝密封材料及其他连接方式所用材料等）。

（5）成品拉索、预应力结构的锚具、成品支座（如各类橡胶支座、钢支座、隔振支座等）、阻尼器等特殊产品的参考型号、主要参数及所对应的产品标准。

6. 了解基础及地下室工程情况

（1）工程地质及水文地质概况，各主要土层的压缩模量及承载力特征值等；对不良地基的处理措施及技术要求、抗液化措施及要求等。

（2）基础的形式和基础持力层，采用桩基时应简述桩型、桩径、桩长、桩端持力层及桩进入持力层的深度要求，设计所采用的单桩承载力特征值（必要时应包括竖向抗拔承载力和水平承载力）等。

（3）地下室抗浮（防水）设计水位及抗浮措施，施工期间的降水要求及终止降水的条件等。

（4）基坑、承台坑回填要求。

（5）基础大体积混凝土的施工要求。

7. 熟悉钢筋混凝土工程情况

（1）各类混凝土构件的环境类别及其受力钢筋的保护层最小厚度。

（2）钢筋锚固长度、搭接长度、连接方式及要求；各类构件的钢筋锚固要求。

（3）预应力结构采用后张法时的孔道做法及布置要求、灌浆要求等；预应力构件张拉端、固定端构造要求及做法，锚具防护要求等。

（4）预应力结构的张拉控制应力、张拉顺序、张拉条件（如张拉时的混凝土强度等）、必要的张拉测试要求等。

（5）梁、板的起拱要求及拆模条件。

（6）后浇带或后浇块的施工要求（包括补浇时间要求）。

（7）特殊构件施工缝的位置及处理要求。

（8）预留孔洞的统一要求（如补强加固要求），各类预埋件的统一要求。

（9）防雷接地要求。

8. 掌握装配式混凝土工程情况

（1）预制结构构件钢筋接头连接方式及相关要求。

（2）预制构件制作、安装注意事项，对预制构件提出质量及验收要求。

（3）装配式结构的施工、制作、安装注意事项、施工顺序说明、施工质量检测、验收。

（4）装配式结构构件在生产、运输、安装（吊装）阶段的强度和裂缝验算要求。

2.9.2.3 预读装配式结构专项说明

装配式混凝土结构专项说明可以与结构设计总说明合并阅读，阅读配套标准图集的构件和做法时，可参考选用图集的规定。在阅读具体工程结构施工图时，重点阅读以下内容：

（1）所选用装配式混凝土结构表示方法标准图的图集号，以免图集升版后在施工图中用错版本；选用的构件标准图集号；如结构中包括现浇混凝土部分，阅读时还需要查看运用的相应图集编号。

（2）装配式混凝土结构的设计使用年限。

（3）各类预制构件和现浇构件在不同部位所选用的混凝土强度等级和钢筋级别，了解相应预制构件预留钢筋的最小锚固长度及最小搭接长度等。当采用机械锚固形式时，还应知道机械锚固的具体形式、必要的构件尺寸及质量要求。

（4）当标准构造详图有多种可选择的构造做法时，还要了解在何部位选用何种构造做法。

（5）了解后浇段、纵筋、预制墙体分布筋等在具体工程中需接长时所采用的连接形式及有关要求，要清楚对接头的性能要求。轴心受拉及小偏心受拉构件的纵向受力钢筋不得采用绑扎搭接，阅读时应知道其在结构平面图中的平面位置及层数。

（6）结构不同部位所处的环境类别。

（7）上部结构的嵌固位置。

（8）对具体工程中的特殊要求的附加说明。

（9）结构施工图中对预制构件和后浇段的混凝土保护层厚度、钢筋搭接和锚固长度的标注。

2.9.2.4 结构平面图识读

（1）一般建筑的结构平面图，均应有各层结构平面图及屋面结构平面图。

具体内容如下：

定位轴线及梁、柱、承重墙、抗震构造柱位置、定位尺寸及编号和楼面结构标高。

重点内容如下：

①看图纸中哪些是现浇结构、哪些是预制结构，以及预制结构构件的位置及定位尺寸。

②看预制板的跨度方向、板号、数量及板底标高，了解预留洞大小及位置；了解预制梁、洞口过梁的位置和型号、梁底标高；了解预制结构构件型号或编号及详图索引号。

③看现浇板的板厚、板面标高、配筋，看标高或板厚变化处的局部剖面，以及预留孔、埋件、已定设备基础的规格与位置，洞边加强措施。

④了解预制构件连接用预埋件详图及布置，对应平面图中表示施工后浇带的位置及宽度；电梯间机房的吊钩平面位置与详图；楼梯间的编号与所在详图号。

⑤屋面结构平面布置图内容与楼层平面类同，当结构找坡时要了解屋面板的坡度、坡向、坡向起终点处的板面标高；当屋面上有预留洞或其他设施时要知道其位置、尺寸与详图，女儿墙或女儿墙构造柱的位置、编号及详图；当选用标准图中节点或另绘节点构造详图时，要知道平面图中注明的详图的索引号。

（2）装配式混凝土结构施工图应包括以下内容：

①构件布置图区分现浇部分及预制部分构件。

②装配式混凝土结构的连接详图，包括连接节点、连接详图等。

③绘出预制构件之间和预制与现浇构件间的相互定位关系、构件代号、连接材料、附加钢筋（或埋件）的规格、型号，并注明连接方法及对施工安装、后浇混凝土的有关要求等。

④采用夹芯保温墙板时，应绘制拉结件布置及连接详图。

2.9.2.5 详图识读

1. 钢筋混凝土构件详图

（1）看现浇构件（现浇梁、板、柱及墙等）详图

纵剖面、长度、定位尺寸、标高及配筋，梁和板的支座（可利用标准图中的纵剖面图）；现浇预应力混凝土构件尚应绘出预应力筋定位图，并提出锚固及张拉要求。

横剖面、定位尺寸、断面尺寸、配筋（可利用标准图中的横剖面图）；必要时绘制墙体立面图；若钢筋较复杂不易表示清楚时，宜将钢筋分离绘出。

对构件受力有影响的预留洞、预埋件，应注明其位置、尺寸、标高、洞边配筋及预埋件编号等；曲梁或平面折线梁宜绘制放大平面图，必要时可绘展开详图。

一般的现浇结构的梁、柱、墙可采用“平面整体表示法”绘制，标注文字较密时，纵、横向梁宜分两幅平面绘制。

总说明已叙述外还需特别说明的附加内容，尤其是与所选用标准图不同的要求（如钢筋锚固要求、构造要求等）。

对建筑非结构构件及建筑附属机电设备与结构主体的连接，应绘制连接或锚固详图。

（2）看预制构件

构件模板图：应表示模板尺寸、预留洞及预埋件位置、尺寸，预埋件编号、必要的标高等；后张预应力构件尚需表示预留孔道的定位尺寸、张拉端、锚固端等。

构件配筋图：纵剖面表示钢筋形式、箍筋直径与间距，配筋复杂时宜将非预应力筋分离绘出；横剖面注明断面尺寸、钢筋规格、位置、数量等。

了解补充说明的内容。

2. 混凝土结构节点构造详图

（1）看节点构造详图，一般结合标准设计和配套的图集中的详图来看。

（2）看楼梯图。了解每层楼梯结构平面布置及剖面图、注明尺寸、构件代号、标高、梯梁、楼梯配件详图及连接节点大样图（可用列表法绘制）。

（3）看预埋件。掌握其平面、侧面或剖面形状，尺寸大小，钢材和锚筋的规格、型号、性能、焊接要求等。

课程思政　疫情下的火神山医院设计智慧

每次疫情对一个国家、一个民族乃至全人类都会带来深刻的教育和启示。SARS之后，我国对医疗卫生防控领域进行了一系列升级改造，新冠肺炎疫情后，我国又对医疗建筑提出了更严格的要求。火神山医院是武汉抗疫的桥头堡，代表了一种永不言输的抗疫精神、中国精神。

2020年春节前暴发的一场新冠肺炎疫情，彻底打乱了所有人的生活和工作节奏。作为疫情风暴中心的武汉市成为抗击疫情的主战场，每日激增的病患人数让武汉医疗系统不堪重负，病床位极度紧缺，快速修建呼吸道传染病救治医院刻不容缓，1月23日（农历腊月二十九）武汉市政府拍板定下的火神山医院成为此次抗战疫情的第一座桥头堡。武汉市蔡甸区知音湖畔的武汉职工疗养院旁预留的空置地块成为收治病患的火神山医院建设用地。

1月23日13时06分，一封加急的求助函送到了中国中元（中国中元国际工程公司），函件出自武汉市城乡建设局，请求对武汉市建设新型肺炎应急医院提供支持（图2-34）。在得到消息后，曾带队参与主持设计2003年抗击“非典”疫情的“小汤山”医院的全国勘察设计大师、中国中元首席顾问总建筑师、年近八旬的黄锡璆主动请缨，参与火神山、雷神山医院的设计工作，并立刻将修订完善的小汤山医院图纸全部提供给武汉市城乡建设局。

武汉市城乡建设局

关于支持武汉建设医疗救治区的函

中国中元国际工程有限公司：

据悉贵公司设计了2003年北京抗击非典的小汤山医疗点，有着丰富的传染病控制区设计经验。我局恳请贵公司提供小汤山医疗点的全套图纸，帮助武汉以备急用。同时，对贵公司所提供的无私帮助表示衷心感谢！

武汉市城乡建设局

2020年1月23日

图2-34　求助函

黄锡璆在请战书中写道：“本人是共产党员；与其他年轻同事相比，家中牵挂少；具有‘非典’小汤山实战经验。”他表示随时听从组织召唤，随时准备出击参加抗击工程（图2-35）。1月24日（除夕），黄锡璆亲自手写一封关于武汉应急应急医院的建议（图2-36）。在黄锡璆这位老者身上，我们看到了“中国脊梁”这四个大字。

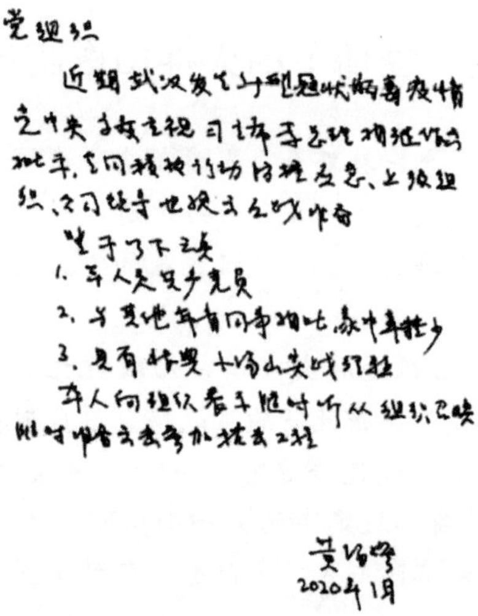

图 2-35　黄锡璆大师请战书

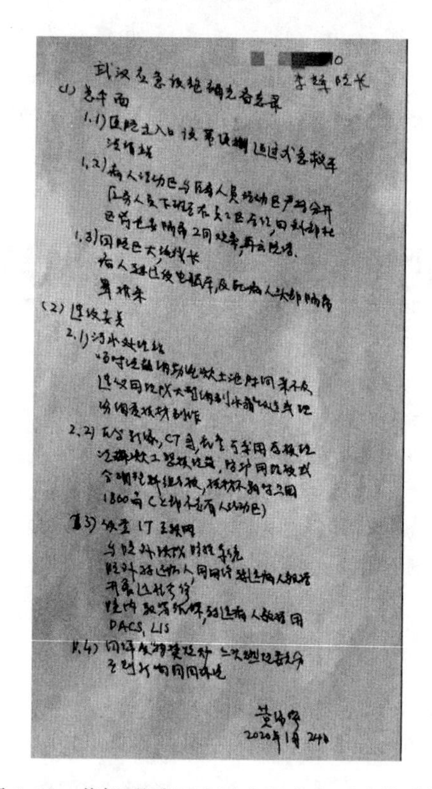

图 2-36　黄锡璆手写武汉应急应急医院的建议

此后，作为曾设计武汉市最大的传染病医院、有着丰富医疗设计沉淀的中信建筑设计研究总院有限公司承接了火神山医院设计这项艰巨而光荣的任务，2h 内集结 60 多位有丰富医疗建筑设计经验的设计师，5h 绘出场地平整图纸，24h 内方案得到政府确认，用 60h 完成所有专业施工图。在接下来的 6d 里，设计团队随时与国家、省市各级卫生专家、接收部队沟通修改图纸，与施工单位进行现场配合直至交付。

1. 火神山医院名称的由来

武汉蔡甸火神山医院，其“火神山”并非属地的原名，原来，楚文化传说中的湖北乃古楚之地，而楚国人被认为是火神祝融的后代，祝融（帝喾）则是黄帝的子孙。人的肺部五行属金，火克金，而荼毒人类肺部的新型冠状病毒惧怕高温，火神正好能驱瘟神，于是“火神山”之名应运而生。

2. 医院选址

火神山医院选址于武汉职工疗养院，西邻知音湖大道，东、南侧临知音湖，北侧为未建造完毕的住宅小区（图 2-37）。武汉市以东北风为主导风向，火神山的选址为西南向水，没有密集的住宅区，处于城市的下风带，风刮向周围空旷地带而避开了人口密集区。这样的选择对城市污染的可能性降到最低。

图 2-37　火神山医院地点

3. 用地策略

总用地面积约为 89700m²，总建筑面积为 34571m²，其中一号住院楼为 15633m²、二号住院楼为 13788m²、医技楼为 1759m²、ICU 部为 2224m²、其他后勤保障用房为 1167m²，总床位数为 1000 床，全部为新型冠状病毒肺炎的确诊患者服务。

由于时间紧迫，规划部门提供的原场址地形还是多年前测绘的，用地范围不太明确，只能根据道路红线和周边现有地形估算出建设用地面积约为 50000m²。如需设置 1000 张病床，病房楼需要全部设计为两层，考虑到无法短时间内采购到电梯，如果全部靠室外坡道运送病人和医疗物品至二层，对医护人员来说体力消耗太大，必须尽量减少二层的设置。后经现场施工单位全力配合，将周边不能使用的洼地和水塘填埋整平，扩大了可使用的建设用地范围，同时拆除了周边临时建筑，最终将原建设用地扩大到约 89700m²，使整个建筑大部分可按一层设计。

由于规划部门提供的电子文件为早期资料，现场测量后发现场地标高与开始设想的出入较大，场地为原始地貌，高差较大，有土丘、池塘和待拆建筑等一系列高差错落点，为节约时间，并保证土方平衡，不向场外输出或从场外引进土方量，设计现场根据数据不断调整建筑布局和竖向设计，由最开始的一块平整用地改为两个高差为2.1m的台地，交界处留出足够的间距，台地两侧的建筑采用缓坡进行内部连接。

4. 建筑设计

(1) 总平面布局

武汉火神山医院与武汉职工疗养院共同组成了一个集重症病患救治、医护隔离的完整院区，职工疗养院作为生活区，承担着医护、后勤人员的食宿生活保障，火神山医院作为隔离区成为救治病患的前线战场。

火神山医院根据地形情况呈L形布局，分为东、西两大病区，医护人员的清洁通道类似于医疗街布置在中间，贯穿两个病区，17个医疗单元呈鱼骨状分设在医护通道两侧。北侧为转运、收治病人的救护车入口，接诊和医技区位于最近的入口处；ICU重症监护区位于一、二号住院楼之间，便于快速送达。

如图2-38所示，一号病房楼和二号病房楼中间是ICU重症监护区，医技部独立于建筑之外。病房楼像一根鱼骨头，中间是一条主建筑，向外伸出一根根彼此分开的小建筑。

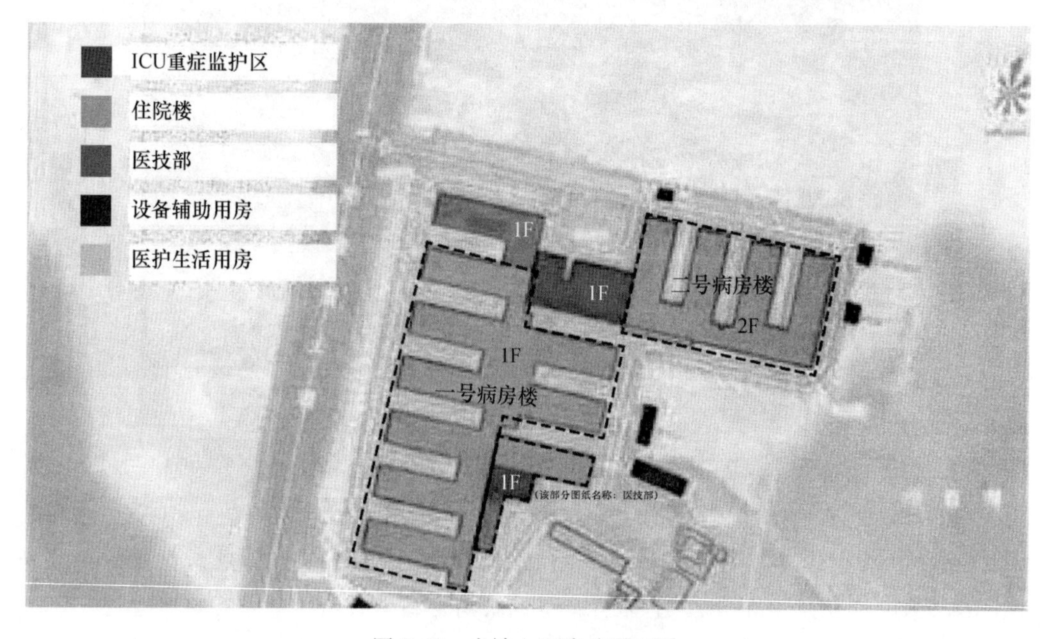

图2-38　火神山医院总平面图

(2) 病房楼平面布局

如图2-39所示，中间灰色的部分是医护用房和走廊，伸出去部分是病房。不仅医生和病人的活动区域是分开的，每一个伸出去的病房区域也是分开的。医院以50张床位为一个护理单元，每4个护理单元形成一个H形的治疗区域。医院在这个区域配备特定数量的医护人员和医疗器械，为200张病床的病人服务。每个治疗区域之间的连接体就是公共区域，化验、检查等工作在公共区域展开。

这样的H形模块可以像鱼骨头一样不断增加，扩展容纳更多的病人，而不影响已有的模块。

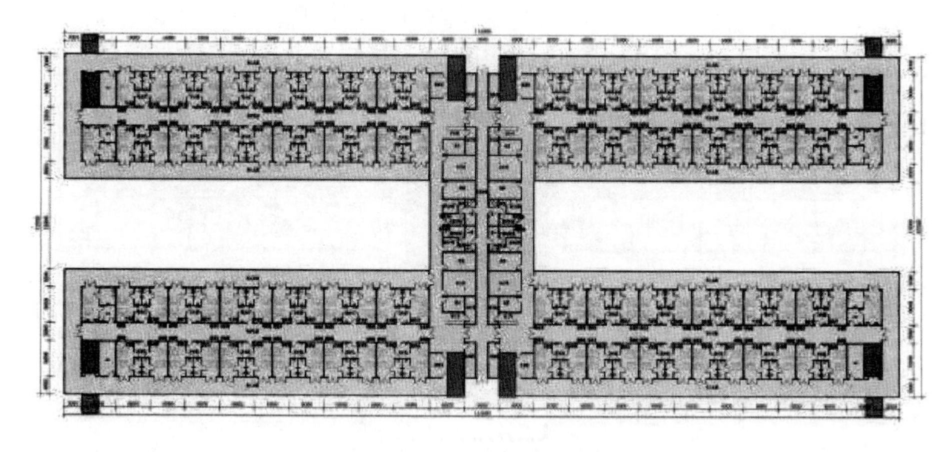

图 2-39 一号病房楼部分

(3) 病房楼间距

病房楼之间的间距也是有要求的,理想间距是 20m,2003 年为应对非典建造的北京小汤山医院设计的病房间距是 12m,火神山医院为满足更多床位的需求考虑,设计的病房间距是 15m(图 2-40)。

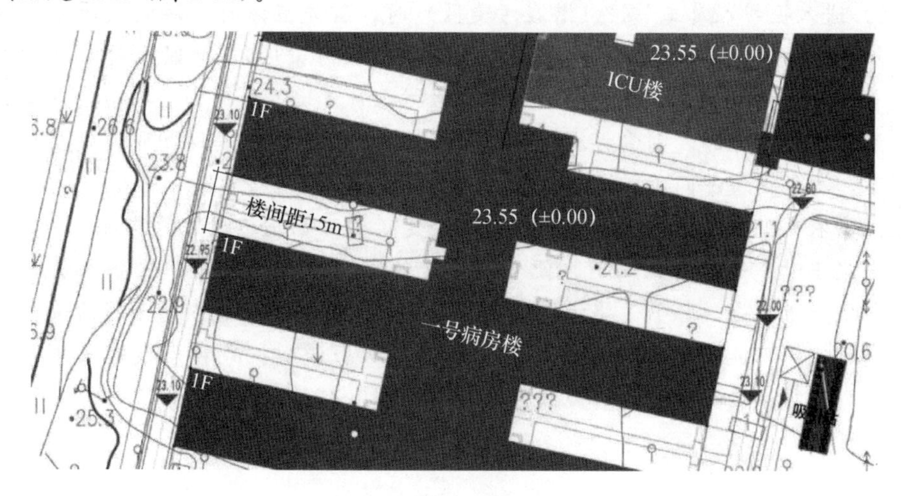

图 2-40 病房楼间距

(4) 设计流线

设计的主要手段是洁污分流,各行其道。医院除了有大众所了解的奋战在一线的医护人员,还有为整个院区运营提供保障的现场服务人员,如运送病人的救护车司机和陪同人员;运送药品、更换医用氧气耗材的后勤工作者;回收病号服、拖运垃圾的人员等。要为所有的人员设置合理的流线,杜绝交叉感染。

传染病医院平面布局的基本要求是三区两通道,火神山医院平面布局亦是如此,三区是指清洁区、半污染区和污染区,清洁区与污染区之间有过渡区域。如图 2-41 所示,建筑平面采用鱼骨状,正中央竖直的通道是清洁医护通道;两侧横向的通道是一般医护通道;虚线区域内部的箭头是医护人员的流线,虚线区域外部的箭头是病人的流线,二者没有交叉。

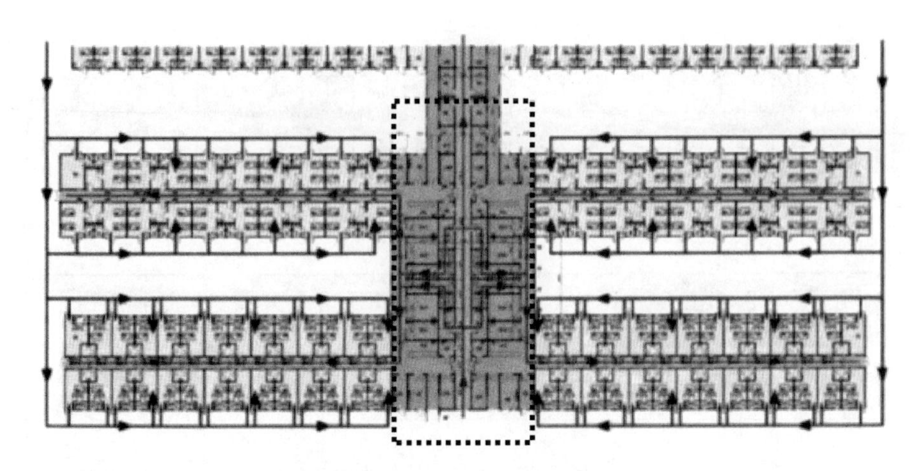

图 2-41　设计流线

相比北京小汤山医院，火神山医院增加了医护人员出病房的卫生通过室，用于脱隔离衣和防护服。对医护人员来说，脱隔离衣和防护服是避免传染的重要环节之一，且由于新冠肺炎传播认知还存在不确定性，通过与接管专家沟通，当医护人员离开病房区域（污染区）进入医护人员工作区（潜在污染区）时，首先应该将受污染最严重的隔离衣脱掉，然后经由缓冲走道进入医护人员工作区（潜在污染区），此时医护人员穿着防护服、戴着口罩和护目镜在该区域内工作。当医护人员下班离开或由潜在污染区工作界面进入清洁区工作界面时，则需再次通过脱防护服的卫生通过室将防护服、外层口罩和护目镜脱下，再经由缓冲间返回至清洁区的卫生通过室。

脱隔离衣的卫生通过室经缓冲间直通污染走道，且在其与脱防护服的卫生通过室之间设置一扇平时不开启的常闭门，便于被污染的隔离衣和防护服由医护人员专业打包后，经污染走道收走，降低了将污染带入潜在污染区的可能，也避免了将污染带入清洁区卫生通过室的可能，更好地防止了交叉感染，从而保护抗战在一线的医护人员的安全。最终，火神山医院医护人员流线方式如下（图 2-42）：

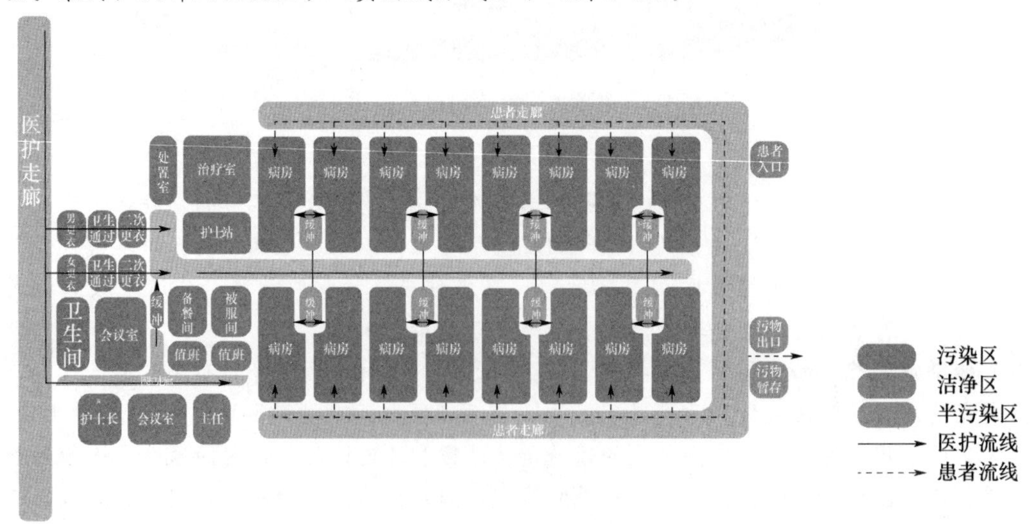

图 2-42　医护人员流线

(1) 进入：清洁区→两次更衣卫生通过→穿防护服→潜在污染区（医护工作区）→穿隔离衣→缓冲间→半污染区（病房单元中的医护走道）→污染区（病房及病人走道）。

(2) 离开：污染区→脱隔离衣卫生通过室→缓冲走道→潜在污染区→脱防护服卫生通过室→缓冲间→脱工作服→洗浴→一次更衣→清洁区。

基于此，武汉火神山医院在满足其医疗救治功能的基础上，增加了防止交叉感染的重要设计细节，为新型冠状病毒肺炎应急医院中医护人员的防护安全这一最重要环节提供了有力保障。

5. 结构设计

(1) 地基

医院的建设场地位于知音湖畔，原貌为丘陵和农田菜地，属山坡地形，有较大的高差（最大高差达到 10m）。在场地平整设计时，充分利用场地的现状条件进行，使场区挖、填土方达到自平衡，最大限度地达到了建设时间要求。根据现场情况，项目对场区的填土进行如下几种方式的处理：

原为山坡的区域，地质条件较好，采用黏土分层回填夯实；原为农田菜地的区域，将原有腐植土进行清理，采用砂夹碎石进行回填夯实；对局部有水塘的区域，采用块石抛回填 1～2m，再采用砂夹碎石进行回填夯实。

通过上述方法，可以把场地平整与地基处理合二为一，大大节约了时间。这样处理后，可以保证地基承载力特征值达到 60～80kN/m^2，为后续的基础设计提供了依据。

(2) 基础

根据现场踏勘及地基处理，设计要求地基承载力应不低于 60kN/m^2。

结构最初设计为钢筋混凝土条形基础，建筑专业从环保角度考虑，提出了在场地内全面铺设防渗膜的工艺要求。现场施工单位认为按条形基础进行施工，需要在条形基础之间的其他部位设置混凝土硬化地面，以避免机械在施工过程中对防渗膜的破坏，这样对施工周期有较大的影响。为确保对防渗膜的保护及施工工期要求，同时也考虑到基础面积较大，场地回填土情况较多，工期太短等因素，为防止基础不均匀沉降，设计最终采取钢筋混凝土筏板。

集装箱依短边布置在钢基座上，再将集装箱置于钢基座上架空处理，避免极端天气下的场地积水对病房的影响；同时在架空层安装雨污水的排水横管，避免在筏板基础内预埋管线，因此各专业统筹协商，再将筏板基础面标高降低 300mm，以提高施工的可实施性，缩短施工周期（图 2-43）。

该项目建设部分的筏板除医技及 ICU 重症监护区部分为 450mm 厚外，其他均为 300mm。

由于施工期间气温较低，并且在施工不到 24h 内就要进行装配式集装箱房屋的安装及施工机械运行，因此将混凝土强度等级提高到 C35。基础部位混凝土宜尽量要求一次浇筑成型，避免二次浇筑。

为保证防震、抗震效果，火神山医院采用钢筋混凝土筏板基础形式，地基承载力特征值取为 60kN/m^2，筏板厚度大范围为 300mm，小范围为 450mm。筏板底设置 100mm 厚 C15 混凝土垫层。筏板基础混凝土强度等级采用 C35，钢筋采用 HRB400 双层双向布置，筏板 300mm 厚处钢筋布置 12@200，450mm 厚处钢筋布置为 12@150。基础部位全部使用泵送混凝土浇筑养护成型。

图 2-43　筏板、钢支撑及管线之间的关系图

(3) 防污防渗处理

火神山医院选址在武汉汉阳知音湖畔，周围有城市住宅区，因此作为传染病应急集中救治医院，控制火神山医院对周边环境的污染也是此次设计中的一个重点。首先，在设计中尽量加大与相邻城市道路及东侧住宅区的隔离防护距离，切实做到与知音湖大道相距 40m，与东侧最近住宅距离不小于 120m，并在沿知音湖大道一侧设置隔离屏障。

由于火神山医院毗邻知音湖，为了防止医用废水渗透污染地下水，该项目按照垃圾填埋场的防渗漏标准，采用两布一膜方式施工。土工布规格为 600g/m^2 丙纶长丝土工布(图 2-44)，HDPE 防渗膜规格为 2.0mm 双糙面防渗膜，是高分子聚合物，具有很好的防腐性能、防潮性能、防渗漏性能、拉伸强度高（图 2-45）；膜与膜之间接缝的搭接宽度一般不小于 100mm；相邻两幅的纵向接头不应在一条水平线上，应相互错开 1m 以上。

图 2-44　土工布

图 2-45　防渗膜

HDPE 防渗膜又称 HDPE 土工膜，全称高密度聚乙烯土工膜，是采用聚乙烯原生树脂（以高密度聚乙烯为主要成分）加以一定比例的炭黑黑色母料、抗老化剂、抗氧化剂、紫外线吸收剂、稳定剂等，经单层、双层、三层共挤技术吹塑而成，是一种防渗效果好、耐酸碱、耐腐蚀、高抗拉、使用寿命长的防渗材料，适用于工程防渗、污水池防渗、垃圾填埋场防渗、尾矿处理场防渗、固体废弃物填埋场防渗等工程。

（4）装配式建筑的设计

火神山医院建设不同于 17 年前的小汤山医院建设（轻钢骨架与复合板搭建方式）。今天的建筑工业化水平已有了很大的提升，在设计中很快确定了装配式的建造策略。基于现有材料、工期、施工工艺等因素，并比较各种板房的技术参数，决定采用集装箱式箱体活动板房进行模块化拼接，箱式活动板房上部荷载较轻，对地基承载力的要求较低，大大简化了地基处理和建筑基础的设计施工，节省了建设周期，最大限度地实现项目的模块化、工业化、装配化，提升工程进度。实践证明，在火神山医院开工的第四天就已经开始了现场安装，一个护理单元 1～2d 就可基本拼装完成。火神山医院的建设也让更多人看到了装配式建筑在中国的潜力。

①病房楼部分

病房楼部分集装箱组合模式采用 3m×3m 的模数，以 6m×3m×2.9m 的模块拼接形成标准单元。现场可以直接拼装，提高了建设效率。三块集装箱板拼成两个病房，采用预制板材及预制钢柱，这里的结构是“一块板＋4 根柱”的模式，一块板材尺寸为 3m×6m，钢柱为 L 形的角钢，高度为 3m（图 2-46～图 2-49）。

②医技楼等部分

医技楼及 ICU 重症监护区由于医疗工艺的要求，存在大空间、大跨度用房，采用标准集装箱拼装已无法满足使用要求，因此采用模块化钢结构和活动板房，即钢框架或门式钢架＋夹芯彩钢板房相结合的结构形式。其中梁、柱采用的矩形钢管，只能根据现场提供的小截面的矩形钢管（型号为“□140×80×5”和“□120×80×4”），将其进行拼接后作钢柱和钢梁，省去了二次采购和再加工制作的时间，提高了工作效率（图 2-50～图 2-52）。

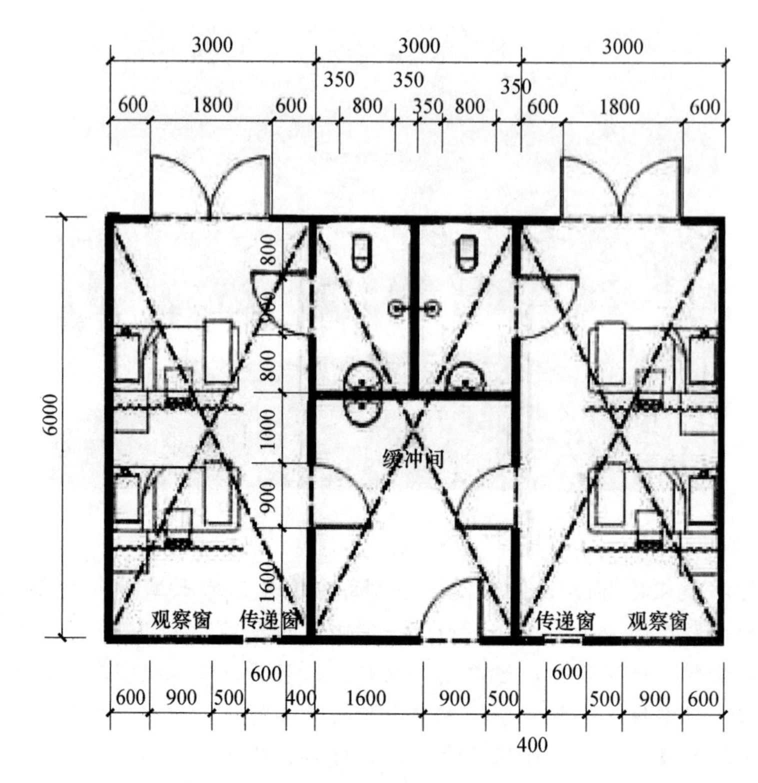

图 2-46　3m 开间确诊病房

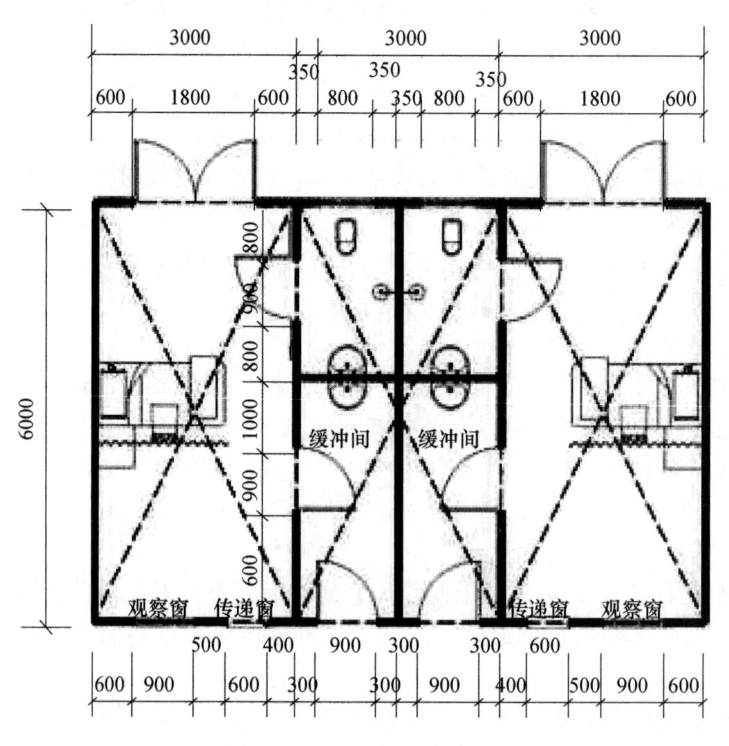

图 2-47　3m 开间疑似病房

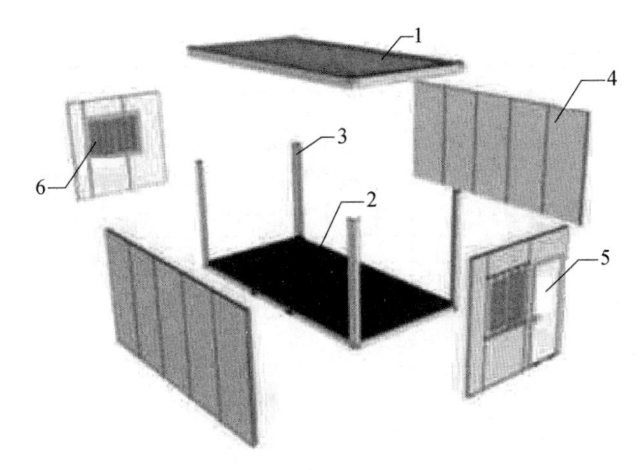

图 2-48　病房楼单间示意图

1—箱顶；2—箱底；3—角柱；4—墙板；5—门；6—窗

图 2-49　病房楼吊装

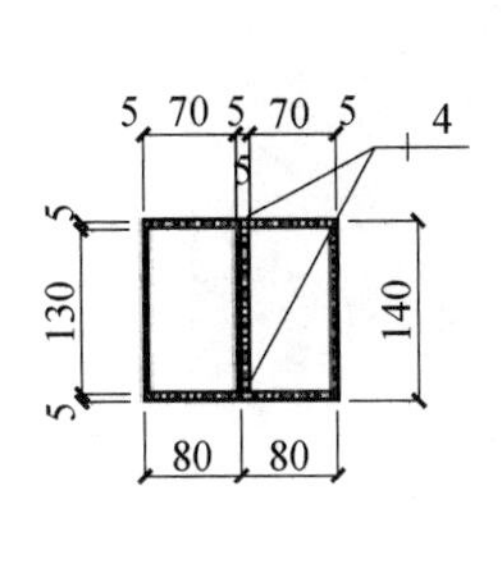

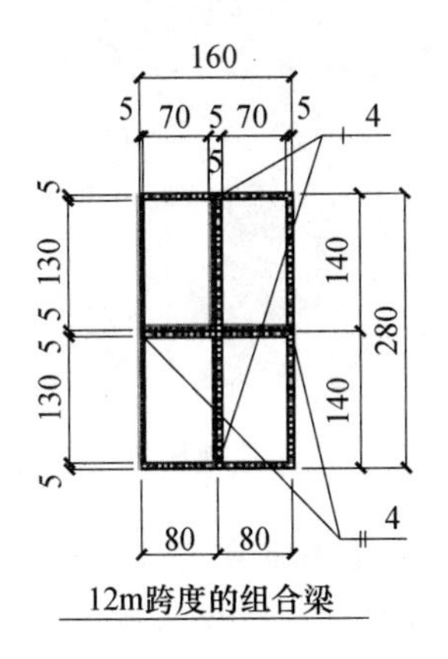

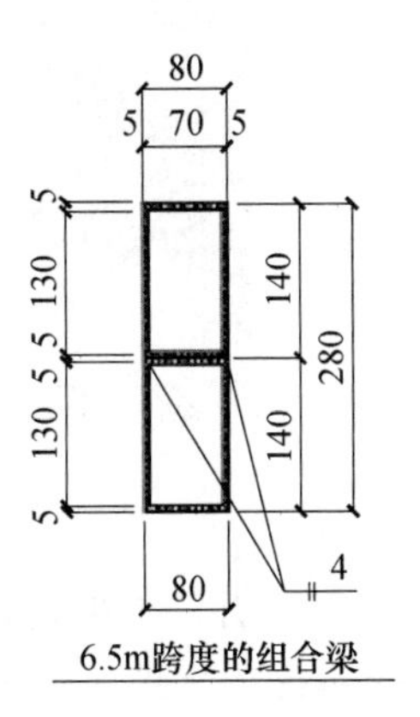

图 2-50　ICU 楼梁、柱截面

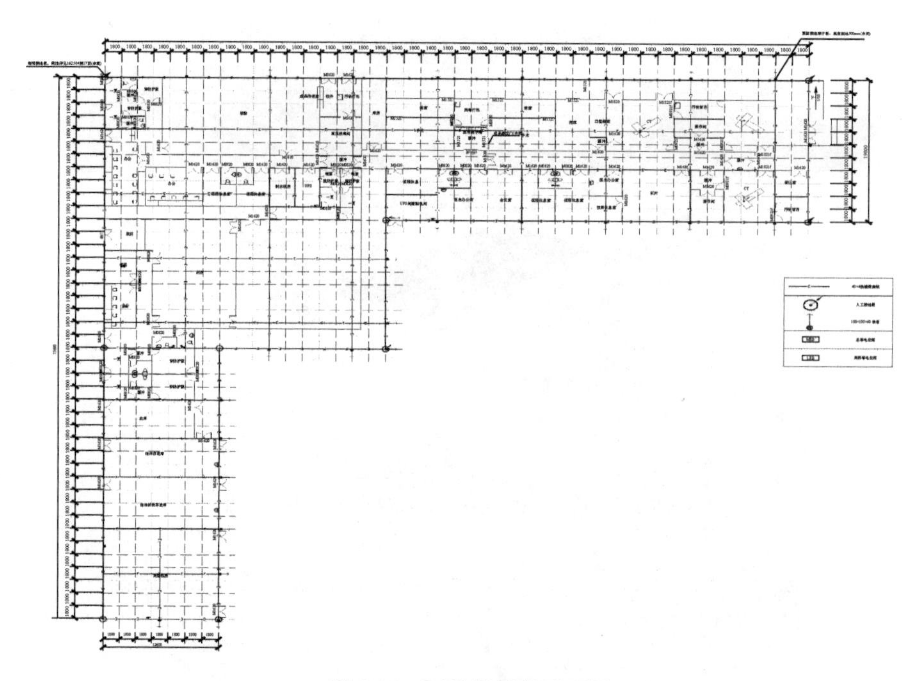

图 2-51　医技部局部平面图

图 2-52　医技现场拼装过程

2020 年 2 月，卫生健康委会同住房城乡建设部编制印发了《新型冠状病毒肺炎应急救治设施设计导则（试行）》，适用于集中收治新型冠状病毒肺炎患者的医疗机构或临时建筑的改建、扩建和新建工程项目，其中提出鼓励应急救治设施优先考虑装配式建筑。

6. 总结与展望

在火神山医院之前，中国人恐怕从未如此挂念过一座医院的建设。5G 时代、现场直播、全民围观，让火神山医院的建设包含了更多的意义。10d 的建设时间里，数千建设人员不分昼夜，千万网友自愿充当“云监工”，建设者除了以最快速度提供更多的治疗场所之外，也向全世界展现了武汉在极端环境下快速战胜疫情的信心和决心。

冷静回望，感慨万千。在建设期 7500 人同时施工，十天十夜，没有休止。冒着被感染的风险，未曾留下名字，钢筋水泥混凝土中灰头土脸，无怨无悔。建设期间的每一个时刻、每一位参建者都令人难以忘怀，他们默默奉献，用实际行动做着平凡的事情中的不平凡之举，感谢有这一群土木人，宛若天空中的彩云，望着他们，光明就在前方。

“中国速度”来源于综合国力。“国是千万家，有国才有家”。火神山医院建设期间，全国各地各个行业都行动了起来，从物资到技术，从硬件到软件，我们真正感受到了中国综合国力的增强，这也是今天我们能够创造“火神山速度”的最强劲底气之所在。

复习思考题

1. 简述装配式混凝土工程常见结构体系。

2. 简述常见的混凝土预制构件结构形式。

3. 简述装配式混凝土结构节点连接设计原则。

4. 简述装配式混凝土结构常见的节点连接形式。

5. 简述装配式混凝土结构在适用高度、宽高比，以及平面形状方面与现浇结构的异同点。

6. 简述装配式混凝土结构中关于现浇部位、转换层及混凝土强度的规定。

7. 简述装配式混凝土结构深化设计流程。

8. 简述装配式混凝土结构深化设计文件的深度要求。

9. 简述装配式混凝土结构节点构造详图中应包含哪些信息，并列举常见的基本装配式结构节点构造图集。

10. 简述装配式混凝土工程建筑施工图中装配式结构专项说明的识读要点。

11. 简述装配式混凝土工程结构施工图中平面图的识读要点。

12. 简述装配式混凝土工程结构施工图中节点构造详图的识图要点。

13. 10d 内建成一所高标准医院，这是国家现代化管理效率的一次大考，也是统筹作战能力的一次大考。请结合火神山医院建设，综述我国制度的伟大优势。

14. 火神山医院建造速度的背后，不仅是中国的制度优势和中国建造技术的创新，更是众多朴实善良的劳动者和建设者在国家危难关头的无私奉献和众志成城。简述土木人如何树立正确的职业观。

3 预制混凝土构件生产

教学目标

了解：预制构件工厂的总体规划及厂区布置。

熟悉：生产常用的机具设备，固定式、移动式流水线概况；常规模具的设计及制作要求。

掌握：各类预制构件的生产流程、预制构件的存储与运输的相关知识。

帮助学生形成科学严谨的学习精神；培养学生锲而不舍、专心致志的工匠精神。

预制混凝土构件是装配式建筑的基础组件，其质量和产量直接影响建筑工业化的进程。预制构件产品在现代化的生产线的支撑下，通过采用大量的新技术、新工艺，不仅降低了预制混凝土构件的成本，还提高产品质量和生产效率，实现装配式建筑行业的持续、快速发展。采用成批工业化的生产方式。

3.1 预制构件工厂建设

预制构件必须采取工厂化生产。在工厂设计阶段，其核心内容之一是厂内设施布置，即合理选择厂内设施（如混凝土搅拌、钢筋加工、构件混凝土拌制、存放等生产设施，以及其他生活区、办公室等辅助设施）的合理位置及关联方式，使各种资源以最高效率组合为产品服务。

3.1.1 生产企业

预制构件生产企业应遵守国家及地方有关部门对硬件设施、人员配置、质量管理体系和质量检测手段等的规定。

（1）生产单位应具备保证产品质量要求的生产工艺设施、试验检测条件，建立完善的质量管理体系和制度。

完善的质量管理体系和制度是质量管理的前提条件和企业质量管理水平的体现。质量管理体系中应建立并保持与质量管理有关的文件形成和控制工作程序，该程序应包括文件的编制（获取）、审核、批准、发放、变更和保存等。

（2）生产单位宜建立质量可追溯的信息化管理系统。

生产单位宜采用现代化的信息管理系统，并建立统一的编码规则和标志系统。信息化管理系统应与生产单位的生产工艺流程相匹配，贯穿整个生产过程，并应与构件信息模型有接口，以利于在生产全过程中控制构件生产质量，精确算量，并形成生产全过程记录文件及影像。预制构件表面预埋带无线射频芯片的标志卡有利于实现装配式建筑质量全过程控制和追溯，芯片中应存入生产过程及质量控制全部相关信息。

（3）生产单位的检测、试验、张拉、计量等设备及仪器仪表均应检定合格，并应在有效期内使用。不具备试验能力的检验项目，应委托第三方检测机构进行试验。

在预制构件生产质量控制中需要进行有关钢筋、混凝土和构件成品等的日常试验和检测，预制构件企业应配备开展日常试验检测工作的实验室。通常是生产单位实验室应满足产品生产用原材料必试项目的试验检测要求，其他试验检测项目可委托有资质的检测机构进行。

（4）重视人员培训，逐步建立专业化的施工队伍。

根据装配式混凝土构件生产技术特点和管理要求，对管理人员及作业人员进行专项培训，严禁未培训上岗及培训不合格者上岗；要建立完善的内部教育和考核制度，通过定期培训考核和劳动竞赛等形式提高职工素质。

3.1.2 厂址

建设预制构件生产企业在进行构件厂建设时，应充分考虑以下因素：

1. 生产规模

生产规模就是构件生产企业每单位时间内可生产出符合国家规定质量标准的制品数量。生产规模大的企业可以为更多的建设项目提供预制构件，更好地为建设行业和广大人民服务的同时也能为企业创造更多的效益。但是，如果生产规模超过当时装配式项目的市场占有率，就非常容易造成订单不饱满、生产线闲置的现象，造成企业资源的浪费。

2. 厂址定位

在确定厂址时，应充分考虑其与主要供货市场的运输距离。运输距离的增加往往会造成运输成本的增加，对生产企业不利。此外，还应考虑构件厂与主要生产原料供应企业之间的关系，便于企业购进原材料。由于预制构件生产具有较强的污染性，建议将构件厂的厂址选在郊区或远离人们生活聚居区的地点。

3. 良性发展

预制构件生产企业应积极吸纳先进的生产工艺，提高构件厂生产的机械化水平。构件厂应有符合标准的环保和节能的设备与技术，有符合相关标准要求的试验检验设备。

3.1.3 厂区布置原则

1. 分区原则

工厂分区应当把生产区域和办公区域分开，如果工厂有生活区，更要独立区分开，这样生产不影响办公和生活；实验室与混凝土搅拌站应当划分在一个区域内；对没有集中供汽的工厂、锅炉房应当独立布置。

2. 生产区域划分原则

生产区域的划分应按照生产流程划分，合理流畅的生产工艺布置会减少厂区内材料、物品和产品的搬运，减少各工序区间的互相干扰。

3. 匹配原则

工厂各个区域的面积应当匹配、平衡，各个环节都满足生产能力的要求，避免出现瓶颈。

4. 道路组织原则

厂区内道路布置要满足原材料进厂、半成品厂内运输和产品出厂的要求；厂区道路要区分人行道与机动车道；机动车道宽度和弯道要满足长挂车（一般为17m）行驶和转弯半径的要求；车流线要区分原材料进厂路线和产品出厂路线。工厂规划阶段要对厂区道路布置先行作业流程推演，请有经验的PC工厂厂长和技术人员参与布置。

车间内道路布置要考虑钢筋、模具、混凝土、构件、人员的流动路线和要求，实行人、物分流，避免空间交叉互相干扰，确保作业安全。

5. 地下管网布置原则

构件工厂由于工艺需要有很多管网，例如蒸汽、供暖、供水、供电、工业气体及综合布线等，应当在工厂规划阶段一并考虑，有条件的工厂可以建设小型地下管廊满足管网的铺设。

3.1.4 生产工艺布置

流水生产组织是大批量生产的典型组织形式。在流水生产组织中，劳动对象按制定的工艺路线及生产节拍，连续不断，按顺序通过各个工位，最终形成产品。这种生产方式的优点如下：工艺过程封闭，各工序时间基本相等或成简单的倍数关系，生产节奏性强，过程连续性好，能采用先进、高效的技术装备，能提高工人的操作熟练程度和效率，缩短生产周期。按流水生产要求设计和组织的生产线称为流水生产线，简称流水线。常用预制构件的制作生产工艺有两种，即固定式流水线和移动式流水线（图3-1）。

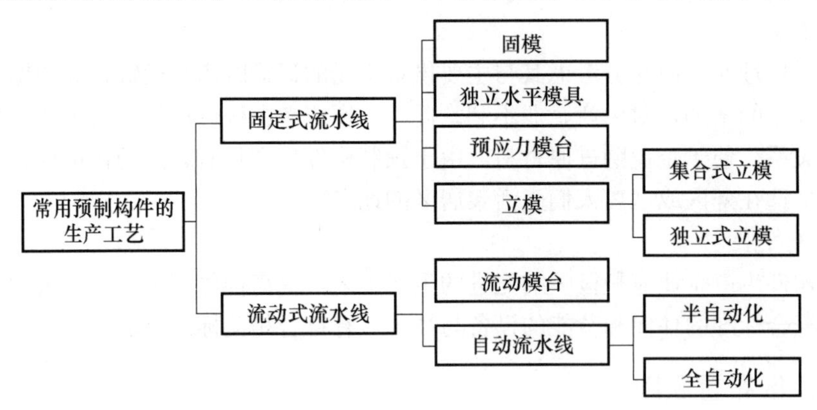

图3-1 常用预制构件的生产工艺

3.1.4.1 固定式流水线

固定式流水线的主要特点是模台固定不动，通过操作工人和生产机械的位置移动来完成构件的生产（图3-2）。其适用性好，管理简单，设备成本较低，但难以机械化，人工消耗较多。这种生产方式主要应用于生产车间的自动化、机械化实力较弱的生产企业，或者用于生产同种产品数量少、生产难度大的预制构件。固定式的生产工艺主要有三种形式，即固定模台工艺、立模工艺和预应力工艺。

图 3-2　固定式流水线

1. 固定模台工艺

固定模台工艺是固定式生产最主要的工艺，也是 PC 构件制作应用最广的工艺。固定模台在国际上应用很普遍，在日本、东南亚地区、美国和澳洲应用比较多，其中在欧洲生产异型构件及工艺流程比较复杂的构件，也采用固定模台工艺。

固定模台是一块平整度较高的钢结构平台，也可以是高平整度、高强度的水泥基材料平台。以这块固定模台作为 PC 构件的底模，在模台上固定构件侧模，组合成完整的模具。固定模台也被称为底模、平台、台模。

固定模台工艺的设计主要是根据生产规模的要求，在车间里布置一定数量的固定模台，组模、放置钢筋与预埋件、浇筑振捣混凝土、养护构件和脱模都在固定模台上进行。固定模台生产工艺，模具是固定不动的，作业人员和钢筋、混凝土等材料在各个固定模台间“流动”。绑扎或焊接好的钢筋用起重机送到各个固定模台处；混凝土用送料车或送料吊斗送到固定模台处，养护蒸汽管道也通到各个固定模台下，PC 构件就地养护；构件脱模后用起重机送到构件存放区。

固定模台工艺可以生产柱、梁、楼板、墙板、楼梯、飘窗、阳台板、转角构件等各类构件。它的最大优势是适用范围广，灵活方便，适应性强，启动资金较少，见效快；缺点是用工量大，占地面积大。固定模台如图 3-3 所示。

图 3-3　固定模台

2. 立模工艺

立模工艺是用竖立的模具垂直浇筑成型的方法，一次生产一块或多块构件。立模工艺与平模工艺（普通固定模台工艺）的区别：平模工艺构件是“躺着”浇筑的，而立模工艺构件是立着浇筑的。立模工艺有占地面积小、构件表面光洁、垂直脱模、不用翻转等优点。立模有独立立模和集合式立模两种。

立着浇筑的柱子或侧立浇筑的楼梯板属于独立立模，如图 3-4 所示。

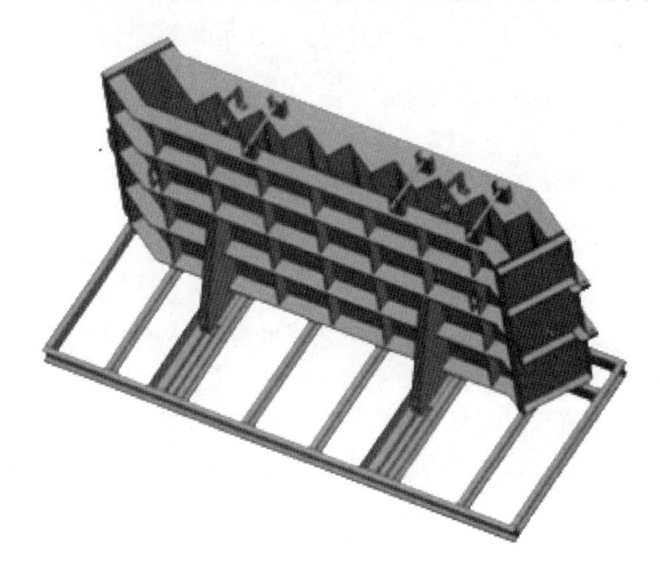

图 3-4　楼梯立模

集合式立模是多个构件并列组合在一起制作的工艺，可用来生产规格标准、形状规则、配筋简单的板式构件，如轻质混凝土空心墙板。集合式立模由固定的模板、两面可移动模板组成。在固定模板和移动模板内壁之间是用来制造预制构件的空间，如图 3-5 所示。

图 3-5　固定集合式立模

随着立模工艺的发展迭代，现在已经出现了一种流动并列式组合立模工艺，主要生产低层建筑和小型装配式建筑中的墙板构件。流动并列式组合立模可以通过轨道运输被移送到各个工位，先是组装立模，然后钢筋绑扎，接下来浇筑混凝土，最后被运到脱模区进行脱模，从而完成组合立模生产墙板的全过程。其主要优点是可以集中养护构件。流动并列式组合立模应用在轻质隔墙板生产工艺中，工艺成熟、产量高、自动化程度较高，如图 3-6 所示。

图 3-6　流动并列式组合立模

3. 预应力工艺

由于预应力混凝土具有结构截面小、自重轻、刚度大、抗裂度高、耐久性好和材料省等特点，该技术在装配式领域中得到了广泛的应用，特别是预应力楼板在大跨度的建筑中被广泛应用。

预应力工艺是 PC 构件固定生产方式的一种，可分为先张法预应力工艺和后张法预应力工艺两种，预应力 PC 构件大多用先张法工艺。

(1) 先张法

生产先张法预应力混凝土构件时，首先将预应力钢筋按规定在钢筋张拉台上铺设张拉，然后浇筑混凝土成型或者挤压混凝土成型，当混凝土经过养护、达到一定强度后拆卸边模和肋模，放张并切断预应力钢筋，切割预应力楼板。先张法预应力混凝土具有生产工艺简单、生产效率高、质量易控制、成本低等特点。除钢筋张拉和楼板切割外，其他工艺环节与固定模台工艺接近。

先张法预应力生产工艺适合生产叠合楼板、预应力空心楼板、预应力双 T 板及预应力梁等。

(2) 后张法

后张法预应力混凝土构件生产，是在构件浇筑成型时按规定预留预应力钢筋孔道，当混凝土经过养护达到一定强度后，将预应力钢筋穿入孔道内，再对预应力钢筋张拉，依靠锚具锚固预应力钢筋，建立预应力，然后对孔道灌浆。后张法预应力工艺生产灵活，适宜于结构复杂、数量少、质量大的构件，特别适合于现场制作的混凝土构件。

3.1.4.2　移动式流水线

流动模台法是指在生产线上按工艺要求依次设置若干操作工位，工序交接时模台可沿生产线行走，构件生产时模台依次在正在进行的工艺工位停留，直至最终生产完成。这种生产方式机械化程度高，生产效率也高，可连续循环作业，便于实现自动化生产。

我们知道流动式生产工艺有两种不同的形式，一种是流动模台工艺，另一种是自动化流水线工艺。两者的根本区别在于自动化程度的高低，其中自动化程度较低的是流动模台工艺，自动化程度较高的是自动化流水线工艺。目前国内的生产线自动化程度普遍不高，绝大多数都属于流动模台工艺，如图 3-7 所示。

图 3-7　流动模台工艺

流动模台（也称为“移动台模”或“托盘”）是将标准订制的钢平台（规格一般为 4m×9m）放置在滚轴或轨道上，使其移动。首先在组模区组模；然后移动到放置钢筋和预埋件的作业区段，进行钢筋和预埋件入模作业；然后移动到浇筑振捣平台上进行混凝土浇筑；完成浇筑后，模台下的平台振动，对混凝土进行振捣；之后，模台移动到养护窑进行养护；养护结束出窑后，移到脱模区脱模，构件被吊起或在翻转台翻转后被吊起，然后运送到构件存放区。

流动模台主要由固定脚轮或轨道、模台、模台转运小车、模台清扫机、画线机、布料机、拉毛机、码垛机、养护窑、倾斜机等常用设备组成，每一个设备都需要专人操作，并且是独立运行的。流动模台工艺在画线、喷涂脱模剂、浇筑混凝土、振捣环节部分实现了自动化，可以集中养护，在制作大批量同类型板类构件时，可以提高生产效率、节约能源、降低工人劳动强度。

流动模台适合板类构件的生产。如非预应力叠合楼板、剪力墙板、内隔墙板及标准化的装饰保温一体化板。

流动模台生产工艺是我国比较独特的生产工艺，在国外应用较少，虽然是流水线方式，但自动化程度比较低。目前我国 PC 构件主要是剪力墙构件，很多构件一个边预留套筒或浆锚孔，另外三个边预留出钢筋，且出筋复杂，很难实现全自动化。在国外，要么上自动化程度很高的流水线，要么上固定模台工艺，很少有选择这种折中型的生产工艺。像这种自动化程度较低的流水线，是世界装配式建筑领域的一个特例。

3.1.4.3　各国装配式混凝土结构构件工艺简况

不同的预制构件制作工艺各有优缺点，采用何种工艺与构件类型和复杂程度有关，与构件品种有关，也与投资者的偏好有关。一般一个新工厂的建设应根据市场需求、主要产品类型、生产规模和投资能力等因素，首先确定采用什么生产工艺，再根据选定的生产工艺进行工厂布置，然后选择生产设备。

需要说明的是，预制构件一般情况下是在工厂内制作的，这种情况下可以选择以上任何一种工艺。但如果建筑工地距离工厂太远，或通往工地的道路无法通行运送构件的大型车辆，也可以选择在工地现场生产。针对边远地区无法建厂又需要装配式混凝土结构，也可以选择移动方式进行生产，即在项目周边建设简易的生产工厂，等该项目结束后将该简易工厂转移到另外一个项目，像草原牧民的游牧式生活一样，因此，可移动的工厂也被称为游牧式工厂。工地临时工厂和移动式工厂选择固定模台工艺。

日本是目前世界上装配式混凝土结构建筑最多的国家，超高层 PC 建筑很多，PC 技术比较完善。日本的高层建筑主要是框架结构、框剪结构和筒体结构，最常用的预制构件是梁、柱、外墙挂板、叠合楼板、预应力叠合楼板和楼梯等。柱梁结构体系的柱、梁等构件不适合在流水线上制作，日本预制墙板大多有装饰面层，也不适于在流水线上制作，所以日本大多数预制工厂主要采用固定模台工艺，日本最大预制 C 墙板企业高桥株式会社也采用固定模台工艺。日本只有叠合楼板用自动化流水线工艺，自动化、智能化程度也比较高。

欧洲多层和高层建筑主要是框架结构和框剪结构，构件主要是暗柱板（柱板一体化）、空心墙板、叠合楼板和预应力楼板，以板式构件为主。欧洲主要采用流水线工艺，自动化程度比较高。

美国较多使用预应力梁、预应力楼板和外挂墙板等预制构件，采用固定方式制作。

3.1.5 预制构件生产设备

预制构件生产设备通常包括混凝土制造设备、钢筋加工组装设备、材料出入及保管设备、成型设备、加热养护设备、搬运设备、起重设备、测试设备等。本节主要介绍流动模台法中常用的主要设备。

3.1.5.1 模台设备

1. 模台

模台是预制构件生产的作业面，也是预制构件的底模板。目前常用的模台有不锈钢模台和碳钢模台。模台面板宜选用整块的钢板制作，钢板厚度不宜小于 10mm。其尺寸应满足预制构件的制作尺寸要求，一般不小于 3500mm×9000mm。模台表面必须平整，表面高低差在任意 2000mm 长度内不得超过 2mm，在气温变化较大的地区应设置伸缩缝。

2. 模台辊道

模台辊道是实现模台沿生产线机械化行走的必要设备。模台辊道由两侧的辊轮组成。工作时，辊轮同向辊动，带动上面的模台向下一道工序的作业地点移动。模台辊道应能合理控制模台的运行速度，并保证模台运行时不偏离、不颠簸（图 3-8）。此外，模台辗道的规格应与模台对应。

3. 模台清理装置

模台清理装置是对模台表面进行清理和喷涂脱模剂等生产所需剂液的一体化设备，如图 3-9 所示。目前国内预制构件生产企业发展不均衡，部分企业依然由人工来完成这部分工作。

图 3-8　模台辊道

图 3-9　模台清理装置

4. 画线机

画线机是通过数控系统控制，根据设计图纸要求，在模台上进行全自动画线的设备。相比人工操作，画线机不仅对构件的定位更加准确，并且可以大大减少画线作业所用的时间（图 3-10）。

5. 拉毛机

拉毛机主要由拉毛辊筒、导布辊及一系列的传动装置、变速齿轮等组成（图 3-11）。在拉毛辊筒上装有若干个针辊，彼此等距离间隔排列，端部尼龙齿轮与拉毛辊筒的内齿轮啮合，随拉毛辊筒公转，同时自转。针辊有弯、直之分，其作用原理也有所不同。弯针在生产过程中起拉毛作用，直针起梳毛作用。在设备运行中，拉毛辊筒上的针尖移动速度大于织物运行速度，两者速度之差，形成了织物的拉毛原理。

图 3-10 画线机

图 3-11 拉毛机

3.1.5.2 混凝土搅拌设备

1. 搅拌站类型

无论采用什么工艺，预制构件工厂混凝土搅拌站差别不大。预制构件工厂搅拌站有两种类型，即预制构件工厂专用搅拌站和商品混凝土搅拌站（兼给工厂供应混凝土）。国内外许多预制构件工厂既卖混凝土又卖混凝土构件。此种情况需注意商品混凝土与构件混凝土的不同，最好单独设置搅拌机系统。

2. 搅拌设备选型

搅拌站生产能力的配置应当是工厂设计生产能力的 1.3 倍左右，因为搅拌系统不宜一直处于满负荷工作状态。

搅拌站设备规格、型号选型，应由搅拌站生产厂家工程师根据工厂生产规模配置，常用盘式行星搅拌主机容量在 1.0～3.0m^3。选好主机后还应当配备合适的水泥储存仓、骨料储存仓及其他添加剂储存仓。

3. 自动化程度

搅拌站应当选用自动化程度较高的设备，以减少人工、保证质量。在欧洲一些自动化较高的工厂，搅拌站系统是和构件生产线控制系统连在一起的，只要生产系统给出指令，搅拌站系统就能生产混凝土，然后自动运料系统将混凝土运到指定的布料位置。

4. 位置布置

搅拌站位置最好布置在距生产线布料点近的地方，减少路途运输时间，一般布置在车间端部或端部侧面，轨道运料系统将混凝土运到布料区。对固定模台工艺，搅拌站系统宜考虑满足罐车运输混凝土的条件。

5. 环保设计

搅拌站应当设置废水处理系统，用于处理清洗搅拌机、运料斗和布料机所产生的废水，通过沉淀的方式完成废水再回收利用。建立废料回收系统，用于处理残余的混凝土，砂石分离机把石子、中砂分离出来再回收利用。

6. 混凝土浇筑设备

（1）混凝土送料机

混凝土送料机是向混凝土布料机输送混凝土拌合物的设备（图 3-12）。目前生产企业普遍应用的混凝土输送设备可通过手动、遥控和自动方式接收指令，按照指令以指定的速度移动或停止、与混凝土布料机联动或终止联动。

图 3-12　混凝土送料机

（2）混凝土布料机

混凝土布料机是预制构件生产线上向模台上的模具内浇筑混凝土的设备（图 3-13）。混凝土布料机应能在生产线上方纵、横向移动，以满足将混凝土均匀浇筑在模具内的要求。混凝土布料机的储料斗应有足够的储料容量以保证混凝土浇筑作业的连续进行。布料口的高度应可调或处于满足混凝土浇筑中自由下落高度的要求。混凝土布料机应有下料速度变频控制系统，实时调整下料速度。

图 3-13　混凝土布料机

（3）混凝土振动台

混凝土振动台是预制构件生产线上用于实现混凝土振捣密实的设备（图 3-14）。混凝土振动台具有振捣密实度好、作业时间短、噪声小等优点，非常适用于预制构件流水生产。待振捣的预制混凝土构件必须牢固固定在工作台面上，构件不宜在工作台面上偏置，以保证振动均匀。振动台开启后振捣首个构件前需先试车，待空载 3～5min 确定无误后方可投入使用。生产过程中如发现异常，应立即停止使用，待找出故障并修复后才能重新投入生产。

图 3-14　混凝土振动台

（4）蒸养窑

预制构件生产过程中，混凝土的养护采用在蒸养窑里蒸汽养护的做法。蒸养窑的尺寸、承重能力应满足待蒸养构件的尺寸和质量的要求，且其内部应能通过自动控制或远程手动控制对蒸养窑每个分仓里的温度进行控制。窑门启闭机构应灵敏、可靠，封闭性能强，不得泄漏蒸汽。此外，预制构件进出蒸养窑需要模台存取机配合（图 3-15）。

图 3-15　蒸养窑

3.1.5.3　钢筋加工设备

钢筋加工包括钢筋调直、钢筋切断、钢筋弯曲成型和钢筋骨架组装等环节。为了避免人工制作造成的生产误差，保证生产质量，提高生产效率，降低生产损耗，对钢筋加工设备常采用自动化的生产设备进行钢筋加工。

钢筋加工工艺主要有全自动钢筋加工工艺、半自动钢筋加工工艺和人工加工钢筋工艺。全自动钢筋加工主要体现在钢筋调直、切断、弯曲成型环节，目前全自动加工的有钢筋网片、桁架筋、箍筋等，主要应用在叠合楼板、双面叠合剪力墙的生产环节中。

对钢筋骨架复杂的剪力墙墙板、柱子、梁、楼梯、阳台板等，只能采用半自动工艺，将全自动调直、剪断、弯曲成型的钢筋，再通过人工绑扎或焊接的方式完成钢筋骨架的组装。

1. 全自动钢筋加工

全自动钢筋加工设备宜选用自动化、智能化设备，最大的好处是避免错误，保证质量，还可以减少人员、提高效率、降低损耗。欧洲全自动智能化的构件工厂，钢筋加工设备和混凝土流水线通过计算机程序无缝对接在一起，只需要将构件图样输入流水线计算机控制系统，钢筋加工设备会自动识别钢筋信息，完成钢筋调直、剪切、焊接、运输、入模等各道工序，全过程不需要人工，应用于生产叠合楼板、双面叠合剪力墙的钢筋加工。

常用设备有数控钢筋调直切断机、钢筋弯曲机、自动数控弯箍机、自动钢筋桁架焊接机和标准钢筋网片焊接设备。

2. 半自动钢筋加工

半自动钢筋加工是将各个单体的钢筋通过自动设备加工出来，然后通过人工组装成完整的钢筋骨架，通过人工搬运到模具内。

半自动钢筋制作适合所有的产品制作，也是目前最常见的钢筋加工工艺。国内一些流动模台生产线就采用这种钢筋加工工艺。常用设备有钢筋调直切断机、钢筋切断机、拉丝机、钢筋液压弯曲机、螺旋弯曲机、半自动钢筋折弯机、弯箍机、箍筋对焊机等。装配式住宅构件较复杂的类型多采用半自动化钢筋加工工艺。

3. 人工加工钢筋

人工加工钢筋是效率低、劳动强度大、质量不稳定的加工工艺，一般结合自动化设备制作钢筋。其主要设备有人工切断设备、弯曲机、电焊机、电弧焊、CO_2气体保护焊机、对焊机、滚丝机等。

3.1.5.4 吊装设备

1. 龙门吊车

为满足预制混凝土构件的生产需求，生产车间内通常每条生产线配 2～3 台龙门吊车或桥式起重机，每台龙门吊车配 10t、5t 的吊钩，如图 3-16 所示。室外堆场内，每跨工作单元配 1～2 台 10t 桁吊，每台龙门吊车配 10t、5t 的吊钩。

图 3-16 龙门吊车

2. 接驳器

根据不同预埋件类型，选择不同的接驳器。例如，叠合梁预埋吊环、楼梯预埋内螺纹、墙板预埋吊钉时，就需要选择吊钩、内螺旋接驳器、吊钉接驳器等配套的专用吊具。

3. 起重钢梁

为使起吊时预制混凝土构件不受损坏，一般需要使用起重吊梁（扁担梁）辅助吊装作业。

3.1.5.5 运输设备

预制混凝土构件存放方式分为立式存放和水平叠放。在构件运输时要根据构件存放方式的不同，选择不同的运输设备。

(1) 墙板采用立式运输，车间内选择专用构件转运车或改装平板运输车，平板之上放墙板固定支架。

(2) 叠合板及楼梯采用水平运输，采用转运小车即可满足转运要求。

(3) 叉车是预制混凝土构件生产中不可缺少的运输设备。叉车可以转运叠合板及楼梯、半成品与成品钢筋、小型设备。一般选择承载能力为5～10t的叉车即可满足生产需求。

(4) 预制混凝土构件转运车在作业时，严禁将手或工具伸入转运车轮子下面。构件转运车的轨道或行进道路上不得有障碍物。除操作人员外，禁止他人在工作时间进入转运车作业范围内。注意装载构件后的车辆高度不得超出车间进出门的限高。运输时应遵循不超高、不超速行驶等安全运输的要求。

(5) 预制混凝土构件成品运输时，常采用成品运输车。成品运输车主要用于预制混凝土构件的厂外运输，在运输前，应检查车辆是否能够正常行驶，构件放置时应严格按照相关规范要求进行堆放，并附有保护措施。

3.1.5.6 构件堆放场地

预制工厂构件堆放场地，不仅是构件存储场地，也是构件质量检查、修补、粗糙面处理、表面装饰处理的场所。室外场地面积一般为制作车间面积的1.5～2倍。地面尽可能硬化，至少要铺碎石，排水要通畅。室外场地需要配置16～20t龙门式起重机，场地内有构件运输车辆的专用道路。预制构件的堆放场地布置应与生产车间相邻，以方便运输，减少运输距离。

3.2 模具

模具是专门用来生产预制构件的各种模板系统，可采用固定在生产场地的固定模具，也可采用移动模具。预制构件生产用模具主要以钢模为主，对形状复杂、数量少的构件也可采用木模或其他材料制作。清水混凝土预制构件建议采用精度较高的模具制作。流水线平台上的各种边模可采用玻璃钢、铝合金、高品质复合板等轻质材料制作。模具和台座的管理应由专人负责，并应建立健全模具设计、制作、改制、验收、使用和保管制度。

3.2.1 模具分类

3.2.1.1 按生产工艺分类

模具按生产工艺分类：生产线流转模台与板边模；固定模台与构件模具；立模模具；预应力台模与边模。

3.2.1.2 按材质分类

模具按材质分为钢材、铝材、混凝土、超高性能混凝土、玻璃钢、塑料、硅胶、橡胶木材、聚苯乙烯、石膏模具和以上材质组合的模具。

3.2.1.3 按构件分类

模具按构件分类为柱、梁、柱梁组合、柱板组合、梁板组合、楼板、剪力墙外墙板、剪力墙内墙板、内隔墙板、外墙挂板、转角墙板、楼梯、阳台、飘窗、空调台、挑檐板等。

3.2.1.4 按构件是否出筋分类

模具按构件是否出筋分类：不出筋模具，即封闭模具；出筋模具，即半封闭模具。

出筋模具包括一面出筋、两面出筋和三面出筋模具。

3.2.1.5 按构件是否有装饰面分类

模具按构件是否有装饰面层分为无装饰面层模具、有装饰面层模具。

有装饰面层模具包括反打石材、反打墙砖和水泥基装饰面层一体化模具。

3.2.1.6 按构件是否有保温层分类

模具按构件是否有保温层分为无保温层模具、有保温层模具。有保温层模具又分为“三明治”板模具和“切糕”模具。“切糕”是指双层轻质混凝土结合而成的墙板。

3.2.1.7 按模具周转次数分类

模具按周转次数分为长期模具（永久性，如模台等）、正常周转次数模具（50～200次）、较少周转次数模具（2～50次）、一次性模具。

3.2.2 模具设计原则

预制构件生产过程中，模具设计的优劣直接决定了构件的质量、生产效率及企业的成本，应引起足够的重视。模具设计应遵循以下原则：

1. 质量可靠

模具应能保证构件生产的顺利进行，保证生产出的构件的质量符合标准。因此，模具本身的质量应可靠。这里说的质量可靠，不仅是指模具在构件生产时不变形、不漏浆等，还指模具的方案应能实现构件的设计意图。这就要求模具应有足够的强度、刚度和稳定性，并能满足预制构件预留孔洞、插筋、预埋吊件及其他预埋件的要求。跨度较大的预制构件和预应力构件的模具应根据设计要求预设反拱。

2. 方便操作

模具的设计方案应能方便现场工人的实际操作。模具设计应保证在不损失模具精度的前提下合理控制模具组装时间，拆模时在不损坏构件的前提下方便工人拆卸模板。这就要求模具设计人员必须充分掌握构件的生产工艺。

3. 通用性强

模具设计方案还应实现模具的通用性，提高模具的重复利用率。模具的重复利用，不仅能够降低构件生产企业的生产成本，也是节能环保、绿色生产的要求。

4. 方便运输

这里所说的运输，是指模具在生产车间内的位置移动。构件生产过程中，模具的运输是非常普遍的一项工作，其运输的难易程度对生产进度影响很大。因此，应通过受力计算尽可能地降低模板质量，力争达到不靠吊车，只需工人配合简单的水平运输工具就可以实现模具运输工作。

5. 使用寿命

模具的使用寿命将直接影响构件的制造成本。所以在模具设计时，应考虑赋予模具合理的刚度，增大模具周转次数，以避免模具损坏或变形，节省模具修补或更换的追加费用。

3.2.3 模具设计要求

预制构件模具以钢模为主，面板主材选用 Q235 钢板，支撑结构可选用型钢或者钢板，规格可根据模具形式进行选择，应满足以下要求：

（1）模具应具有足够的承载力、刚度和稳定性，保证在构件生产时能可靠承受浇筑混凝土的质量、侧压力及工作荷载。

（2）模具应支、拆方便，且应便于钢筋安装和混凝土浇筑、养护。

（3）模具的部件与部件之间应连接牢固；预制构件上的预埋件均应有可靠的固定措施。

3.2.4 模具设计内容

（1）根据构件类型和设计要求，确定模具类型与材质。

（2）确定模具分缝位置和连接方式。

（3）进行脱模便利性设计。

（4）设计计算模具强度与刚度，确定模具厚度、肋的设置。

（5）对立式模具验算模具稳定性。

（6）对预埋件、套筒、孔眼内模等定位进行构造设计，保证振捣混凝土时不移位。

（7）对出筋模具的出筋方式和避免漏浆进行设计。

（8）外表面反打装饰层模具要考虑装饰层下铺设保护隔垫材料的厚度尺寸。

（9）钢结构模具焊缝有定量要求，既要避免焊缝不足导致强度不够，又要避免焊缝过多导致变形。

（10）有质感表面的模具选择表面质感模具材料，考虑与衬托模具如何结合等。

（11）钢结构模具边模加强板宜采用与面板同样材质的钢板，厚 8～10mm，宽 80～100mm，间距应当小于 400mm，与面板通过焊接连接在一起。

3.2.5 常规模具设计要点

3.2.5.1 叠合楼板模具设计要点

根据叠合楼板高度，可选用相应的角铁作为边模，当楼板四边有倒角时，可在角铁上焊一块折弯后的钢板。由于角铁组成的边模上开了许多豁口（供胡子筋伸出），导致长向的刚度不足，故需在侧模上设加强肋板，间距为 400～500mm（图 3-17）。

3.2.5.2 内墙板模具设计要点

由于内墙板就是混凝土实心墙体，一般没有造型。为了便于加工，可选用槽钢作为边模。内墙板两侧面和上表面均有外露筋且数量较多，需要在槽钢上开许多豁口，导致边模刚度不足，周转中容易变形，所以，应在边模上增设肋板（图 3-18）。

图 3-17　叠合楼板模具

图 3-18　内墙板模具

3.2.5.3　外墙板模具设计要点

外墙板一般采用“三明治”结构。为实现外立面的平整度，外墙板多采用反打工艺生产。根据浇筑顺序，可将模具分为两层，第一层为外叶层和保温层；第二层为内叶层。因为第一层模具是第二层模具的基础，在第一层的连接处需要加固。第二层的结构层模具同内墙板模具形式。结构层模具的定位螺栓较少，故需要增加拉杆定位，防止胀模。

预制构件的边模还可以用磁盒固定。在模台上用磁盒固定边模具有简单方便的优势，能够更好地满足流水线生产节拍的需要。虽然磁盒在模台上的吸力很大，但是振动状态下抗剪切能力不足，容易造成偏移，影响几何尺寸，用磁盒生产高精度几何尺寸预制构件时，需要采取辅助定位措施。

3.2.5.4　楼梯模具设计要点

楼梯模具可分为平式和立式两种模式。平式模具占用场地大，需要压光的面积也大，构件需多次翻转，故推荐设计为立式楼梯模具。楼梯模具设计的重点为楼梯踏步的处理，由于踏步为波浪形，钢板需折弯后拼接，拼缝的位置宜放在既不影响构件效果又便于操作的位置，拼缝的处理可采用焊接或冷拼接工艺。需要特别注意拼缝处的密封性，严禁出现漏浆现象。

3.2.6 模具制作

模具的制作加工工序可概括为开料、零件制作、拼装成模。

3.2.6.1 开料

依照零件图将零件所需的各部分材料按图纸尺寸裁制。部分精度要求较高的零件裁制好的板材还需要进行精加工以保证其尺寸精度符合要求。

3.2.6.2 零件制作

将裁制好的材料依照零件图进行折弯、焊接、打磨等制成零件。部分零件因其外形尺寸对产品质量影响较大，为保证产品质量，焊接好的零件还需对其局部尺寸进行精加工。

3.2.6.3 拼装成模

将制成的各零件依照组装图拼模。拼模时，应保证各相关尺寸达到精度要求。待所有尺寸均符合要求后，安装定位销及连接螺栓，随后安装定位机构和调节机构。再次复核各相关尺寸，若无问题，模具即可交付使用。

3.2.7 模具使用

（1）由于每套模具被分解得较零碎，应对模具按顺序统一编号，防止错用。

（2）模具组装时，边模上的连接螺栓和定位销一个都不能少，必须紧固到位。为了构件脱模时边模顺利拆卸，防漏浆的部件必须安装到位。

（3）在预制构件蒸汽养护之前，应把吊模和防漏浆的部件拆除。吊模是指下部没有支撑而悬在空中的模板，多采用悬吊等方式固定。选择此时拆除的原因是吊模好拆卸，在流水线上不占用上部空间，可降低蒸养窑的层高；混凝土几乎还没有强度，防漏浆的部件很容易拆除，若等到脱模，防漏浆部件、混凝土和边模会紧紧地粘在一起，极难拆除。因此，防漏浆部件必须在蒸汽养护之前拆掉。

（4）当构件脱模时，首先将边模上的连接螺栓和定位销全部拆卸掉，为了保证模具的使用寿命，禁止使用大锤。

（5）在模具暂时不使用时，应对模具进行养护，需在模具上涂刷一层机油，防止腐蚀。

3.3 材　　料

装配式建筑的结构主材主要包括混凝土及其原材料、钢筋及钢板、连接材料等。

3.3.1 混凝土及其原材料

3.3.1.1 普通混凝土

预制构件工厂通常设置专用混凝土搅拌站。装配式建筑往往采用比现浇建筑强度等级高一些的混凝土和钢筋。

我国行业标准《装配式混凝土结构技术规程》(JGJ 1—2014) 要求“预制构件的混凝土强度等级不宜低于 C30；预应力混凝土预制构件的强度等级不宜低于 C40，且不应低于 C30；现浇混凝土的强度等级不应低于 C25”。装配式建筑混凝土强度等级的起点比现浇混凝土结构高了一个等级，因为要考虑配置和制作环节的不稳定因素。日本目前 PC 建筑混凝土的强度等级最高已经用到 C100 以上。

混凝土强度等级高一些，对套筒在混凝土中的锚固有利；高强度等级混凝土与高强钢筋的应用可以减少钢筋数量，避免钢筋配置过密、套筒间距过小影响混凝土浇筑，这对梁柱结构体系建筑比较重要；高强度等级混凝土和钢筋对提高整个建筑的结构质量和耐久性有利。需要说明和强调的是：

(1) 预制构件结合部位和叠合梁板的后浇筑混凝土，强度等级应当与预制构件的强度等级一样。

(2) 不同强度等级结构件组合成一个构件，如梁与柱结合的梁柱一体构件，柱与板结合的柱板一体构件，混凝土的强度等级应当按结构件设计的各自的强度等级制作。例如，一个梁柱结合的莲藕梁，梁的混凝土强度等级是 C30，柱的混凝土强度等级是 C50，就应当分别对梁、柱浇筑 C30 和 C50 混凝土。

(3) 混凝土的力学性能指标和耐久性要求应符合国家标准《混凝土结构设计规范》[GB 50010—2010 (2015 年版)] 的规定。

(4) 预制构件混凝土配合比不宜照搬当地商品混凝土配合比。商品混凝土配合比要考虑配送运输时间，往往延缓了初凝时间，而预制构件在工厂制作，搅拌站就在车间旁，混凝土不需要缓凝。

3.3.1.2 轻质混凝土

轻质混凝土可以减轻构件质量和结构自重荷载。质量是装配拆分的制约因素。例如，开间较大或层高较高的墙板，常常由于质量太大，超出了工厂或工地起重能力而无法做成整间板，而采用轻质混凝土就可以做成整间板。轻质混凝土为装配建筑提供了便利性。

轻质混凝土的“轻”主要以轻质骨料替代普通混凝土中一定比例的砂石得以实现。如当前国内已经使用陶粒配置的轻质混凝土，强度等级 C30 的轻质混凝土重力密度为 $17kN/m^3$。

同时，轻质混凝土还有保温性能好的特点，可应用于自保温的墙板中，达到保温层与结构层同寿命。

轻质混凝土的力学物理性能应当符合有关混凝土国家标准的要求。

3.3.1.3 装饰混凝土

装饰混凝土是指具有装饰功能的水泥基材料，包括清水混凝土、彩色混凝土、彩色砂浆。装饰混凝土用于装配式建筑表皮，包括直接裸露的柱梁构件、剪力墙外墙板、PC 幕墙外挂墙板、夹芯保温构件的外叶板等。

(1) 清水混凝土：清水混凝土其实就是原貌混凝土，表面不做任何饰面，忠实地反映模具的质感：模具光滑，它就光滑；模具是木质的，它就出现木纹质感；模具是粗糙的，它就粗糙。由于担心会被雨水浸透或劣化，人们可能会喷上一层防水保护膜。清水混凝土与结构混凝土的配制原则上没有区别，但为实现建筑师对色彩、颜色均匀、质感柔和的要求，需选择色泽合意、质量稳定的水泥和合适的骨料，并进行相应的配合比设计、试验。

(2) 彩色混凝土和彩色砂浆：彩色混凝土和彩色砂浆一般用于预制构件表面装饰层，色彩靠颜料、彩色骨料和水泥实现，深颜色用普通水泥，浅颜色用白水泥。彩色骨料包括彩色石子、花岗石彩砂、石英砂、白云石砂等。露出混凝土中彩色骨料的办法有三种：

①缓凝剂法。浇筑前在模具表面涂上缓凝剂，构件脱模后，表面尚未完全凝结，用水把表面水泥浆料冲去，露出骨料。

②酸洗法。表面为彩色混凝土的构件脱模后，用稀释的盐酸涂刷构件表面，将表面水泥石中和掉，露出骨料。

③喷砂法。表面为彩色混凝土的构件脱模后，用空气压力喷枪向表面喷打钢砂，打去表面水泥石，形成凸凹质感并露出骨料。

彩色混凝土和彩色砂浆配合比设计除需要保证颜色、质感、强度等建筑艺术功能要求和力学性能外，还应考虑与混凝土基层的结合性和变形协调，需要进行相应的试验。

3.3.1.4 混凝土原材料

1. 水泥

原则上讲，可用于普通混凝土结构的水泥都可以用于装配式建筑。预制构件工厂应当使用质量稳定的优质水泥。

预制构件工厂一般自设搅拌站，使用罐装水泥。水泥宜采用不低于强度等级 42.5 的硅酸盐、普通硅酸盐水泥，质量应符合国家标准《通用硅酸盐水泥》(GB 175—2007) 的规定。装配式混凝土结构工厂生产不连续时，应避免过期水泥被用于构件制作。

2. 骨料

(1) 砂

细骨料宜选用细度模数为 2.3～3.0 的中粗砂，质量应符合现行国家标准《建设用砂》(GB/T 14684) 的规定，不得使用海砂。

(2) 石子

粗骨料宜选用粒径为 5～25mm 的骨料，如碎石和卵石等，质量应符合现行国家标准《建设用卵石、碎石》(GB/T 14685) 的规定。

3. 水

拌和用水应符合现行国家标准《混凝土用水标准》(JGJ 63) 的规定。

拌制混凝土宜采用饮用水，一般能满足要求，使用时可不经试验。

4. 其他拌合物

用于装配式混凝土结构的其他拌合物主要为粉煤灰、磨细矿渣、硅灰等，使用时应保证其产品品质稳定，来料均匀。

(1) 粉煤灰应符合现行国家标准《用于水泥和混凝土中的粉煤灰》(GB/T 1596) 中的Ⅰ级或Ⅱ级各项技术性能及质量指标。

(2) 磨细矿渣应符合现行国家标准《用于水泥和混凝土中的粒化高炉矿渣粉》(GB/T 18046) 的规定。

（3）硅灰应符合现行国家标准《砂浆和混凝土用硅灰》（GB/T 27690）的规定。

5. 混凝土外加剂

（1）内掺外加剂

内掺外加剂是指在混凝土拌和前或拌和过程中掺入用以改善混凝土性能的物质，包括减水剂、引气剂、早强剂、速凝剂、缓凝剂、防水剂、阻锈剂、膨胀剂、防冻剂等。PC构件所用的内掺外加剂与现浇混凝土常用外加剂品种基本一样，只是不用泵送剂，也不用像商品混凝土那样为远途运输混凝土而添加延缓混凝土凝结时间的外加剂。

预制构件最常用的外加剂包括减水剂、引气剂、早强剂、防水剂等。

外加剂应符合现行国家标准《混凝土外加剂应用技术规范》（GB 50119）的规定。同厂家、同品种的外加剂不超过50t为一检验批。当同厂家、同品种的外加剂连续进场且质量稳定时，可按不超过100t为一检验批，且每月检验不得少于一次。

在钢筋混凝土结构中，当使用含氯化物的外加剂时，混凝土中氯化物的总含量应符合现行国家标准《混凝土质量控制标准》（GB 50164）的规定。在预应力混凝土结构中，严禁使用含氯化物的外加剂。

（2）外涂外加剂

外涂外加剂是预制构件为形成与后浇混凝土接触界面的粗糙面而使用的缓凝剂，涂刷或喷涂在要形成粗糙面的模具表面，延缓该处混凝土凝结。构件脱模后，用压力水枪将未凝结的水泥浆料冲去，形成粗糙面。

为保证粗糙面形成的均匀性，宜选用外涂外加剂专业厂家的产品。

3.3.2 钢筋保护层

钢筋保护层垫块，即用于控制钢筋保护层厚度或钢筋间距的物件，按材料分为水泥基类、塑料类和金属类。

装配式建筑无论预制构件还是现浇混凝土，都应当使用符合现行行业标准《混凝土结构用钢筋间隔件应用技术规程》（JGJ/T 219）规定的钢筋间隔件，不得用石子、砖块、木块、碎混凝土块等作为间隔件。选用原则如下：

（1）水泥砂浆间隔件强度较低，不宜选用。

（2）混凝土间隔件的强度应当比构件混凝土强度等级提高一级，且不应低于C30。

（3）不得使用断裂、破碎的混凝土间隔件。

（4）塑料间隔件不得采用聚氯乙烯类塑料或二级以下再生塑料制作。

（5）塑料间隔件可作为表层间隔件，但环形塑料间隔件不宜用于梁、板底部。

（6）不得使用老化断裂或缺损的塑料间隔件。

（7）金属间隔件可作为内部间隔件，不应用作表层间隔件。

3.3.3 脱模剂

在混凝土模板内表面上涂刷脱模剂的目的在于减小混凝土与模板的黏结力而易于脱离，不致因混凝土初期强度过低而在脱模时受到损坏，保持混凝土表面光洁，同时可保护模板，防止其变形或锈蚀，便于清理和减少修理费用，为此，脱模剂须满足下列要求：

（1）良好的脱模性能。

（2）涂敷方便、成模快、拆模后易清洗。

（3）不影响混凝土表面装饰效果，混凝土表面不留浸渍印痕、泛黄变色。

（4）不污染钢筋、对混凝土无害。

（5）保护模板、延长模板使用寿命。

（6）具有较好的稳定性。

（7）具有较好的耐水性和耐候性。

脱模剂通常有水性脱模剂和油性脱模剂两种。水性脱模剂操作安全，无油雾，对环境污染小，对人体健康损害小，且使用方便，使用后不影响产品的二次加工，如黏结、彩涂等加工工序，逐步发展成油性脱模剂的代替品。

油性脱模剂成本高，易产生油雾，加工现场空气污浊程度高，对操作工人的健康产生危害，使用后影响构件的二次加工。根据脱模剂的特点和实际要求，预制构件工厂宜采用水性脱模剂，降低材料成本，提高构件质量，便于施工所选用的脱模剂应符合现行行业标准《混凝土制品用脱模剂》（JC/T 949）的要求。

3.3.4 钢筋

钢筋在装配式混凝土结构构件中除了结构设计纵向配筋外，还有用于制作浆锚连接的螺旋加强筋、构件脱模或安装用的吊环、预埋件或内埋式螺母的锚固钢筋等。

（1）现行行业标准《装配式混凝土结构技术规程》（JGJ 1）规定：普通钢筋采用套筒灌浆连接和浆锚搭接连接时，钢筋应采用热轧带肋钢筋。

（2）在设计装配式混凝土建筑结构时，考虑到连接套筒、浆锚螺旋筋、钢筋连接和预埋件相对现浇结构“拥挤”，宜选用大直径高强度钢筋，以减少钢筋根数，避免间距过小对混凝土浇筑的不利影响。

（3）钢筋的力学性能指标应符合现行国家标准《混凝土结构设计规范》（GB 50010）的规定。

（4）钢筋焊接网应符合现行行业标准《钢筋焊接网混凝土结构技术规程》（JGJ 114）的规定。

（5）在预应力预制构件中会用到预应力钢丝、钢绞线和预应力螺纹钢筋等，其中以预应力钢绞线最为常用。预应力钢筋应符合现行国家标准《预应力混凝土用螺纹钢筋》（GB/T 20065）、《预应力混凝土用钢丝》（GB/T 5223）和《预应力混凝土用钢绞线》（GB/T 5224）的规定。

（6）当预制构件的吊环用钢筋制作时，按照现行行业标准《装配式混凝土结构技术规程》（JGJ 1）的要求，应采用未经冷加工的 HPB300 级钢筋制作。

（7）预制构件不能使用冷拔钢筋。当用冷拉法调直钢筋时，必须控制冷拉率。光圆钢筋冷拉率小于 4%，带肋钢筋冷拉率小于 1%。

（8）吊环应采用未经冷加工的 HPB300 级钢筋或 Q235B 圆钢制作。吊装用内埋式螺母、吊杆及配套吊具，应根据相应的产品标准和设计规定选用。

（9）PC 结构中用到的钢材包括埋置在构件中的外挂墙板安装连接件等。钢材的力学性能指标应符合现行国家标准《钢结构设计标准》（GB 50017）的规定。钢板宜采

Q235 钢和 Q345 钢。

3.3.5 连接材料

预制结构连接材料包括钢筋连接用灌浆套筒、注胶套筒、机械套筒、套筒灌浆料、浆锚孔波纹管、浆锚搭接灌浆料、浆锚孔螺旋筋、灌浆导管、灌浆孔塞、灌浆堵缝材料、保温板拉结件等。除机械套筒和钢筋锚固板在混凝土结构建筑中也有应用外，其余材料都是建筑的专用材料。

3.3.5.1 灌浆套筒

1. 技术要点

将预制构件断开的钢筋通过特制的钢套筒进行对接连接，钢筋与套筒内腔之间填充无收缩、高强度灌浆料，形成钢筋套筒灌浆连接，其连接构造如图 3-19 所示。

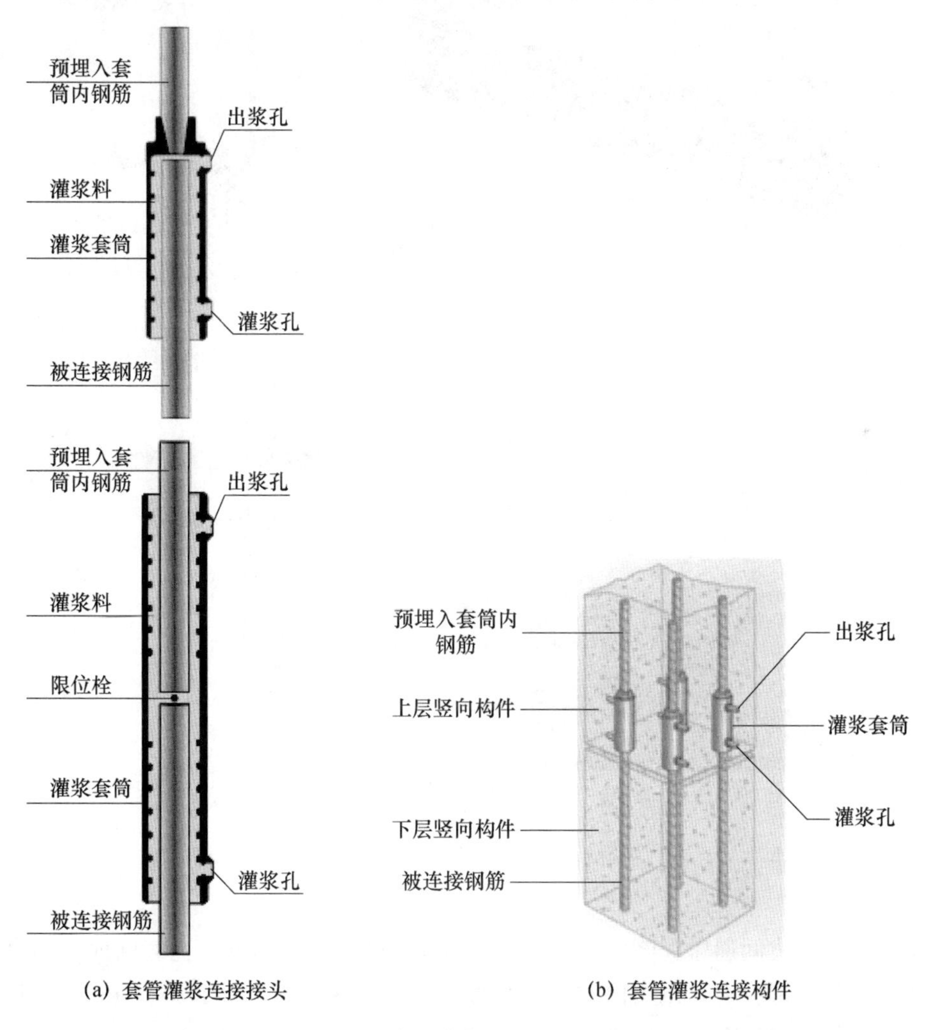

(a) 套管灌浆连接接头　　(b) 套管灌浆连接构件

图 3-19　套管灌浆连接构造示意图

灌浆套筒是装配建筑最主要的连接构件，用于纵向受力钢筋的连接。最早于 20 世纪 60 年代后期由 Alfred A. Yee 发明，经过不断改良，研发出了成熟的套筒产品，且在发展过程中逐渐形成全灌浆套筒与半灌浆套筒两种主要产品形式（图 3-20）。套筒早期形式为全灌浆套筒，套筒两端不连续钢筋均需插入套筒内并通过灌浆实现钢筋连接；半灌浆套筒为后期形成的套筒形式，套筒一端钢筋（一般为预埋钢筋）采用螺纹与套筒连接，另一端钢筋（伸出预制构件表面的不连续钢筋）则仍然采用灌浆锚固于套筒内，半灌浆套筒可进一步缩短套筒长度，且便于构件预制过程中套筒在模板中的定位。

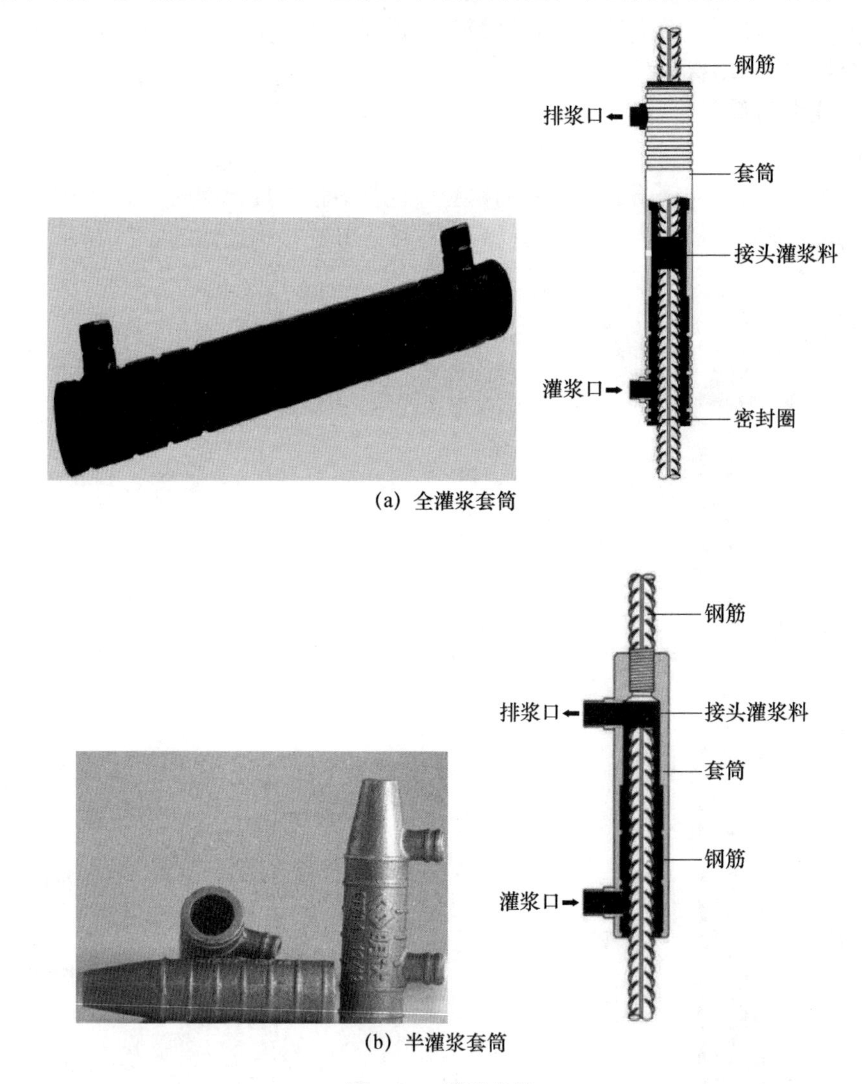

(a) 全灌浆套筒

(b) 半灌浆套筒

图 3-20　灌浆套筒

2. 技术原理

不连续钢筋之间通过灌浆料、钢套筒进行应力传递；在钢筋不连续断面，钢套筒则需承担该截面全部应力；钢套筒对灌浆料形成有效约束，进一步提高了灌浆料与钢筋、钢套筒之间的黏结性能。

行业标准《钢筋套筒灌浆连接应用技术规程》（JGJ 355—2015）的强制性条款 3.2.2 规定：钢筋套筒灌浆连接接头的抗拉强度不应小于连接钢筋抗拉强度标准值，且破坏时应断于接头外钢筋。

3. 构造

灌浆套筒构造包括筒壁、剪力槽、灌浆口、排浆口、钢筋定位销。行业标准《钢筋连接用灌浆套筒》（JG/T 398—2019）给出了灌浆套筒的构造图，如图 3-21 所示。

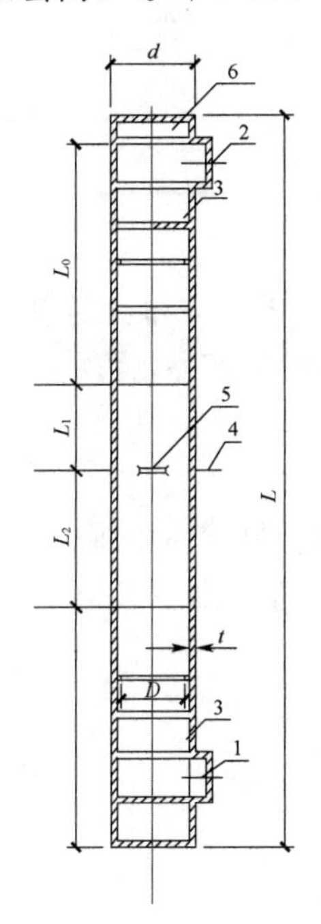

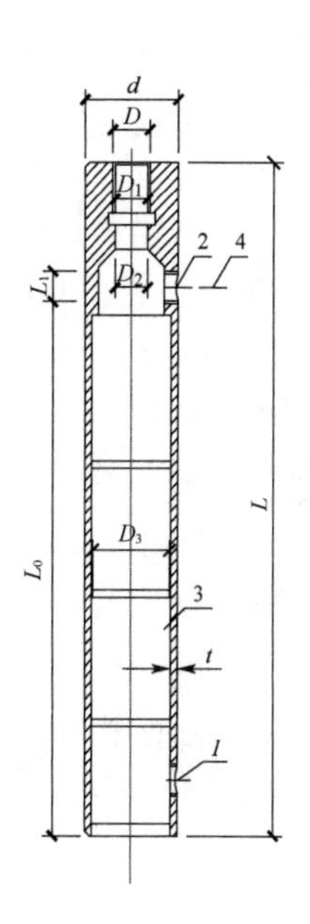

图 3-21 灌浆套筒的构造图

1—灌浆孔；2—排浆孔；3—剪力墙；4—强度验算用截面；5—钢筋限位挡块；6—安装密封垫的结构；
L—灌浆套筒总长；L_0—锚固长度；L_1—预制端预留钢筋安装调整长度；L_2—现场装配端预留钢筋安装调整长度；
t—灌浆套管壁厚；d—灌浆套管外径；D—内螺纹的公称直径；
D_1—半灌浆套筒螺纹端与灌浆端连接处的通孔直径；D_2—灌浆套管锚固段环形突起部分的内径。
注：D_3不包括灌浆孔、排浆孔外侧因导向、定位等其他目的而设置的比锚固段环形凸起内径偏小的尺寸。
D_3可以为非等截面。

4. 材质

灌浆套筒材质有碳素结构钢、合金结构钢和球墨铸铁。碳素结构钢和合金结构钢套筒采用机械加工工艺制造；球墨铸铁套筒采用铸造工艺制造。我国目前应用的套筒既有机械加工制作的碳素结构钢或合金结构钢套筒，也有铸造工艺制作的球墨铸铁套筒。

《钢筋连接用灌浆套筒》（JG/T 398—2019）给出了球墨铸铁和各类钢灌浆套筒的材料性能，见表 3-1、表 3-2。

表 3-1 球墨铸铁灌浆套筒的材料性能

项目	性能指标
抗拉强度 σ_b（MPa）	≥550
断后伸长率 σ_s（%）	≥5
球化率（%）	≥85
硬度（HBW）	180～250

表 3-2 各类钢灌浆套筒的材料性能

项目	性能指标
屈服强度 σ_s（MPa）	≥355
抗拉强度 σ_b（MPa）	≥600
断后伸长率 δ_s（%）	≥16

5. 灌浆套筒的钢筋锚固深度

《钢筋套筒灌浆连接应用技术规程》（JGJ 355—2015）规定，灌浆连接端用于钢筋锚固的深度不宜小于 8 倍钢筋直径的要求。如采用小于 8 倍的产品，可将产品型式检验报告作为应用依据。

6. 套筒灌浆料

钢筋连接用套筒灌浆料以水泥为基本材料，并配以细骨料、外加剂及其他材料混合成干混料，按照规定比例加水搅拌后，具有流动性、早强、高强及硬化后微膨胀的特点。

套筒灌浆料的使用和性能应符合现行行业标准《钢筋套筒灌浆连接应用技术规程》（JGJ 355）和《钢筋连接用套筒灌浆料》（JG/T 408）的规定。两个行业标准给出了套筒灌浆料的技术性能，见表 3-3。

表 3-3 套筒灌浆料的技术性能参数

项目		性能指标
流动度（mm）	初始	≥300
	30min	≥260
抗压强度（MPa）	1d	≥35
	3d	≥60
	28d	≥85
竖向膨胀率（%）	3h	≥0.02
	24h 与 3h 的膨胀率之差	0.02～0.5
氯离子含量（%）		≤0.03
泌水率（%）		0

套筒灌浆料应当与套筒配套选用；应按照产品设计说明所要求的用水量进行配置；按照产品说明进行搅拌；灌浆料使用温度不宜低于 5℃。

3.3.5.2 浆锚连接

1. 技术要点

将从预制构件表面外伸一定长度的不连续钢筋插入所连接的预制构件对应位置的预留孔道内，钢筋与孔道内壁之间填充无收缩、高强度灌浆料，形成钢筋浆锚连接，目前国内普遍采用的连接构造包括约束浆锚连接和金属波纹管浆锚连接，其构造示意图详见图 3-22。

其中，约束浆锚连接在接头范围预埋螺旋箍筋，并与构件钢筋同时预埋在模板内；通过抽芯制成带肋孔道，并通过预埋 PVC 软管制成灌浆孔与排气孔用于后续灌浆作业，待不连续钢筋伸入孔道后，从灌浆孔压力灌注无收缩、高强度水泥基灌浆料；不连续钢筋通过灌浆料、混凝土，与预埋钢筋形成搭接连接接头。

金属波纹管浆锚搭接连接采用预埋金属波纹管成孔，在预制构件模板内，波纹管与构件预埋钢筋紧贴，并通过扎丝绑扎固定；波纹管在高处向模板外弯折至构件表面，作为后续灌浆料灌注口；待不连续钢筋伸入波纹管后，从灌注口向管内灌注无收缩、高强度水泥基灌浆料；不连续钢筋通过灌浆料、金属波纹管及混凝土，与预埋钢筋形成搭接连接接头。

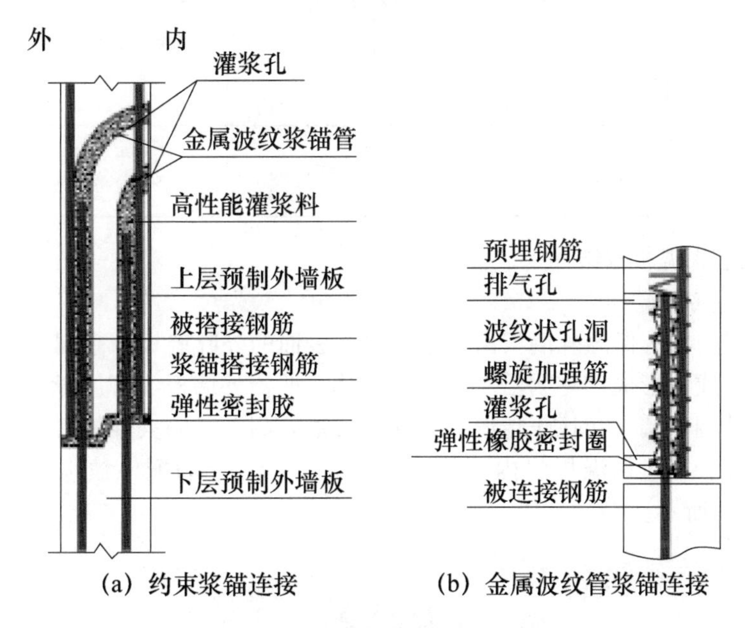

图 3-22 钢筋浆锚连接构造示意图

2. 技术原理

无论约束浆锚连接还是金属波纹管浆锚连接，其不连续钢筋应力均通过灌浆料、孔道材料（预埋管道成孔）及混凝土之间的黏结应力传递至预制构件内预埋钢筋，实现钢筋的连续传力。根据其传力方式，待连接钢筋与预埋钢筋之间形成搭接连接接头。考虑到钢筋搭接连接接头的偏心传力性质，一般对其连接长度有较严格的规定。约束浆锚连接采用的螺旋加强筋，可有效加强搭接传力范围内混凝土的约束，延缓混凝土的径向劈裂，从而提高钢筋搭接传力性能。而对金属波纹管浆锚连接，也可借鉴其做法，在搭接接头外侧设置螺旋箍筋加强，但应尤其注意控制波纹管与螺旋箍筋之间的净距离，以免影响该关键部位混凝土浇筑质量。

3. 浆锚搭接灌浆料

浆锚搭接用的灌浆料也是水泥基灌浆料，但抗压强度低于套筒灌浆料。因为浆锚孔壁的抗压强度低于套筒，灌浆料像套筒灌浆料那么高的强度没有必要。《装配式混凝土结构技术规程》（JGJ 1—2014）中明确了钢筋浆锚搭接连接接头用灌浆料的性能要求，见表 3-4。

表 3-4 钢筋浆锚搭接接头用灌浆料性能要求

项目		性能指标	施工方法标准
泌水率（%）		0	《普通混凝土拌合物性能试验方法标准》（GB/T 50080—2016）
流动度（mm）	初始	≥200	《水泥基灌浆材料应用技术规范》（GB/T 50448—2015）
	30min	≥150	
竖向膨胀率（%）	3h	≥0.02	《水泥基灌浆材料应用技术规范》（GB/T 50448—2015）
	24h 与 3h 的膨胀率之差	0.02～0.5	
抗压强度（MPa）	1d	≥35	《水泥基灌浆材料应用技术规范》（GB/T 50448—2015）
	3d	≥60	
	28d	≥85	
氯离子含量（%）		≤0.06	《混凝土外加剂匀质性试验方法》（GB/T 8077—2012）

3.3.5.3 夹芯保温板拉结件

1. 技术要点

预制混凝土夹芯保温外墙板由位于建筑外表面的外叶墙板、中间的保温层和内侧的内叶墙板组成，形成“三明治”结构，俗称三明治外墙板，可用于装配式建筑的承重或非承重外围护墙，相比于传统的外保温做法，耐久、防火性能好，可实现结构保温装饰一体化。穿过保温层将内、外叶墙板连接在一起的配件被称为夹芯保温拉结件，如图 3-23 所示。

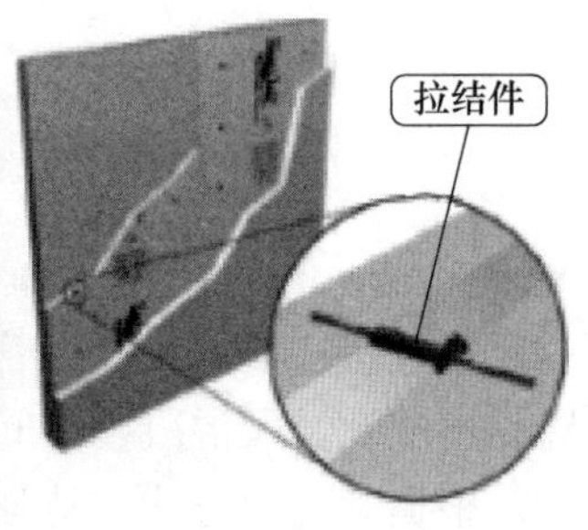

图 3-23 夹芯保温板拉结件示意图

拉结件连接的强弱决定了夹芯保温外墙板的受力性能：当连接很强时，内、外叶墙板通过拉结件可以完全协同受力，称为“完全组合式”，此时墙板内外叶共同受力，刚度和承载力大，节省材料，但在温差、混凝土收缩等作用下，内、外叶墙板彼此约束，无法有效释放应力，导致墙板可能发生开裂或严重变形；当连接较弱时，内、外叶墙不协同受力或协同受力能力较弱，设计中一般认为由内叶墙板单独承受所有内力，外叶墙板的荷载通过拉结件及保温层传递到内叶墙板上，称为“非组合式”，此时内、外墙板可独立变形；当连接强度介于两者之间时，夹芯保温外墙板受力处于完全组合式和非组合式之间，称为“部分组合式”，其计算复杂，难以准确衡量其组合程度和受力性能，一般需通过试验或根据经验进行设计，以实现耐久、防火性能好，可实现结构保温装饰一体化。

由于非组合式夹芯保温外墙板可有效释放温度应力，且受力明确、便于设计，因此我国目前装配式建筑中基本采用非组合式夹芯保温外墙板。

2. 构件种类

夹芯保温板拉结件主要有非金属和金属两大类，如图 3-24 所示。

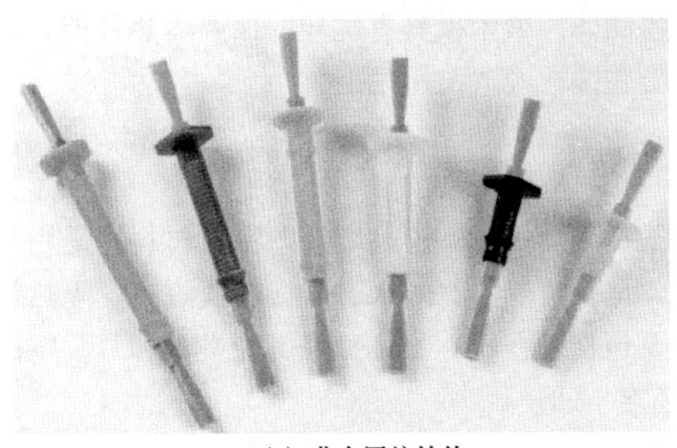

(a) 非金属拉结件

(b) 金属拉结件

图 3-24　夹芯保温板拉结件

第一类为非金属拉结件，主要为 FRP 材料。FRP 拉结件的主要优势在于其导热系数小，产生的热桥影响小，对夹芯保温外墙板的热工性能影响小，但其在保温层厚度较小时，杆件抗剪刚度较大，不利于外叶墙板在温度、收缩作用下的自由变形，此外其锚固性能受安装工艺及质量影响较大。

第二类为金属拉结件，主要为不锈钢拉结件。不锈钢拉结件系统一般由竖向支承拉结件、水平支承拉结件和若干个限位拉结件组成，其优势在于安装工艺相对简单、安全性相对较高，但其材料导热系数较大，对夹芯保温外墙板的热工性能存在不利影响。

3. 选用

技术成熟的拉结件厂家会向使用者提供拉结件抗拉强度、抗剪强度、弹性模量、导热系数、耐久性、防火性等力学物理性能指标，并提供布置原则、锚固方法、力学和热工计算资料等。

拉结件成本较高，特别是进口拉结件。为了降低成本，一些 PC 工厂自制或采购价格便宜的拉结件，有的工厂用钢筋做拉结件，还有的工厂用煨成扭 Z 形塑料钢筋做拉结件。对此，提出以下注意事项：

（1）鉴于拉结件在建筑安全和正常使用的重要性，宜向专业厂家选购拉结件。

（2）拉结件在混凝土中的锚固方式应当有充分可靠的试验结果支持；外叶板厚度较薄，一般只有 60mm 厚，最薄的板只有 50mm，对锚固的不利影响要充分考虑。

（3）连接件位于保温层温度变化区，也是水蒸气结露区，用钢筋作连接件时，表面涂刷防锈漆的防锈蚀方式耐久性不可靠；镀锌方式要保证使用 50 年，同时保证一定的镀层厚度。应根据当地的环境条件计算，且不应小于 70μm。

（4）塑料钢筋制作的拉结件，应当进行耐碱性能试验和模拟气候条件的耐久性试验。塑料钢筋一般用普通玻璃纤维制作，而不是耐碱玻璃纤维。普通玻璃纤维在混凝土中的耐久性得不到保证，所以塑料钢筋目前只是作为临时项目使用的钢筋。对此，拉结件使用者应加以注意。

3.3.6 保温材料

我国当前应用于墙体中的保温材料多采用聚苯板，全称聚苯乙烯泡沫板，又名泡沫板或 EPS 板，是由含有挥发性液体发泡剂的可发性聚苯乙烯珠粒，经加热预发后在模具中加热成型的具有微细闭孔结构的白色固体。聚苯板具有优异的保温隔热性能，高强度抗压性能，优越的防水、抗潮性能，防腐蚀、经久耐用性能。

3.3.7 建筑密封胶

密封胶是指随密封面形状而变形、不易流淌、有一定黏结性的密封材料，是用来填充构形间隙、以起到密封作用的胶粘剂，具有防泄漏、防水、防振动及隔声、隔热等作用。常见的单组分反应型弹性密封胶主要包括硅酮类（SR）、聚氨酯类（PU）、端硅烷基改性聚氨酯类（SPU）、端硅烷基聚醚类（MS）。

装配式建筑外墙板和外墙构件接缝需用建筑密封胶，应满足如下要求：

（1）建筑密封胶应与混凝土具有相容性。没有相容性的密封胶粘不住，容易与混凝土脱离。国外装配式混凝土结构密封胶特别强调这一点。

（2）密封胶性能应满足《混凝土建筑接缝用密封胶》（JC/T 881—2017）的规定。

（3）硅酮、聚氨酯、聚硫密封胶应分别符合国家现行标准《硅酮和改性硅酮建筑密封胶》（GB/T 14683）、《聚氨酯建筑密封胶》（JC/T 482）和《聚硫建筑密封胶》（JC/T 483）的规定。

（4）建筑密封胶应当有较好的弹性，可压缩比率大。

（5）建筑密封胶具有较好的耐候性、环保性及可涂装性。

（6）接缝中的背衬可采用发泡氯丁橡胶或聚乙烯塑料棒。

（7）目前市面上较好的建筑密封胶主要是 MS 胶，也称硅烷改性聚醚密封胶。它不含甲醛，不含异氰酸酯，具有无溶剂、无毒无味、低 VOC（挥发性有机物）释放等突出的环保特性，对环境、人体亲和，适应绝大多数建筑基材，具有良好的施工性、黏结性、耐久性及耐候性，尤其是具有非污染性和可涂饰性，在建筑装饰上有着广泛的应用。

（8）装配式建筑板缝节点还可用密封橡胶条，与建筑密封胶共同构成多重防水体系。密封橡胶条是环形空心橡胶条，应具有较好的弹性、可压缩性、耐候性和耐久性。

3.4 预制构件一般生产流程

构件制作一般生产流程为模具就位组装→钢筋骨架安装→灌浆套筒、浆锚孔内模、波纹管安装→窗框、预埋件安装→隐蔽验收→混凝土浇筑→蒸汽养护→脱模起吊存放→脱模初检→修补→标识→出厂（图 3-25）。

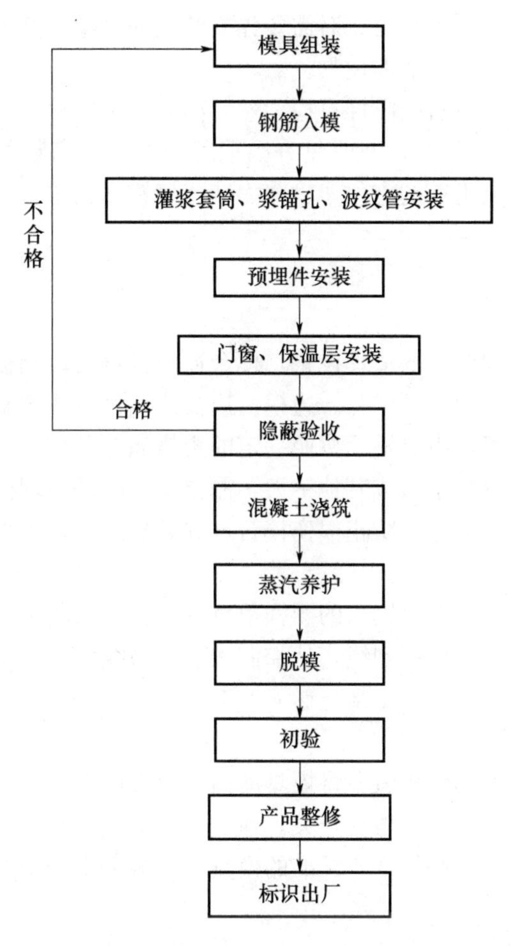

图 3-25　预制构件一般生产流程

3.4.1　模具安装

预制构件日常生产过程中，每天需对模具进行组装和检查，发现问题要加以调整和修改。前面已经介绍，主要有固定模台工艺和流水线工艺两种方式。

3.4.1.1　固定模台工艺

（1）模具组装前要清理干净，特别是边模与底模的连接部位、边模之间的连接部位、窗上下边模位置、模具阴角部位等。

（2）模具清理干净后，要在每一块模板上均匀喷涂脱模剂，包括连接部位，喷涂脱模剂后，应用清洁抹布将模板擦干。

（3）对构件有粗糙面要求的模具面，如果采用缓凝剂方式，须涂刷缓凝剂。

（4）在固定模台上组装模具，模具与模台连接应选用螺栓和定位销。

（5）模具组装时，先敲入定位销进行定位，再紧固螺栓；拆模时，先放松螺栓，再拔出定位销。

（6）模具组装要稳定牢固，严丝合缝。

（7）应选择正确的模具进行拼装，在拼装部位粘贴密封条以防止漏浆。

(8) 组装模具应按照组装顺序，对需要先安装钢筋骨架或其他辅配件的，待钢筋骨架等安装结束再组装下一道环节的模具。

(9) 组装完成的模具应对照图样自检，然后由质检员复检。

(10) 混凝土振捣作业环节，及时复查因混凝土振捣器高频振动可能引起的螺栓松动，着重检查预制柱伸出主筋的定位架、剪力墙连接钢筋的定位架和预埋件附件等的位置，及时进行偏位纠正。

3.4.1.2　流水线工艺

1. 清理模具

自动流水线上有清理模具的清理设备，模台通过设备时，刮板降下来铲除残余混凝土；另外一侧圆盘辊刷扫掉表面浮灰。边模由边模清扫设备清洗干净，通过传送带将清扫干净的边模送进模具库，由机械手按照一定的规格储存备用。

人工清理模具需要用腻子刀或其他铲刀，需要注意的是清理模具要清理彻底，对残余的大块的混凝土要小心清理，防止损伤模台，并分析原因，提出整改措施。

2. 放线

全自动放线是由机械手按照输入的图样信息在模台上绘制出模具的边线。

人工放线需要注意先放出控制线，从控制线引出边线。放线用的量具必须是经过验审合格的。

3. 组模

机械手组模：通过模具库机械手将模具库内的边模取出，由组模机械手将边模按照放好的边线逐个摆放，并按下磁力盒开关，通过磁力将边模与模台连接牢固。

人工组模：人工组装一些复杂非标准的模具、机械手不方便的模具，如门窗洞口的木模。

3.4.1.3　模具的组装要求

无论采用哪种方式组装模具，模具的组装应符合下列要求：

(1) 模板的接缝应严密。

(2) 模具内不应有杂物、积水或冰雪等。

(3) 模板与混凝土的接触面应平整、清洁。

(4) 侧面较高、转角或T形的边模，应着重检查其垂直度。

(5) 组模前应检查模具各部件、部位是否洁净，脱模剂喷涂是否均匀。

(6) 构件脱模后，及时对构件进行检查，如存在模具问题，应首先对模具进行修整、改正。

(7) 预制混凝土构件在钢筋骨架入模前，应在模具表面均匀涂抹脱模剂。石材或面砖饰面的预制混凝土构件应在饰面入模前涂抹脱模剂，饰面与模具接触面不得涂抹脱模剂。

3.4.1.4　涂刷脱模剂

1. 涂刷脱模剂的方法

预制混凝土构件在钢筋骨架入模前，应在模具表面均匀涂抹脱模剂。涂刷脱模剂有自动涂刷和人工涂刷两种方法：

(1) 流水线上配有自动喷涂脱模剂设备，模台运转到该工位后，设备启动开始喷涂脱模剂，设备上有多个喷嘴保证模台每个地方都能均匀喷到，模台离开设备工作面时设备自动关闭。喷涂设备上适用的脱模剂为水性或者油性，不宜用蜡质的脱模剂。

（2）人工涂抹脱模剂要使用干净的抹布或海绵，涂抹均匀后模具表面不允许有明显的痕迹，不允许有堆积、漏涂等现象。

2. 涂刷脱模剂的要点

不论采用哪种涂刷脱模剂的方法，均应按下列要求严格控制：

（1）应选用不影响构件结构性能和装饰工程施工的隔离剂。

（2）应选用对环境和构件表面没有污染的脱模剂。

（3）常用的脱模剂材质有水性和油性两种，构件制作宜采用水性材质的脱模剂。

（4）硅胶模具应采用专用的脱模剂。

（5）涂刷脱模剂前模具已清理干净。

（6）带有饰面的构件应在装饰材入模前涂刷脱模剂，模具与饰面的接触面不得涂刷脱膜剂。

3.4.2 保温材料铺设

（1）带夹芯保温材料的预制构件宜采用平模工艺成型，当采用一次成型工艺时，应先浇筑外叶混凝土层，再安装保温材料和连接件，最后在外叶混凝土初凝前成型内叶混凝土层；当采用二次成型工艺时，应先浇筑外叶混凝土层，再安装连接件，隔天再铺装保温板和浇筑内叶混凝土层。

（2）当采用立模工艺生产时，应同步浇筑内外叶混凝土层，生产时应采取可靠措施保证内外叶混凝土厚度、保温材料及连接件的位置准确。

（3）保温板铺设前按设计图纸和施工要求，确认连接件和保温板满足要求后，方可安放连接件和铺设保温板，保温板铺设应紧密排列。

（4）夹芯保温墙板主要采用 FRP 连接件或金属连接件将内外叶混凝土层连接，在构件成型过程中，应确保 FRP 连接件或金属连接件的锚固长度，且混凝土坍落度宜控制在 140～180mm，以保证混凝土与连接件间的有效握裹力。

（5）当使用 FRP 连接件时，保温板应预先打孔，且在插入过程中应使 FRP 塑料护套与保温材料表面平齐并旋转 90°。

（6）当使用垂直状态金属连接件时，可轻压保温板使其直接穿过连接件；当使用非垂直状态金属连接件时，保温板应预先开槽再铺设，且对铺设过程中损坏部分的保温材料补充完整。

3.4.3 装饰面层敷设

对带装饰面层的预制混凝土构件，可采用面砖或石材作为装饰面的材料，其生产工艺可采用反打一次成型的工艺进行制作，具体方法如下：

（1）石材入模铺设前，应根据板材排板图核对石材尺寸，提前在石材背面安装锚固卡钩和涂刷防泛碱处理剂，卡钩的使用部位、数量和方向按预制构件设计深化图样确定（图 3-26）。

图 3-26　石材铺设前的处理

（2）外装饰石材底模之间应设置保护胶带或橡胶垫，具有减轻混凝土落料的冲击力和防止饰面受污染的作用。

（3）石材铺设、固定作业步骤。

①清理模具。

②在底模上绘制石材铺设控制线，按控制线校正石材铺贴位置。

③向石材四个角部板缝塞入同设计缝宽的硬质方形橡胶条（长 50mm），辅助石材定位和控制石材缝宽，防止石材移位。

④塞入 PE 棒，控制背面石材板缝封闭胶深度和防止胶污染石材外观面。PE 棒即聚乙烯棒，无臭无毒，手感似蜡，具有优良的耐低温性能（最低使用温度可达－70～－100℃），化学稳定性好，能耐大多数酸碱的侵蚀（不耐具有氧化性质的酸），常温下不溶于一般溶剂，吸水性小，电绝缘性能优良；密度低；韧性好（同样适用于低温条件）；拉伸性好；电气绝缘性和介电性能好；抗张性；加热时间不宜过长，否则会分解；可能发生融体破裂，不宜与有机溶剂接触，以防开裂。

⑤检查和调整石材板缝，做到横平竖直。

⑥石材背面板缝打胶。

⑦与石材交接的模具边口用玻璃胶进行封闭，刮除多余的玻璃胶。

⑧待背面石材板缝封闭胶凝固后，安装钢筋骨架和其他辅配件。

⑨浇捣前检查合格后进行混凝土浇筑。

（4）铺设、固定反打石材的要点：

①外装饰石材图案、分割、色彩、尺寸应符合设计文件的有关要求。

②饰面石材宜选用材质较为致密的花岗石等材料，厚度宜大于 25mm。

③在模具中铺设石材前，应根据排板图要求提前将板材加工好。

④锚固卡钩宜选用不锈钢 304 及以上牌号，直径宜选用 4mm。

⑤石材与石材之间的接缝应当采用具有抗裂性、收缩小且不污染饰面表面的防水材料嵌填石材之间的接缝。

⑥石材与模具之间应当采用橡胶或聚乙烯薄膜等柔韧性的材料进行隔垫，防止模具划伤石材。

⑦石材锚固卡钩每平方米使用数量应根据项目选用的锚固卡钩形式、石材品种、石材厚度做相应的拉拔及抗剪试验后由设计确定。

⑧石材在铺设时应在石材间的缝隙中嵌入硬质橡胶进行定位，橡胶厚度应与设计板缝一致，且石材背面板缝应做好封闭。

⑨石材铺设后表面应平整，接缝应顺直，接缝的宽度和深度应符合设计要求。

⑩在竖直模具上铺设石材应当用钢丝将石材与模具连接，避免石材在浇筑时错位。

⑪石材需要调换时，应采用专用修补材料，并对接缝进行修整，保证与原来接缝的外观质量一致。

3.4.4 钢筋骨架制作与安装

3.4.4.1 钢筋骨架制作

(1) 钢筋应有产品合格证，并应按有关标准规定进行复试检验，钢筋的质量必须符合现行有关标准的规定。

(2) 钢筋骨架尺寸应准确，钢筋规格、数量、位置和连接方法等应符合有关标准规定和设计文件要求。

(3) 钢筋配料应根据构件配筋图，先绘制出各种形状和规格的单根钢筋简图并进行编号，然后分别计算钢筋下料长度和根数，填写配料单，申请加工。

(4) 钢筋的切断方法分为手动切断和自动切断两种，在切断过程中，如发现钢筋有劈裂、缩头或严重的弯头等，必须切除；发现钢筋的硬度与该钢筋品种有较大的出入，宜做进一步检查。钢筋的断口不得有马蹄形或起弯等现象。

(5) 钢筋弯曲应先画线定出弯曲长度，再试弯以确定弯曲弧度，最后弯曲成型，其形状、尺寸应符合设计要求。

(6) 钢筋加工生产线宜采用自动化数控设备，如自动弯箍机、钢筋网片机等，提高钢筋加工的精度、质量和效率；钢筋加工半成品应集中妥善放置，便于后期调度使用。

3.4.4.2 钢筋骨架安装

(1) 钢筋网和钢筋骨架在整体装运、吊装就位时，应采用多吊点的起吊方式，防止发生扭曲、弯折、歪斜等变形。吊点应根据其尺寸、质量及刚度而定，宽度大于1m的水平钢筋网宜采用四点起吊，跨度小于6m的钢筋骨架宜采用两点起吊，跨度大、刚度差的钢筋骨架宜采用横吊梁（铁扁担）四点起吊。为了防止吊点处钢筋受力变形，宜采取兜底吊或增加辅助用具。

(2) 钢筋入模时，应平直、无损伤，表面不得有油污、颗粒状或片状老锈，且应轻放，防止变形。

(3) 钢筋入模后，还应对叠合部位的主筋和构造钢筋进行保护，防止外露钢筋在混凝土浇筑过程中受到污染，影响钢筋的握裹强度，已受到污染的部位需及时清理。

3.4.5 套管及预埋件安装

预制构件上所有的套筒、孔洞内模、金属波纹管、预埋件附件等，安装位置都要做到准确，并必须满足方向性、密封性、绝缘性和牢固性等要求。紧贴模板表面的预埋附件，一般采用在模板上的相应位置开孔后用螺栓精准牢固定位。不在模板表面的预埋附件，一般采用工装架形式定位固定。要保证套筒、波纹管、浆锚孔内模的位置精度，方向垂直。注浆口、出浆口方向要正确；如需要导管引出，与导管接口应严密牢固，导管固定牢固。生产阶段注浆口、出浆口做临时封堵。浆锚孔螺旋钢筋位置正确，与钢筋骨架连接牢固。其具体安装要点如下：

3.4.5.1 套筒的固定

（1）套筒与受力钢筋连接，钢筋要伸入套筒定位销处（半灌浆套筒为钢筋拧入）；套筒另一端与模具上的定位组件连接牢固。

（2）套筒安装前，先将固定组件加长螺母卸下，将固定组件的专用螺杆从模板内侧插入并穿过模板固定孔（直径为12.5～13mm的通孔），然后在模板外侧的螺杆一端装上加长螺母，用手拧紧即可，如图3-27所示。

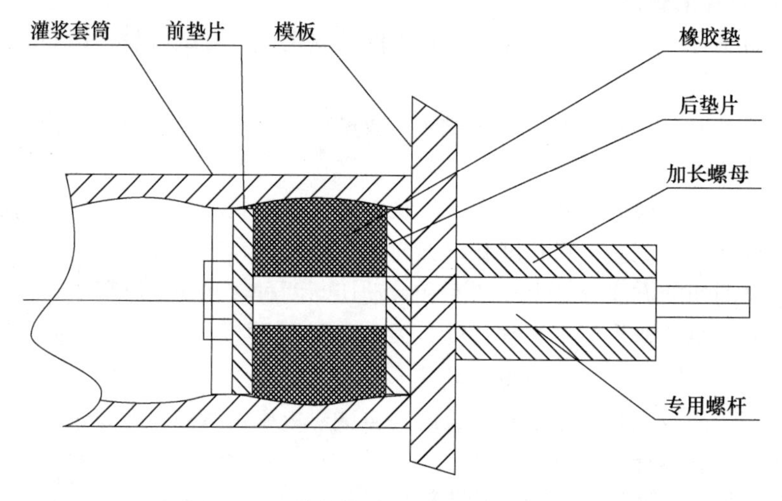

图3-27　灌浆套筒与模板固定示意图

（3）套筒固定前，先将套筒与钢筋连接好，再将套筒灌浆腔端口套在已经安装在模板上的固定组件橡胶垫端。拧紧固定时，使套筒灌浆腔端部及固定组件后垫片均紧贴模板内壁，然后在模板外侧用两个扳手操作，一个卡紧专用螺杆尾部的扁平轴，另一个旋转拧紧加长螺母，直至前后垫片将橡胶垫压缩变鼓（膨胀塞原理），使橡胶垫与套筒内腔壁紧密配合，而形成连接和密封。

（4）注意控制灌浆套筒及连接钢筋的位置及垂直度，构件浇筑振捣作业中，应及时复查和纠正，振捣棒高频振动可能引起套筒或套筒内钢筋跑位的现象。

（5）注意不要对套管固定组件用螺杆施加侧向力，以免弯曲。

3.4.5.2 波纹管的固定

对波纹管进行固定，要借助专用的孔形定位套销组件。孔形定位套销组件由定位芯棒、出浆孔销、进浆孔销组成，安装波纹管时，定位芯棒穿过模板并固定，将波纹管套进芯棒后封闭波纹管末端，防止漏浆，如图3-28所示。

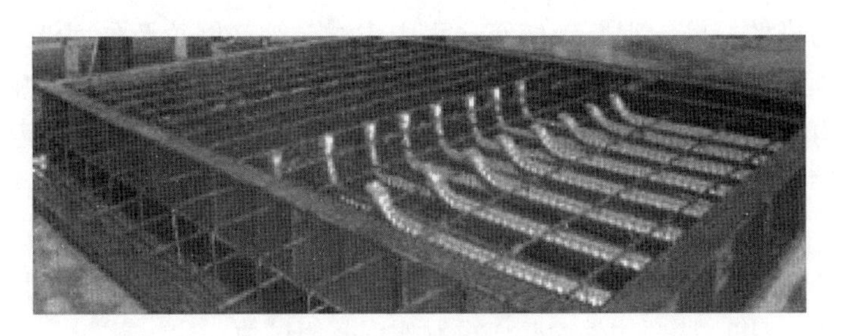

图 3-28 波纹管浆锚连接

3.4.5.3 预埋件、连接件安装

（1）预埋件、连接件安装位置应准确，并满足方向性、密封性、绝缘性和牢固性等要求。

（2）金属预埋件要固定在产品尺寸允许误差范围以内的位置，且预埋件必须全部采用夹具固定。

（3）当预埋件为混凝土表面平埋的钢板，且其短边的长度大于 200mm 时，应在中部加开排气孔；当预埋件带有螺丝牙时，其外露螺牙部分应先用黄油满涂，再用韧性纸或薄膜包裹保护，构件安装时方可剥除。

3.4.6 门窗框安装

预制墙板一体化用窗户窗框与传统后安装的窗框不同，由于操作工艺不同，预制墙板一体化的窗框要比传统窗框的厚度厚一些，考虑到要有一部分埋设在混凝土中。因此，在选择、验收和保管时应注意以下要求：

（1）门窗框安装时先将窗下边模固定于模台上，按开启方向将门窗安装在窗下边模上，然后安装窗上模并限位、固定，最后按要求安装锚固脚片（锚杆）。

（2）上下模具与门窗之间宜设置橡胶等柔性密封材料。

（3）门窗框在构件制作、驳运、堆放、安装过程中，应进行包裹或遮挡，避免污染、划伤和损坏门窗框。

（4）门窗框安装位置应逐件检验，门框和窗框安装允许偏差符合规范要求。

3.4.7 混凝土浇筑与养护

3.4.7.1 混凝土搅拌

预制混凝土作业不像现浇混凝土一样进行整体浇筑，而是分别浇筑每个构件。每个构件的混凝土强度等级、混凝土用量、前道工序完成的节奏都可能不一样，因此，搅拌混凝土的强度等级、时机与混凝土用量必须与已经完成前道工序的构件的需求一致，既要避免搅拌量过剩或搅拌后等待入模时间过长，又要尽可能提高搅拌效率。对全自动生产线，计算机会自动调节控制节奏，对半自动和人工控制生产线、固定模台工艺，混凝土搅拌节奏靠人工控制，需要严密的计划和作业时的互动。混凝土原材料要符合质量要求，严格按照配合比设计投料，计量准确，搅拌时间充分。

按照生产计划混凝土用量制备混凝土。混凝土浇筑前，预埋件及预留钢筋的外露部分宜采取防止污染的措施，混凝土浇筑过程中注意对钢筋网片及预埋件的保护，保证模具、门窗框、预埋件、连接件不发生变形或者移位，如有偏差应采取措施及时纠正。

混凝土应均匀连续浇筑。混凝土从出机到浇筑完毕的延续时间，气温高于25℃时不宜超过60min，气温不高于25℃时不宜超过90min。混凝土投料高度不宜大于600mm，并应均匀摊铺。

混凝土浇筑时应采取可靠措施按照设计要求在混凝土构件表面制作粗糙面（图3-29）和键槽（图3-30），并应按照构件检验要求制作混凝土试块。

图3-29　混凝土粗糙面

图3-30　键槽

带保温材料的预制构件宜采用水平浇筑方式成型，保温材料宜在混凝土成型过程中放置固定，底层混凝土初凝前进行保温材料铺设，保温材料应与底层混凝土固定，当多层铺设时，上、下层保温材料接缝应相互错开；当采用垂直浇筑成型工艺时，保温材料可在混凝土浇筑前放置固定。连接件穿过保温材料处应填补密实。预制构件制作过程中应按设计要求检查连接件在混凝土中的定位偏差。

3.4.7.2　混凝土运送

如果流水线工艺混凝土浇筑振捣平台设在搅拌站出料口位置，混凝土直接出料给布料机，没有混凝土运送环节；如果流水线浇筑振捣平台与出料口有一定距离或采用固定模台生产工艺，则需要考虑混凝土运送。

装配式建筑工厂常用的混凝土运输方式有三种，即自动鱼雷罐运输、起重机-料斗运输、叉车-料斗运输。PC 工厂超负荷生产时，厂内搅拌站无法满足生产需要，可能会在工厂外的搅拌站采购商品混凝土，采用搅拌罐车运输。

自动鱼雷罐用在搅拌站到构件生产线布料机之间运输，运输效率高，适合浇筑混凝土连续作业（图 3-31）。自动鱼雷罐运输搅拌站与生产线布料位置距离不能过长，宜控制在 150m 以内，且最好是直线运输。

图 3-31　自动鱼雷罐运送混凝土

车间内起重机或叉车加上料斗运输混凝土，适用于生产各种预制构件，运输卸料方便。运送混凝土须做到：

（1）运送能力与搅拌混凝土的节奏匹配。

（2）运送路径通畅，应尽可能缩短运送时间。

（3）运送混凝土容器每次出料后必须清洗干净，不能有残留混凝土。

（4）当运送路径有露天段时，雨雪天气运送混凝土的叉车或料斗应当遮盖。

3.4.7.3　混凝土入模

1. 喂料斗半自动入模

人工通过操作布料机前后左右移动来完成混凝土的浇筑，混凝土浇筑量通过人工计算或者经验控制，是目前国内流水线上最常用的浇筑入模方式（图 3-32）。

图 3-32　喂料斗半自动入模

2. 料斗人工入模

人工通过控制起重机前后移动料斗完成混凝土浇筑（图 3-33），人工入模适用在异型构件及固定模台的生产线上，且浇筑点、浇筑时间不固定，浇筑量完全通过人工控制，优点是机动灵活、造价低。

图 3-33　料斗人工入模

3. 智能化入模

布料机根据计算机传送过来的信息，自动识别图样及模具，从而自动完成布料机的移动和布料，工人通过观察布料机上显示的数据，判断布料机的混凝土量，随时补充(图 3-34)。混凝土浇筑遇到窗洞口时自动关闭卸料口，防止混凝土误浇筑。

图 3-34　喂料斗自动入模

混凝土无论采用何种入模方式，浇筑时均应符合下列要求：

(1) 混凝土浇筑前应当做好混凝土坍落度、温度、含气量等的检查，并且拍照存档。

(2) 浇筑混凝土应均匀连续，从模具一端开始。

(3) 投料高度不宜超过 500mm。

（4）浇筑过程中应有效控制混凝土的均匀性、密实性和整体性。

（5）混凝土浇筑应在混凝土初凝前全部完成。

（6）混凝土应边浇筑边振捣。

（7）冬季混凝土入模温度不应低于 5℃。

（8）混凝土浇筑前应制作同条件养护试块等。

3.4.7.4 混凝土振捣

1. 固定模台振动棒振捣

装配式建筑振捣与现浇不同，由于套管、预埋件多，普通振动棒可能下不去，应选用超细振动棒或者手提式振动棒（图 3-35）。

图 3-35 振动棒振捣

振动棒振捣混凝土应符合下列规定：

（1）应按分层浇筑厚度分别振捣，振动棒的前端应插入前一层混凝土中，插入深度不小于 50mm。

（2）振动棒应垂直于混凝土表面并快插慢拔均匀振捣；当混凝土表面无明显塌陷、有水泥浆出现、不再冒气泡时，应当结束该部位振捣。

（3）振动棒与模板的距离不应大于振动棒作用半径的一半；振捣插点间距不应大于振动棒作用半径的 1.4 倍。

（4）钢防密集区、预埋件及套筒部位应当选用小型振动棒，并且加密振捣点，延长振捣时间。

（5）反打石材、瓷砖等墙板振捣时应注意不要损伤石材或瓷砖。

2. 固定模台附着式振动器振捣

固定模台生产板类构件如叠合楼板、阳台板等薄壁型构件可选用附着式振动器（图 3-36）。附着式振动器振捣混凝土应符合以下规定：

（1）振动器与模板紧密连接，设置间距通过试验确定。

（2）模台上使用多台附着振动器时，应使各振动器的频率一致，并应交错设置在相对面的模台上。

图 3-36　附着式振动器

3. 固定模台平板振动器振捣

平板振动器适用于墙板生产、内表面找平振动或者局部辅助振捣（图 3-37）。

图 3-37　平板振动器振捣

4. 流水线振动台振捣

流水线振动台通过水平和垂直振动从而达到混凝土的密实（图 3-38）。欧洲的柔性振动平台可以上下、左右、前后 360°方向运动，从而保证混凝土密实，且噪声控制在 75dB 以内。

图 3-38　流水线振动台振捣

3.4.7.5 浇筑表面处理

1. 压光面

混凝土浇筑振捣完成后在混凝土终凝前，应当先采用木质抹子对混凝土表面砂光、砂平，然后用铁抹子压光直至压光表面（图 3-39）。

图 3-39 铁抹子压光

2. 粗糙面

需要粗糙面的可采用拉毛工具拉毛，或者使用露骨料剂喷涂等方式来完成。

3. 键槽

需要在浇筑面预留键槽，应在混凝土浇筑后用内模或工具压制成型。

4. 抹角

浇筑面边角做成 45°抹角，如叠合板上部边角，或用内模成型，或由人工抹成。

3.4.7.6 夹芯保温构件浇筑

1. 拉结件埋置

夹芯保温构件浇筑混凝土时需要考虑连接件的埋置。

（1）插入方式：在外叶板混凝土初凝前及时插入拉结件，防止混凝土开始凝结后拉结件插不进去，或虽然插入但混凝土握裹不住拉结件。

（2）预埋式在混凝土浇筑前将拉结件安装绑扎完成，浇筑好混凝土后严禁扰动拉结件。

2. 保温板铺设与内叶板浇筑

保温板铺设与内叶板浇筑有两种做法。

（1）一次作业法：在外叶板插入拉结件后，随即铺设保温材料，放置内叶板钢筋、预埋件，进行隐蔽工程检查，赶在外叶板初凝前浇筑内叶板混凝土。此种做法一气呵成，效率较高，但容易对拉结件形成扰动，特别是内叶板安装钢筋、预埋件、隐蔽工程验收等环节需要较多时间时，如果在外叶板开始初凝时造成扰动，会严重影响拉结件的锚固效果，形成安全隐患。

（2）两次作业法：在外叶板完全凝固并经过养护达到一定强度后，再铺设保温材料，浇筑内叶板混凝土。一般是在第二天进行。日本制作夹芯保温构件都用两次作业法，以确保拉结件的锚固安全可靠。

3.4.7.7　混凝土养护

养护是保证混凝土质量的重要环节，对混凝土的强度、抗冻性、耐久性有很大的影响。混凝土养护有三种方式，即常温、蒸汽、养护剂养护。

预制混凝土构件一般采用蒸汽（或加温）养护（图 3-40），蒸汽（或加温）养护可以缩短养护时间，快速脱模，提高效率，减少模具和生产设施的投入。

图 3-40　蒸汽养护箱

蒸汽养护的基本要求：

（1）采用蒸汽养护时，应分为静养、升温、恒温和降温四个阶段。

（2）静养时间根据外界温度确定，一般为 2～3h。

（3）升温速度宜为每小时 10～20℃。

（4）降温速度不宜超过每小时 10℃。

（5）柱、梁等较厚的预制构件养护最高温度宜控制在 40℃，楼板、墙板等较薄的构件养护最高温度应控制在 60℃以下，持续时间不少于 4h。

（6）当构件表面温度与外界温差不大于 20℃时，方可撤除养护措施脱模。

固定模台与立模采用在工作台直接养护的方式。蒸汽通到模台下，将构件用布或移动式养护棚铺盖，在覆盖罩内通蒸汽进行养护。固定模台养护应设置全自动温度控制系统，通过调节供气量自动调节每个养护点的升温降温速度和保持温度。

流水线采用养护窑集中养护，养护窑内有散热器或者暖风炉进行加温，采用全自动温度控制系统。

养护窑养护要避免构件出入窑时窑内外温差过大。

3.4.7.8　脱模

为避免由于蒸汽温度骤降而引起混凝土构件产生变形或裂缝，应严格控制构件脱模时构件温度与环境温度的差值。预制构件脱模时的表面温度与环境温度的差值不宜超过 25℃。

（1）预制构件脱模起吊时混凝土强度应达到设计图样和规范要求的脱模强度，且不宜小于 15MPa。构件强度依据实验室同批次、同条件养护的混凝土试块抗压强度。

（2）构件脱模应严格按照顺序拆模，严禁用振动、敲打方式拆模。

（3）构件脱模时应仔细检查确认构件与模具之间的连接部分完全拆除，然后才能起吊。

（4）为避免由于蒸汽温度骤降而引起混凝土构件产生变形或裂缝，应严格控制构件脱模时构件温度与环境温度的差值。预制构件脱模时的表面温度与环境温度的差值不宜超过 25℃。

（5）平模工艺生产的大型墙板、挂板类预制构件宜采用翻板机翻转直立后再行起吊（图 3-41）。对设有门洞、窗洞等较大洞口的墙板，脱模起吊时应进行加固，防止扭曲变形造成的开裂。

图 3-41　外墙板构件脱模起吊

（6）脱模后的构件运输到质检区待检。

3.4.8　表面检查

脱模后进行外观检查和尺寸检查。

3.4.8.1　表面检查重点

（1）蜂窝、孔洞、夹渣、疏松。

（2）表面层装饰质感。

（3）表面裂缝。

（4）破损。

3.4.8.2　尺寸检查重点

（1）伸出钢筋是否偏位。

（2）套筒是否偏位。

（3）孔眼是否偏位，孔道是否走斜。

（4）预埋件是否偏位。

（5）外观尺寸是否符合要求。

（6）平整度是否符合要求。

对套筒和预留钢防孔的位置误差的检查，可采用模拟方法进行，即按照下部构件伸出钢筋的图样，用钢板焊接钢筋制作检查模板，上部构件脱模后，与检查模板试安装，看能否顺利插入。如果有问题，及时找出原因，可以进行调整改进。

3.4.9 表面处理

3.4.9.1 粗糙面处理

按照设计要求对模具面的粗糙面进行处理。缓凝剂形成粗糙面应在脱模后立即处理。将未凝固水泥浆面层洗刷掉，露出骨料。粗糙面表面应坚实，不能留有疏松颗粒。防止水对构件表面形成污染。

稀释盐酸形成粗糙面应在脱模后立即处理。按照要求稀释盐酸，盐酸浓度在5%左右，不超过10%。按照要求粗糙面的凸凹深度涂刷稀释盐酸量。将被盐酸中和软化的水泥浆面层洗刷掉，露出骨料。粗糙面表面应坚实，不能留有酥松颗粒。防止盐酸刷到其他表面。防止盐酸残留液对构件表面形成污染。

机械打磨形成粗糙面按照要求粗糙面的凸凹深度进行打磨。防止粉尘污染。

3.4.9.2 表面修补

预制构件表面如有影响美观的情况，或有轻微掉角、裂纹，要即时进行修补，应制定修补方案。

（1）掉角修补方法：对两侧底面的气泡应用修补水泥腻子填平、抹光。掉角、碰损，用锤子和凿子凿去松动部分，使基层清洁，涂一层修补乳胶液（按照配合比要求加适量的水），再将修补水泥砂浆补上即可，待初凝时再次抹平压光。必要时用细砂纸打磨。大的掉角要分两到三次修补，不要一次完成，修补时要用靠模，确保修补处的平面与完好处的平面保持一致。

（2）裂缝修补方法修补前，必须对裂缝处混凝土表面进行预处理，除去基层表面上的浮灰、水泥浮浆、泛霜、油渍和污垢等物，并用水冲洗干净；对表面上的凸起、疙瘩、起壳、分层等疏松部位，应将其铲除，并用水冲洗干净，干燥后按规定进行修补。

3.4.10 构件标识

（1）预制构件脱模后应在明显部位做构件标识。

（2）经过检验合格的产品出货前应粘贴合格证。

（3）产品标识内容应包含产品名称、编号（应当与施工图编号一致）、规格、设计强度、生产日期、合格状态等。

（4）标识宜用电子笔喷绘，也可用记号笔手写，但必须清晰正确。预埋芯片或RFID无线射频识别标签可以存入更详细的信息。

（5）每种类别的构件的标识位置应统一，标识在容易识别的地方，又不影响表面美观。

3.4.11 成品保护

（1）应根据预制构件的种类、规格、型号、使用先后次序等条件，有计划地分开堆放，堆放须平直、整齐、下垫枕木或木方，并设有醒目的标识。

（2）预制构件暴露在空气中的金属预埋件应当采取保护措施，防止产生锈蚀。

（3）预埋螺栓孔应用海绵棒进行填塞，防止异物入内，外露螺杆应套塑料帽或泡沫材料包裹以防碰坏螺纹。

（4）产品表面禁止油脂、油漆等污染。

（5）成品堆放隔垫应采用防污染的措施。

3.5 常见预制构件的生产流程

3.5.1 预制内墙板生产

预制内墙板生产工艺流程如图 3-42 所示。

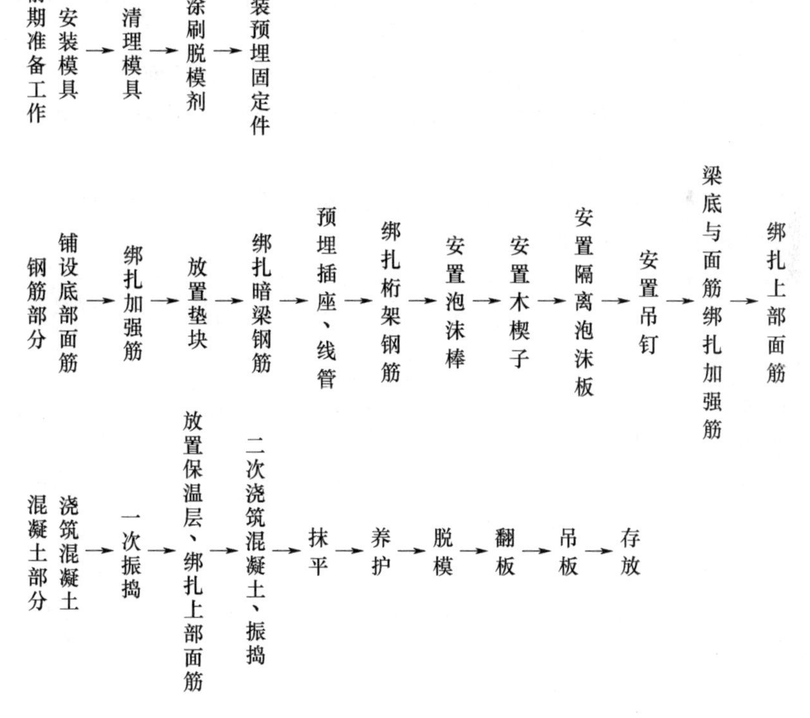

图 3-42 预制内墙板制作工艺流程

3.5.1.1 前期准备工作

（1）安装模具：按图施工，确定模具具体尺寸。

（2）清理模具：保证模具上无固体尘杂、无散落细小构件。

（3）涂刷脱模剂：模具按材料分为两种，门窗洞口及暗梁处为铁制，其他为铝合金。铝合金部分：涂刷脱模剂。铁制部分：涂刷机油，防止模具生锈。

（4）安装预埋固定件。

3.5.1.2 钢筋部分

（1）铺设底部面筋：直接放置已经加工好的钢筋网片。用老虎钳剪断多余部分，多余的留作修补用。

（2）绑扎加强筋：主要是对板四周和洞口布置加强钢筋。采用绑扎连接到每层的钢筋网片上。

（3）放置垫块：底部放置10mm的塑料垫块。保证钢筋网片统一抬高10mm，无下陷区域。

（4）绑扎暗梁钢筋：安装图纸放置钢筋大小和类型，严格按图控制梁端钢筋伸出形式、长度。按图放置箍筋的大小和伸出的长度及箍筋的间距和加密区的箍筋间距。

（5）预埋插座、线管：在已经安装好的预埋固定件上安装水电预埋件，注意区分预埋正反面的位置。

（6）绑扎桁架钢筋：按图绑扎行架底部和梁底部钢筋。

（7）安置泡沫棒：用20mm的泡沫棒填堵叠合梁箍筋定位孔浇筑混凝土时防止漏浆。

（8）安装木楔子：按照模具上面预留的小洞埋置门窗木楔子，用于以后门框安装。木楔的数目必须满足要求。

（9）安置隔离泡沫板：按照图纸安装隔离泡沫板的位置和长度。

（10）安装吊钉：对照模具和图纸安放吊钉，吊钉下部采用绑扎的方式固定。

（11）梁底与面筋绑扎加强筋。

（12）绑扎上部面筋：按照模具尺寸放置上层钢筋网片，配置加强四周和洞口加强钢筋，但不要绑扎上部面筋、架钢筋、梁。

3.5.1.3 混凝土部分

（1）浇筑混凝土：按照图纸设计强度浇筑合格混凝土，按照企业标准随机取样。

（2）一次振捣。

（3）放置保温层、绑扎上部面筋：在安装好的泡沫板上铺放已经绑扎好的上部面筋，绑扎衍架和面筋及梁与面筋。

（4）二次浇筑混凝土、振捣：按照图纸设计强度浇筑，合格混凝土按照企业标准随机取样。二次振捣时间要少于一次振捣。

（5）抹平：采用机械（人工）收光工具抹平。

（6）养护：养护采取洒水、覆膜、喷涂养护剂等养护方式，养护时间不少于14d。

（7）脱模：对达到合格的构件采取人工脱模。拆除构件上部和门窗模具，清理预埋件表面薄膜。注意不能使用蛮力拆除模具，以免破坏构件的整体性。

（8）翻板：采用挂钩或者卸爪挂住构件进行翻板。

（9）吊板：起吊机起吊，起吊时检查预制构件是否合格，并粘贴合格证。

（10）存放：按照顺序摆放整齐。

3.5.2 预制外墙板生产

预制外墙板生产工艺流程如图3-43所示。

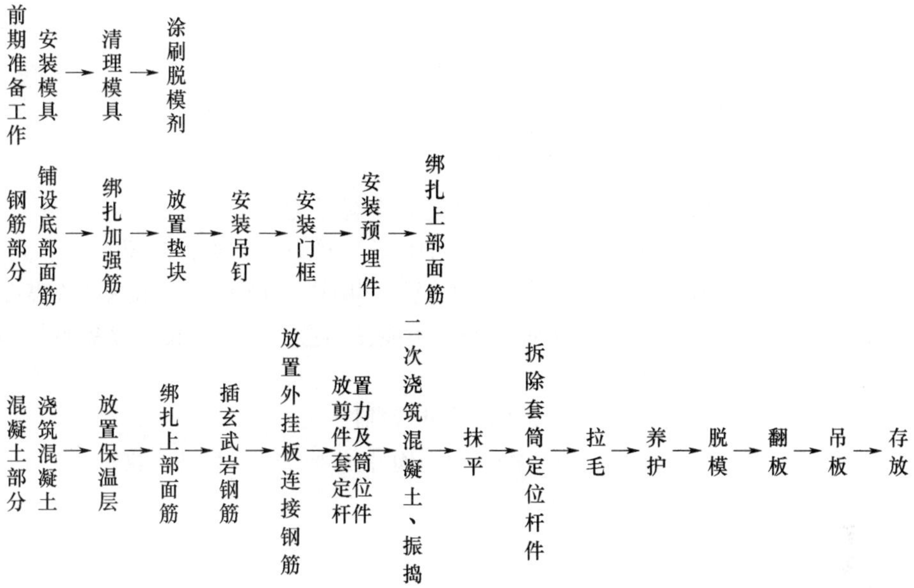

前期准备工作　安装模具→清理模具→涂刷脱模剂

钢筋部分　铺设底部面筋→绑扎加强筋→放置垫块→安装吊钉→安装门框→安装预埋件→绑扎上部面筋

混凝土部分　浇筑混凝土→放置保温层→绑扎上部面筋→插玄武岩钢筋→放置外挂板连接钢筋→放置剪力件及套筒定位杆件→二次浇筑混凝土、振捣→抹平→拆除套筒定位杆件→拉毛→养护→脱模→翻板→吊板→存放

图 3-43　预制外墙板生产工艺流程

3.5.2.1　前期准备工作

（1）安装模具：按图施工，确定模具具体尺寸。

（2）清理模具：保证模具上无固体尘埃、杂质，无散落细小构件。

（3）涂刷脱模剂：模具按材料分为两种，即门窗洞口及暗梁处为铁制，其他为铝合金。铝合金部分：涂刷脱模剂。铁制部分：涂刷机油，防止模具生锈。

3.5.2.2　钢筋部分

（1）铺设底部面筋：直接放置已经加工好的钢筋网片。用老虎钳剪断多余部分，多余的留作修补用。

（2）绑扎加强筋：绑扎底部加强筋，同时绑扎上部加强筋。

（3）放置垫块：底部放置10mm的塑料垫块。保证钢筋网片统一抬高10mm，无下陷区域。

（4）安装吊钉。

（5）安装门框：用螺钉钻孔固定。

（6）安装预埋件：在已经安装好的预埋固定件上安装水电预埋件，注意区分预埋正反面的位置。

（7）绑扎上部面筋：按照模具尺寸放置上层钢筋网片，绑扎预制好的四周和洞口加强钢筋。但不要绑扎上部面筋及桁架钢筋和梁。

3.5.2.3　混凝土部分

（1）浇筑混凝土：按照图纸设计强度浇筑，以合格混凝土按照企业标准随机取样。

（2）放置保温层。

（3）绑扎上部面筋。

（4）插玄武岩钢筋：按照图纸要求放置玄武岩钢筋，摆放完成后用锤子轻轻击入保温板内。

（5）放置外挂板连接钢筋。

（6）放置剪力件及套筒定位杆件。

（7）二次浇筑混凝土、振捣。

（8）抹平：采用机械（人工）收光工具抹平。

（9）拆除套筒定位杆件。

（10）拉毛：减少光滑度，防止结合不牢，提高黏结力。

（11）养护：养护采取洒水覆膜、喷涂养护剂等养护方式，养护时间不少于14d。

（12）脱模：对达到合格的构件采取人工脱模。用撬棍轻击至顶部模具脱离并拆除构件上部和门窗模具，清理预埋件表面薄膜，不能使用蛮力拆除模具，以免破坏构件的整体性，然后采用机械起吊脱模。

（13）翻板：采用挂钩或者卸爪挂住构件进行翻板。

（14）吊板：起吊机起吊，起吊时检查预制构件是否合格并粘贴合格证。

（15）存放：按照顺序摆放整齐。

3.5.3 预制叠合板生产

预制叠合板生产工艺流程如图3-44所示。

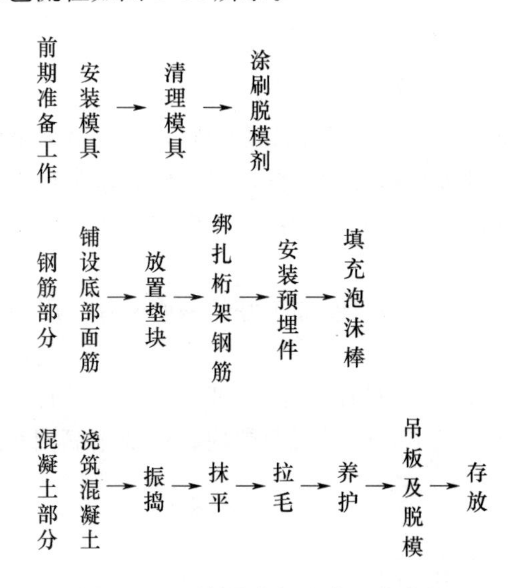

图3-44 预制叠合板生产工艺流程

3.5.3.1 前期准备工作

（1）安装模具。

（2）清理模具：保证模具上无固体尘杂，无散落的细小构件。

（3）涂刷脱模剂：模具按材料分为两种，门窗洞口及暗梁处为铁制，其他为铝合金。铝合金部分：涂刷脱模剂。铁制部分：涂刷机油，防止模具生锈。

3.5.3.2 钢筋部分

（1）铺设底部面筋：直接放置已经加工好的钢筋网片。用老虎钳剪断多余部分，多余的留作修补用。

（2）放置垫块：底部放置10mm的塑料垫块。保证钢筋网片统一抬高10mm，无下陷区域。

（3）绑扎桁架钢筋：按图绑扎桁架与底部钢筋。

（4）安装预埋件：在已经安装好的预埋固定件上安装水电预埋件，注意区分预埋正反面的位置。

（5）填充泡沫棒：周边空缺处填塞泡沫棒，防止浇筑时漏浆。

3.5.3.3 混凝土部分

（1）浇筑混凝土：混凝土采用机械浇筑，人工填补。

（2）振捣：平面振捣时如有预制构件需人工用手按压，防止跑位。

（3）抹平：采用机械（人工）收光工具抹平。

（4）拉毛：减少光滑度，防止结合不牢，提高黏结力。

（5）养护：养护采取洒水、覆膜、喷涂养护剂等养护方式。养护时间不少于14d。

（6）吊板及脱模：起吊机直接起吊脱模，吊钩挂于桁架钢筋即可起吊，并粘贴合格证。

（7）存放：按照顺序摆放整齐。

3.5.4 预制梁制作工艺流程

预制梁制作工艺流程见图3-45。

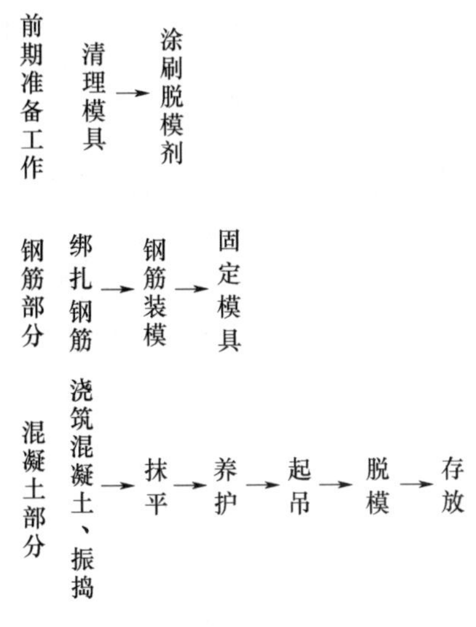

图3-45 预制梁制作工艺流程

3.5.4.1 前期准备工作

（1）清理模具：用锤子或铲子轻击模具，使模具中残留的混凝土脱落，然后清扫干净。

（2）涂刷脱模剂：铝合金部分涂刷脱模剂；铁制部分涂刷机油，防止模具生锈。

3.5.4.2 钢筋部分

（1）绑扎钢筋：按照图纸要求提前绑扎钢筋，统一堆放。

（2）钢筋装模：钢筋入模后人工调整其整齐度，避免钢筋位置偏移。

（3）固定模具：用螺旋杆件固定模具，避免混凝土浇筑引起跑模。

3.5.4.3 混凝土部分

（1）浇筑混凝土、振捣：混凝土采用泵车浇筑，振捣并人工填补。

（2）抹平：采用机械（人工）收光工具抹平。

（3）养护：统一摆放养护，达到一定凝结度时可拆除侧模。

（4）起吊：小型起吊机起吊，挂钩钩于预制梁两侧起吊筋上。

（5）脱模：人工用铁棍轻击至模具脱落。

（6）存放：按施工日期依次存放。

3.5.5 预制楼梯生产工艺流程

预制楼梯生产工艺流程见图 3-46。

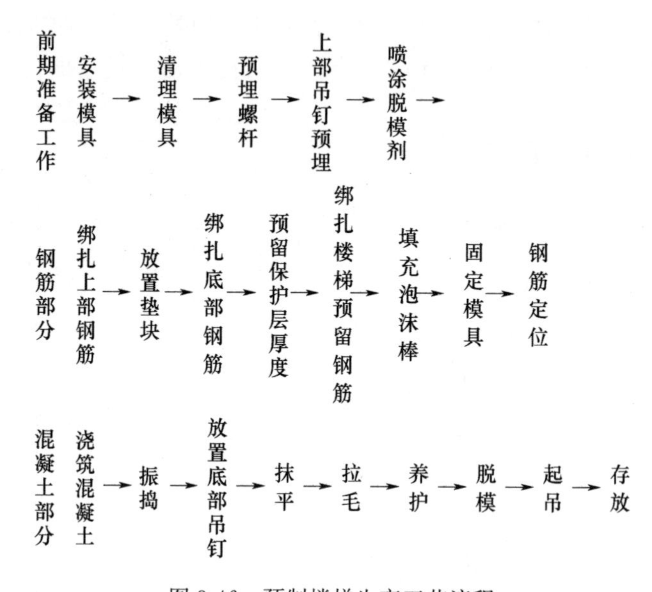

图 3-46 预制楼梯生产工艺流程

3.5.5.1 前期准备工作

（1）安装模具。

（2）清理模具。

（3）预埋螺杆。

（4）上部吊钉预埋。

（5）喷涂脱模剂时四周需喷涂到位，方便脱模。

3.5.5.2 钢筋部分

（1）绑扎上部钢筋：按图纸要求摆放钢筋，用钢丝绑扎。

（2）放置垫块：将垫块用钢丝绑扎在上部钢筋上，浇筑后形成保护层。

（3）绑扎底部钢筋：用钢筋架起底部纵向筋，并用钢丝绑扎提前预留的横向筋。

（4）预留保护层厚度：架起钢筋，用钢丝将底部钢筋网悬吊在模具上，预留混凝土保护层厚度。

（5）绑扎楼梯预留钢筋。

（6）填充泡沫棒：防止混凝土浇筑时漏浆。

（7）固定模具：避免跑模。

（8）钢筋定位：用 PC 管对预留钢筋进行定位。

3.5.5.3 混凝土部分

（1）浇筑混凝土：用混凝土泵车浇筑混凝土，细部采用人工补齐。

（2）振捣：人工采用振捣棒振捣，达到一定密实度后可以拆除用于设置保护层厚度的钢筋。

（3）放置底部吊钉：倒插至混凝土中，安放距离要求离上部吊钉 300mm。

（4）抹平：表面洒水后人工抹平。

（5）拉毛：混凝土初凝后对底部表面进行拉毛处理。

（6）养护：浇筑完成后现场存放养护。

（7）脱模：拧开固定螺钉，用锤子和撬棍轻击至模具脱落。

（8）起吊。

（9）存放。

3.6 预制混凝土构件的存储

预制混凝土构件如果在存储环节发生损坏、变形，将很难修补，既耽误工期，又造成经济损失，因此预制混凝土构件的存储方式非常重要。构件储存要分门别类，并建立相应台账以供查询。物料储存要尽量做到上小下大、上轻下重，不超安全高度。物料不得直接置于地上，底部加垫板、场地硬化或置于容器内，予以保存。物料要放置在指定区域，以免影响物料的收发管理。次品与合格品必须分仓或分区储存、管理，并做好相应标识。储存场地须适当保持通风、通气，以保证物料品质不发生变异。

3.6.1 存储场地要求

（1）堆放场地应在门式起重机或汽车式起重机可以覆盖的范围内。

（2）堆放场地布置应当方便运输 PC 构件的大型车辆装车和出入。

（3）堆放场地应平整、坚实，宜采用硬化地面或草皮砖地面。

（4）堆放场地应有良好的排水措施。

（5）存放预制构件时要留出通道，不宜密集存放。

（6）堆放场地应设置分区，根据工地安装顺序分类堆放 PC 构件。

3.6.2 预制构件支撑

（1）合理设置垫块支点位置，预制混凝土构件支垫应坚实，垫块在预制混凝土构件下的位置应与脱模、吊装时的起吊位置一致，确保预制混凝土构件存放稳定。

（2）可以码垛几层堆放（图 3-47），层数应由设计人员根据构件的承载力计算确定。如叠合板一般不超过 6 层。

（3）多层码垛存放构件，每层构件间的垫块上下须对齐，并应采取防止堆垛倾覆的措施。

（4）存放构件的垫方、垫块要坚固。

图 3-47　叠合板码垛堆放

（5）当采取多点支垫时，一定要避免边缘支垫低于中间支垫而形成过长的悬臂，导致较大负弯矩产生裂缝。

（6）构件与刚性搁置点之间应设置柔性垫片，预埋吊件应朝上放置，标识应向外，宜朝向堆垛间的通道。

（7）堆放预应力构件时，应根据预制混凝土构件起拱值的大小和堆放时间采取相应措施。

3.6.3　垫方与垫块

预制构件常用的支垫为木方、木板和混凝土垫块等。

（1）木方一般用于柱、梁构件，规格为 100mm×100mm～300mm×300mm，根据构件自重选用。

（2）木板一般用于叠合楼板，板厚为 20m，板的宽度通常为 150～200m。

（3）混凝土垫块用于楼板、墙板等板式构件，通常为 100mm 或 150mm 立方体。

（4）隔垫软垫为橡胶、硅胶或塑料材质，用在垫方与垫块上面，通常为 100mm 或 150mm 立方体。与装饰面层接触的软垫应使用白色，以防止污染。

（5）与清水混凝土面接触的垫块应采取防污染措施。

3.6.4　预制构件存放

3.6.4.1　预制叠合板存放

预制叠合板应放在指定的存放区域，存放区域地面应保证水平。叠合板需分型号码放、水平放置（图 3-48），第一层叠合楼板应放置在垫块上，层间用木方隔开，存放层数不超过 8 层，高度不超过 1.6m。

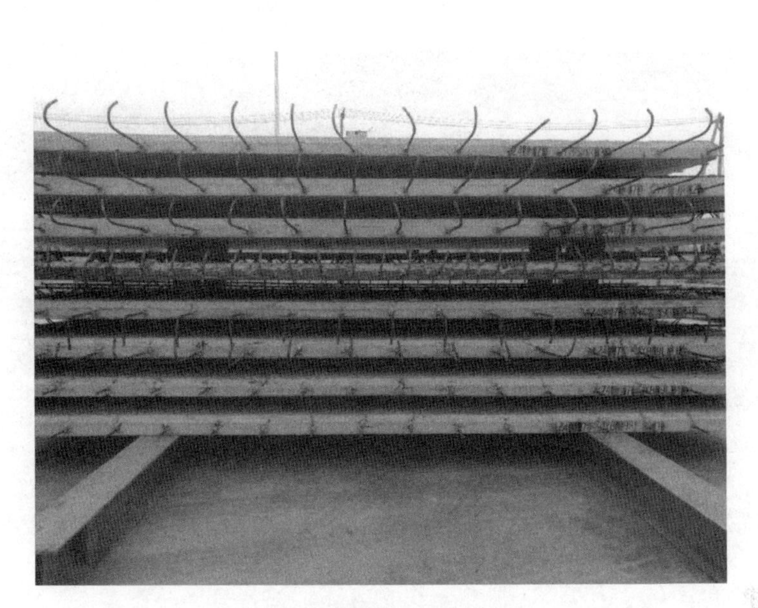

图 3-48　预制叠合板存放

3.6.4.2　预制墙板存放

预制墙板宜对称插放或靠放，支架应有足够的刚度，并支垫稳固。预制外墙板宜对称靠放、饰面朝外，且与地面倾斜角度不宜小于 80°。起吊时防止外页板磕碰，构件存放场地应硬化，构件存放场地应平整（图 3-49）。

图 3-49　预制墙板存放

3.6.4.3　预制楼梯堆放

楼梯正面朝上，在楼梯安装点对应的最下面一层采用宽度为 100mm 方木通长垂直设置。同种规格依次向上叠放，层与层之间垫平，各层垫块或方木应放置在起吊点的正下方，堆放高度不宜大于 4 层，如图 3-50 所示。

图 3-50　预制楼梯堆放

3.6.4.4　预制梁存放

预制梁存放区域地面应保证水平，须分型号码放、水平放置，如图 3-51 所示。在预制梁起吊点对应的最下面一层采用宽度为 100mm 方木通长垂直设置，将叠合梁后浇层面朝上并整齐放置；各层之间在起吊点的正下方放置宽度为 50mm 通长方木，要求其方木高度不小于 200mm。层与层之间垫平，各层方木应上下对齐，堆放高度不宜大于 4 层。每垛构件之间，在伸出的锚固钢筋一端间距不得小于 600mm，另一端间距不得小于 400mm。

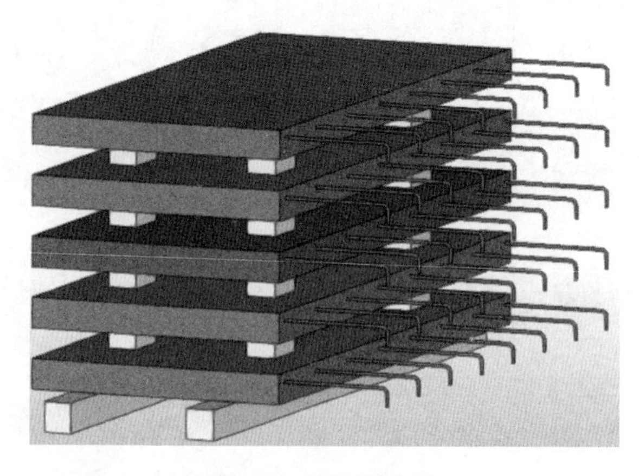

图 3-51　预制梁存放

3.6.4.5　预制柱存放

预制柱存放在指定的存放区域，存放区域地面应保证水平。柱需分型号码放、水平放置。第一层柱应放置在具有足够刚度的垫层上，长度过长时应在中间再添加垫块，根据构件长度和重力最高叠放 3 层（图 3-52）。

图 3-52　预制柱存放

3.6.4.6　异型构件储存

对于一些异型构件储存要根据其质量和外形尺寸的实际情况，合理划分储存区域及储存形式，避免损伤和变形造成构件质量缺陷。

3.7　预制构件运输

3.7.1　预制构件吊运

吊运作业是指构件在车间、场地间用起重机、龙门式起重机，小型构件用叉车进行的短距离吊运，其作业要点如下：

（1）吊运线路应事先设计，应避开工人作业区域，设计吊运路线时起重机驾驶员应当参与，确定后应当向驾驶员交底。

（2）吊索吊具与构件要拧固结实。

（3）吊运速度应当控制，避免构件大幅度摆动。

（4）吊运路线下禁止工人作业。

（5）吊运高度要高于设备和人员。

（6）吊运过程中要有指挥人员。

（7）桁式起重机要打开警报器。

3.7.2　厂内运输

构件厂内运输方式由工厂工艺设计确定。车间起重机范围内的短距离运输可用起重机直接运输。车间起重机与室外龙门吊可以衔接时，可用起重机运输。如果运输距离较远，或车间起重机与室外龙门吊作业范围不衔接，可采用预制混凝土构件转运车进行运输。预制混凝土构件在转运过程中，应采取必要的固定措施，运行平稳，防止构件损伤。

(1) 各种构件摆渡车运输都要事先设计装车方案。

(2) 按照设计要求的支撑位置加垫方或垫块，垫方和整块的材质符合设计要求。

(3) 构件在摆渡车上要有防止滑动、倾倒的临时固定措施。

(4) 根据车辆载重量计算运输构件的数量。

(5) 对构件棱角进行保护。

(6) 墙板在靠放架上运输时，靠放架与摆渡车之间应当用封车带绑牢固。

3.7.3 厂外运输

构件出厂前，构件工厂发货负责人与运输负责人应根据发货目的地勘察、规划运输路线，测算运输距离，尤其是运输路线所经过的桥梁、涵洞、隧道等路况要确保运输车辆能够正常通行。有条件的工厂可以先安排车辆进行试跑，实地勘察验证，确保运输车辆的无障碍通过。运输路线宜合理选择 2～3 条，1 条作为常用路线，其他路线作为备选路线。运输时综合考虑天气、路况等实际情况，合理选择运输路线。预制混凝土构件运输时，应严格遵守国家和地方道路交通管理规定，减少噪声污染，做到不扰民、不影响周围居民的休息。

3.7.4 运输放置方式

预制构件在运输过程中应使用托架、靠放架、插放架等专业运输架，避免运输过程中出现倾斜、滑移、磕碰等安全隐患，同时也防止预制构件损坏。应根据不同种类预制构件的特点采用不同的运输方式，托架、靠放架应进行专门设计，进行强度、稳定性和刚度验算：

(1) 墙板类构件宜采用竖向立式放置运输，外墙板饰面层应朝外；预制梁、叠合板、预制楼梯、预制阳台板宜采用水平放置运输；预制柱可采用水平放置运输，当采用竖向立式放置运输时应采取防止倾覆措施。

(2) 采用靠放架立式运输时，构件与地面倾斜角度宜大于 80°，构件应对称靠放，每侧不宜大于 2 层，构件层间宜采用木垫块隔离。

(3) 采用插放架直立运输时，构件之间应设置隔离垫块，构件之间以及构件与插放架之间应可靠固定，防止构件因滑移、失稳造成的安全事故。

(4) 水平运输时，预制梁、预制柱构件叠放不宜超过 2 层，板类构件叠放不宜超过 6 层。

3.7.5 预制构件装车

(1) 避免超高超宽。

(2) 做好配载平衡。

(3) 采取防止构件移动或倾倒的固定措施，构件与车体或架子用封车带绑在一起。

(4) 构件有可能移动的空间用聚苯乙烯板或其他柔性材料隔垫。保证车辆转急弯、急刹车、上坡、颠簸时构件不移动、不倾倒、不磕碰。

（5）支承垫方垫木的位置与堆放一致。宜采用木方作为整方，木方上宜放置橡胶垫，橡胶垫的作用是在运输过程中防滑。

（6）有运输架子时，保证架子的强度、刚度和稳定性，与车体固定牢固。

（7）构件与构件之间要留出间隙，构件之间、构件与车体之间、构件与架子之间有隔垫，防止在运输过程中构件与构件之间的摩擦及磕碰。

（8）构件有保护措施，特别是棱角有保护垫。固定构件或封车绳索接触的构件表面要有柔性并不能造成污染的隔垫。

（9）装饰一体化和保温一体化构件有防止污染措施。

（10）在不超载和确保构件安全的情况下尽可能提高装车量。

（11）梁、柱、楼板装车应平放。楼板、楼梯装车可叠层放置。

（12）剪力墙构件运输宜用运输货架。

（13）对超高、超宽构件应办理准运手续，运输时应在车厢上放置明显的警示灯和警示标志。

3.7.6 装车状况检查

构件在装卸过程中应保证车体平衡，运输过程中应使用专业运输架、固定牢固，并采取防止构件滑动、倾倒的安全措施和成品保护措施。

预制混凝土构件运输安全和成品保护应符合下列规定：

（1）应根据预制混凝土构件种类采取可靠的固定措施。

（2）对超高、超宽、形状特殊的大型预制混凝土构件的运输应制定专门的质量安全保证措施。

（3）运输时宜采取如下防护措施：

①设置柔性垫片避免预制混凝土构件边角部位或链索接触处的混凝土损伤；

②用适当材料包裹垫块避免预制混凝土构件外观污染；

③墙板门窗框、装饰表面和棱角采用塑料贴膜或其他措施防护；

④竖向薄壁构件、门洞设置临时防护支架；

⑤装箱运输时，箱内四周采用木材或柔性垫片填实，支撑牢固；

⑥装饰一体化和保温一体化的构件有防止污染措施；

⑦不超载。

（4）构件应固定牢固，有可能移动的空间用柔性材料隔垫，保证车辆转弯、刹车、上坡、颠簸时构件不移动、不倾倒、不磕碰。

3.7.7 运输交付资料

预制混凝土构件交付时的产品质量证明文件应包括以下内容：

（1）出厂合格证；

（2）混凝土强度检验报告；

（3）钢筋连接工艺检验报告；

（4）合同要求的其他质量证明文件。

课程思政　装配式建筑离不开“工匠精神”

党的十九大报告指出，要弘扬劳模精神和工匠精神。习近平总书记再次强调，广大工程科技工作者既要有工匠精神，又要有团结精神。工匠精神属于职业精神的范畴，是从业人员的一种职业态度和精神理念，是人生观和价值观的重要体现。将工匠精神与工程质量的保障相融合，培养学生精益求精、严谨求实、一丝不苟、追求完美的职业态度。将精品理念与职业精神相融合，培养学生的精神担当、人文情怀，提高学生工程实践的精神动力，为未来我国建造更多卓越的工程产品，注入精神原动力。

1. 工匠精神在国内外的发展状况

工匠精神是有信仰的踏实和认真，工匠精神需要人们树立对工作执着热爱的态度，对所做的工作、所生产的产品精益求精、精雕细琢。如今，德国制造品牌令人敬佩，日本职业文化受人推崇，我国古代的鲁班文化也依然在某些行业内传承。

（1）德国工匠精神：慢工细活

勤奋敬业、严谨认真的工作态度受到德国人民的追捧，“慢工细活”是德国工匠精神的突出特点。著名的哥特式建筑科隆大教堂耗时632年才建造完成。德国工匠精神受基督教的影响，经过长期的历史发展，形成德国人特有的工作习惯和文化心理。德国人民把对宗教的虔敬精神体现在世俗工作中，工作与宗教使命建立了联系，其勤奋、热忱、严谨、有序的工作态度体现着宗教追求，使德国工匠精神具有浓厚宗教特征，以至于人们常常把它归因于德国人的民族性格。

德国推崇职业教育，重视工匠技工的社会地位，直到现在，德国仍然是世界上人均工程师比例最高的国家。德国企业注重创新，即使小企业也会有研发部门。德国以汽车制造闻名世界，汽车制造工厂分工细致，技工对每个安装环节都精益求精，如果发现某一颗螺钉没有拧上或者没有拧紧，整条流水线都需要停下来。技工对每道工序、每个细节都凝神聚力，精雕细琢，技工从不追求生产速度，只追求生产质量，保证每件产品都没有瑕疵。“精致、专注、创新”是德国西门子、奔驰、博世、宝马等百年家族工业的共同特征。

（2）日本工匠精神：职人文化

在日本，谈到工匠精神，人们会联想到“一生只做一件事”“精益求精”等。日本工匠精神首先是热爱自身所做的工作，其次就是精益求精、精雕细琢。对日本生产管理来说，产品质量从60%提高到99%和从99%提高到99.99%是一个概念。从“寿司之神”到日本“四大经营之圣”，再到全球长寿企业最多的国家，这些都体现着日本职人文化精神。

日本的中小企业采取“子承父业”的方式传承技术，这些企业会一代人甚至几代人只钻研同一项技术，只为把产品质量从99%提高到99.99%，使产品精而又精。企业注重与客户的关系，一直将客户的要求放在第一位，许多客户伴随着企业一起成长。日本企业重视技术的专一、精进及传承，强调人性相通和敬业恪职的职人文化。日本中小制造企业的创始人大多拥有自己独特的技术，他们都不忙着积累资本、上市圈钱，而是关注一个商品或者一种技术。他们以“一生只做一件事”的精神致力于某一领域的钻研精进，不断实现技术的突破，这些企业往往以家族继承的方式持续经营，精益求精的态度和热爱工作的精神代代相传，形成了日本独特的职人文化。

(3) 中国古代工匠精神：艺徒制度

中国古代的工匠精神源远流长，从四大发明到丝绸之路，再到郑和下西洋，都体现了中国的工匠精神。丝绸、瓷器、茶叶、漆器、金银器等精美产品受到欧洲贵族的追捧，至今仍有许多书法、雕塑、手工艺术品收藏于世界各地的博物馆。中国隋朝著名工匠李春设计并建造的赵州桥，已有一千四百多年的历史，其间经历了无数次地震和战争的考验，仍然巍然屹立至今。锯、钻、刨、铲、曲尺、画线用的墨斗等手工工具，据说都由鲁班发明，鲁班也因此成为后世公认的"工匠始祖"。中国工匠精神可追溯到古代的"艺徒制度"。师者，传道授业解惑也。古代的"艺徒制度"重视师徒之间的互动和领悟，师傅教会徒弟做事的方法、从业的态度及做人的道德，通过言传身教将精熟的技术和敬业奉献的精神传承下去。师徒共同学习、生活、讨论研究，实际上就是师徒共同在实践中传承和发扬工匠精神。

真正的工匠精神不只是回到传统，更不是守旧，而是从传统出发，让传统在当代技术背景下，从当代的审美和生活中，重新赋予其新的价值。

2. 我国装配式混凝土建筑生产过程中存在的问题

适用的构件预制和安装工艺是装配式混凝土建筑得以最终成型的必由路径。基于相应的预制构件形状、规格与连接节点构造的特点，需要配套建立相应构件预制工艺，包括工厂流水线设计、模具设计、钢筋成型技术、现场施工构件安装工艺流程、钢筋连接工艺等，以保证施工质量。目前存在的问题包括：

(1) 生产制作方面

我国取消了预制构件企业的资质审查认定后，构件生产的入门门槛降低了，导致构件产品质量良莠不齐、区域布局不合理等情况，同时构件产品相应的质量监督监控等体系还有待完善。

由前文可知，我国还严重缺乏能满足市场需求的生产线设备企业。虽已建成大量的构件生产厂，但其生产能力还未得到实践验证，设备质量稳定性和产品的市场适用性也未得到考验。自动化生产线和设备多以引进为主，而且基本限于叠合楼盖、预制楼梯等，内、外墙板生产线不多，而且这些生产线特别在初期的稳定性和对口性差，生产的构件质量参差不齐，报废率高达30%，其中叠合板等薄壁构件裂缝、预埋件质量等问题最多。

由于装配式建筑刚起步不久，而大量的预制构件厂组建形成，对构件生产设备和专业人员的需求极大，但还是很缺乏熟悉、理解并运用装配式技术的专业技术人员、管理人员和技术工人。行业内也未形成有效的交流和培训机制。

(2) 预制构件运输方面

预制构件运输要经过充分准备，制定科学系统的设计方案，及时探查运输线路的实际情况，准备充足的装运工具及相关设备材料；否则，会经常出现突发问题，运输很难有序开展，效率低。在运输质量保障方面，存在构件布置不合理、保护措施不力等现象，如构件支撑点不稳、车辆弹簧承受荷载不均匀导致构件碰撞损坏。构件装运顺序混乱导致卸车麻烦，容易使构件在反复倒运中损坏。如果道路环境差也会致使构件损坏，运输效率低。

项目在市区时，运输受交通法规制约，只能在夜间运输，而吊装又只能在白天进行，造成运输安全风险大、效率低下、运输成本高，特别是有些项目场地小，无法停放备货车辆，导致备货不及时而造成吊装误工、工期延长。再加上运输还受限高、限宽、车辆改装等限制，运输成本大幅提高。

3. 装配式建筑行业工匠精神实现途径

建筑业是最能体现“工匠精神”的行业，建筑业虽然为国民经济做出了巨大贡献，但工程质量问题、质量通病成为行业粗放型发展模式的主要“后遗症”。因此，“对产品精雕细琢、追求完美和极致”的工匠精神理念对建筑业尤其是装配式建筑的工程品质、行业健康发展至关重要。

(1) 鲁班文化是建筑业工匠精神的精髓

工匠精神是传统的匠人精神，是一种文化、一种精神层面的追求，建筑行业文化体现着建筑行业对社会与市场的诚信态度，体现着中国建筑工匠专注与坚守的气质。鲁班是建筑行业传统文化的代表，鲁班文化集中体现着传统工匠对产品精雕细琢、追求完美和极致的精神理念。其基本内容可以理解为：严守规矩、诚信执业的工匠本色；勤于思考、勇于探索的创新意识；吃苦耐劳、爱岗敬业的奉献精神；尊重规律、求真务实的科学态度；精益求精、追求卓越的品牌战略；互相帮衬、合作共赢的行业风尚。

建筑业是一个艰苦行业，装配式建筑行业中应传承鲁班文化，要脚踏实地，遵循规律，不图虚名，求真务实，以精益求精，追求卓越作为自身的发展战略，用科学的态度去经营企业，提高企业运行质量和效益。

(2) 当代建筑业发展工匠精神的实现方式

在建筑业发展工匠精神，要树立新的发展理念，重视对建筑文化的研究和总结，更重视以人为本，关爱员工。通过全体员工的共同实践，产生无穷的发展动力，为整个建筑行业创造一个良好的环境。

①管理求精

建筑企业要做大做强，需要进行精细化管理、精益化生产。树立新的发展理念，把鲁班文化贯穿于企业文化之中；树立精益求精的全局性观念，实现以最短的工期、最少的资源消耗，保证工程最好的品质。在项目管理过程中，企业要在建筑产品的所有部位、在建筑队伍的所有岗位提倡工匠精神，将鲁班文化渗透到企业的经营管理活动中，长期宣传和坚守，重视细节、追求卓越。随着建筑业分工的进一步科学合理及生产方式的逐步改进，行业内还需要体现合作共赢的文化，装配式构件生产企业要拥有清晰的管理思路，与业主、监理、施工、设计等单位有密切的合作与交流，实现人类命运共同体。

②技术求专

建筑业中有诸多工种，专职工作需要专业技工负责。建筑产业化工人是实现建筑工业化必不可少的部分，建筑企业需要开展岗位操作技能培训考核，严格执行持证上岗制度，调动员工参与考核的积极性，从根本上提高产品和服务的质量，提升行业的素质和社会信誉。

专业技工需要精通既有专业知识，熟悉国家准则和行业规范，专注于自己的本职工作，坚守信念，忠诚履职，增强创新意识，潜心钻研专业技能，学习新技术，保持对新知识和新技术的高度敏感，在学知识和技术的同时改进工作方法，找出各种知识和专业技术之间的联系，把它们有机地结合起来应用。

③生产求柔

在我国现阶段的建筑业进行柔性生产需要了解客户的需求，重视以人为本，满足不同经济条件、审美品位的客户需求。建筑企业需要做好市场调研，综合考虑项目面向的顾客人群，针对不同的人群设计不同的建造风格。利用装配式、模块化建筑技术，采用乐高玩具搭接方式，所有构件在工厂预制完成，运到施工现场进行组装，预制构件运到施工现场后，进行混凝土的搭接和浇筑，保证拼装房的安全性；室内装修可采用多样化、个性化设计，设计不同室内装修色调、风格。柔性生产、个性定制需要将建筑设计、室内装修、室外环境等多学科知识综合运用，建造精品工程，满足客户需求。

4. 展望

装配式建筑的发展离不开工匠精神，需要建筑人孜孜不倦地努力，不断进行技术进步和创新，坚持以工匠精神的传统，将“精益求精、踏实进取”的精神理念融入产业发展之中，成为大众共识。只有企业将长远利益和社会效益放在首位，以追求极致、做最好的产品为企业责任，才可以有力地推动装配式建筑的发展，才可以用劳动托起建筑行业的“中国梦”，才能以工匠精神促进我国从建筑大国向建筑强国的完美跨越。

复习思考题

1. PC工厂在进行设施布置时，需要遵守哪些原则？
2. 简述固定模台传送流水工艺。
3. 简述预制构件生产的一般流程。
4. 简述预制构件进行蒸汽养护的基本要求。
5. 简述全灌浆套管和半灌浆套筒的技术原理。
6. 简述预制外墙板的生产工艺流程。
7. 简述预制内墙板的生产工艺流程。
8. 简述预制叠合板的制作工艺流程。
9. 简述预制叠合板、预制墙板、预制楼梯的存放要点。
10. 墙板类构件、预制梁、预制柱分别采用哪种运输方式？
11. 列举几位“一生只做一件事”的成功人士，结合自己实际情况，说明自己在将来的工作学习中，如何做到锲而不舍、专心致志、淡泊宁静。

4 装配式混凝土结构施工

教学目标

了解：主要垂直吊装设备种类。

熟悉：施工前装配式建筑施工人员培训、技术准备等相关内容；装配式建筑冬期施工的主要措施。

掌握：预制构件进场验收内容；临时支撑系统安装和拆除相关要求；预制构件常用连接方式的施工工艺及原理；常见预制构件的安装流程和技术要求。

培养学生攻坚克难、敢于直面挑战，不怕牺牲、奋勇向前的新时代基建施工精神，激发学生的责任意识和危机意识，为全面建成小康社会、实现中华民族伟大复兴的中国梦而不懈奋斗！

4.1 施工准备

4.1.1 施工人员培训

根据装配式混凝土结构工程的管理和施工技术特点，对管理人员及作业人员进行专项培训和技术交底，建立完善的教育培训考核制度。经培训后的企业人员应掌握预制构件验收标准；掌握预制构件规格、数量、外观质量、成品保护和检查验收内容；接收相关的质量证明文件，并传递给资料员；指挥预制构件车辆停放在指定地点。质量员、施工员、吊装工、架子工等须经过国家考核并持有岗位证书、特殊工种上岗证。

4.1.1.1 吊装人员培训

主要培训《吊装方案》《建筑施工手册》混凝土结构吊装工程中的相关内容，相关人员必须持证上岗，塔式起重机司机要严格按信号工的指令进行操作，严格执行“十不吊”的规定。信号工在保证安全的情况下才能发布指令，指令必须清晰，司索工必须了解不同规格构件的质量、几何尺寸、重心位置，班前必须对其进行检查，起钩前必须检查钢丝绳、卡环处在最合理的受力状态，预制外墙板没有做斜撑固定前不允许摘钩，根据构件的受力特征进行专项技术交底培训，确保构件吊装时依照构件原有受力情况，防止构件在吊装过程中发生损坏，根据构件的安装方式准备必要的连接工器具，确保安装快捷、连接可靠，根据构件的连接方式进行连接钢筋定位、构件套筒灌浆连接、螺栓连接、规范操作顺序培训，增强连接施工人员的质量操作意识。

4.1.1.2 支撑体系及外防护架施工人员培训

这类相关人员应进行架子工工种相关内容的培训，必须持证上岗，按照相关的工艺流程进行操作，不得违章作业，必须戴安全帽和穿工作服，必须拥有相关工作经验。预制构件安装相关人员应接受培训，培训内容主要有《装配式混凝土结构工程施工与质量验收规程》《预制构件吊装方案》《建筑施工手册》。上岗前，必须接受技术交底，熟悉拆分图纸，预制构件安装顺序，必须按照相关的工艺流程进行操作，不得违章作业，预制构件不得磕碰，要注意成品保护。严格按要求进行注浆保证质量。外墙板吊装就位后，及时进行斜撑固定，在正式操作前必须经过试吊，熟悉操作工序。

4.1.1.3 套筒灌浆操作人员培训

钢筋套筒灌浆作业是装配式结构的关键工序，是有别于常规建筑的新工艺。施工前，应对工人进行专门的灌浆作业技能培训，模拟现场灌浆施工作业流程，提高注浆工人的质量意识和业务技能，确保构件灌浆作业的施工质量。培训内容主要有《钢筋连接用套筒灌浆料》《钢筋套筒灌浆连接应用技术规程》《钢筋套筒灌浆施工方案》《灌浆施工工艺操作指导手册》中的相关内容，经过培训之后，应熟悉工艺设计图纸、熟悉灌浆所需要的工具和仪器、熟悉灌浆施工工艺流程、熟悉装配式施工测量工序及质量控制要点，且相关人员必须经过实操培训。

4.1.1.4 测量人员培训

培训内容为《工程测量规范》《建筑施工手册》等中的相关内容，熟悉工艺设计图纸和施工指导图纸，熟悉测量仪器的使用，如全站仪、经纬仪、水准仪等，熟悉装配式施工手册，熟悉装配式施工测量工序及质量控制要点，且相关人员必须通过国家考核并持有岗位证书。

4.1.1.5 质量检查验收人员培训

培训内容为《预制混凝土构件质量检验标准》《装配式混凝土结构工程施工与质量验收规程》《装配式剪力墙结构设计规程》等中的相关内容，熟悉施工图纸、施工方案及相关的标准规程，掌握各种验收方法和验收工具的使用要求，注重过程质量验收，严格质量把关，质检员必须通过国家考核并持有岗位证书。

4.1.1.6 安全人员培训

培训内容主要是《建筑施工安全检查标准》、本项目装配式专项施工方案、《建筑施工手册》等中的相关内容，了解施工危险作业的各种规范、熟悉装配式施工手册，安全员必须通过国家考核并持有岗位证书。

4.1.2 技术交底

在施工开始前，由项目工程师具体召集各相关岗位人员汇总、讨论图纸问题，设计交底时切实解决疑难和有效落实现场碰到的图纸施工矛盾，切实加强与建设单位、设计单位、预制构件加工制作单位、施工单位及相关单位沟通与信息联系，要向工人和其他施工人员做好技术交底，按照三级技术交底程序要求，由项目技术负责人到施工员再到班组长逐级进行技术交底，明确施工意图，熟悉关键部位的质量要求及操作要点，熟知安全注意事项，特别是对不同技术工种的针对性交底，每次设计交底后要切实加强和落实。

4.2 技术准备

4.2.1 深化设计图准备

装配式混凝土结构工程施工前，应有相关单位完成深化设计，并经原设计单位确认。预制构件的深化设计图应包括但不限于下列内容：

（1）预制构件模板图、配筋图、预埋吊件及各种预埋件的细部构造图等。

（2）夹芯保温外墙板，应绘制内外叶墙板拉结件布置图及保温板排版图。

（3）水、电线、管、盒预埋预设布置图。

（4）预制构件脱模、翻转过程中混凝土强度及预埋吊件的承载力验算。

（5）对带饰面砖或饰面板的构件，应绘制排砖图或排版图。

4.2.2 图纸会审

图纸会审按传统图纸会审程序进行，对装配式结构的图纸要重点关注以下几点：

（1）装配式结构体系的选择和创新应该得到专家论证，深化设计图应该符合专家论证的结论。

（2）整体装配式结构与常规结构的转换层，其固定部分须与预制墙板灌浆套筒对接的预埋钢筋的长度和位置。

（3）墙板间边缘构件竖缝主筋的连接和箍筋的封闭，后浇混凝土部分的粗糙面和键槽。

（4）预制墙板之间上部叠合梁对节点部位的钢筋（包括锚固板）搭接是否存在矛盾。

（5）外挂墙板的外挂节点做法、板缝防水和封闭做法。

（6）水、电线管盒的预埋、预留，预制墙板内预埋管线与现浇楼板的预埋管线的衔接。

4.2.3 施工组织设计

装配式混凝土结构施工前，施工单位应准确理解设计图纸的要求，掌握有关技术要求及细部构造，根据工程特点和有关规定，编制装配式建筑施工组织设计，主要应包括以下内容：

1. 编制说明及依据

编制依据包括合同、工程地质勘察报告、经审批的施工图、主要的现行国家和地方标准、规范等。

2. 工程特点及重难点分析

从本工程特点分析入手，层层剥离出施工重难点，再阐述解决措施。着重突出预制深化设计、加工制作运输、现场吊装、测量、连接等施工技术。

3. 工程概况

装配式工程建设概况、设计概况、施工范围、构件生产厂及现场条件、工程施工特点及重点、难点，应对预制率、构件种类数量、质量及分布进行详细分析，同时针对工程重点、难点提出解决措施。

4. 工程目标

装配式工程的质量、工期、安全生产、文明施工和职业健康管理、科技进步和创优目标、服务目标，对各项目标进行内部责任分解。

5. 施工部署

管理组织机构图、项目管理人员配备及职责分工；工程施工区段的划分、施工顺序、施工任务划分、主要施工技术措施等。重点明确装配式工程的总体施工流程、预制构件生产运输流程、标准层施工流程等工作部署，充分考虑现浇结构施工与预制构件吊装作业的交叉，明确两者工序穿插顺序，明确作业界面划分。在施工部署过程中，还应综合考虑构件数量、吊重、工期等因素，明确起重设备和主要施工方法，尽可能做到区段流水作业，提高功效。

6. 人材机施工准备

概述施工准备工作组织及时间安排、技术准备、资源准备、现场准备等。技术准备包括标准规范准备、图纸会审及构件拆分准备、施工过程设计与开发、检验批的划分、配合比设计、定位桩接受和复核、施工方案编制计划等。资源准备包括机械设备、劳动力、工程用材、周转材料、预制构件、试验与计量器具及其施工设施的需求计划、资源组织等。现场准备包括现场准备任务安排、现场准备内容说明，包括三通一平、堆场道路、办公场所完成计划等。

7. 施工总平面布置

结合工程实际，说明总平面图编制的约束条件，分阶段说明现场平面布置图的内容，并阐述施工现场平面布置管理内容。在施工现场平面布置策划中，除需要考虑生活办公设施材料堆场等临建布置外，还应根据工程预制构件种类、数量、最大质量、位置等因素，并结合工程运输条件，设置构件专用堆场及道路。

8. 施工技术方案

根据施工组织与部署中所采取的技术方案，对本工程的施工技术进行相应的叙述，并对施工技术的组织措施及其实施、检查改进、实施责任划分进行叙述。在装配式建筑施工组织设计方案中，除包含传统基础结构施工、现浇结构施工等施工方案外，应对预制构件生产方案、运输方案、堆放方案防护方案进行详细叙述。

9. 相关保证措施

相关保证措施包括质量保证措施、安全生产保证措施、文明施工环境保护措施、应急响应、季节施工措施、成本控制措施等。

质量管理应根据工程整体质量管理目标制定，在工程施工过程中围绕质量目标对各部门进行分工，制定构件生产、运输、吊装、成品保护等各施工工序的质量管理要点，实施全员质量管理、全过程质量管理。

安全文明施工管理应根据工程整体安全管理目标制定，在工程施工过程中围绕安全文明施工目标对各部门进行分工，明确预制构件制作、运输、吊装施工等不同工序的安全文明施工管理重点，落实安全生产责任制，严格实施安全文明施工管理措施。

4.3 预制构件进场

合理安排预制构件进场顺序对实现高效率低成本施工安装非常重要。可以不用或减少设置临时场地，减少装卸作业，形成流水作业，缩短安装工期，降低设备、脚手架摊销费用等。构件有序进场和安装，也会减少构件磕碰损坏。对工厂而言，优化构件进场顺序可以减少场地堆放，但可能需要调节模具数量，或影响生产流程的效率。进场顺序还与工程所在地对货车运输的限制有关。所以，构件进场顺序的优化设计应当与预制构件制作工厂进行充分沟通后确定，要细化到每一个工作区域、楼层和构件。施工组织中的施工计划应当按照进场顺序优化原则不断调整完善。

4.3.1 预制构件进场检验

预制构件进场后，施工单位应及时组织对预制构件质量进行检验。未经检验或检验不符合要求的预制构件不得用于工程中。

4.3.2 构件停放场地及存放

施工现场应根据施工平面规划设置运输通道和存放场地，并应符合下列规定：

(1) 现场运输道路和存放场地应坚实平整，并应有排水措施。

(2) 施工现场内道路应按照构件运输车辆的要求合理设置转弯半径及道路坡度。

(3) 预制构件运送到施工现场后，应按规格、品种、使用部位、吊装顺序分别设置存放场地。存放场地应设置在吊装设备的有效起重范围内，且应在堆垛之间设置通道。

(4) 构件的存放架应具有足够的抗倾覆性能。

(5) 构件运输和存放对已完成结构、基坑有影响时，应经计算复核。此外，预制构件的堆垛尚宜符合下列要求：

①施工现场存放的构件，宜按照安装顺序分类存放，堆垛宜布置在吊车工作范围内且不受其他工序施工作业影响的区域；预制构件存放场地的布置应保证构件存放有序，安排合理，确保构件起吊方便且占地面积小。

②堆垛层数应根据构件与垫木或垫块的承载能力及堆垛的稳定性确定，必要时应设置防止构件倾覆的支架。

③预埋吊件应朝上，标识宜朝向堆垛间的通道。

④构件支垫应坚实，垫块在构件下的位置宜与脱模、吊装时的起吊位置一致。

⑤预制构件直立存放的存放工具主要有靠放架和插放架。采用靠放架直立存放的墙板宜对称靠放，饰面向外，构件与竖向垂直线的倾斜角不宜大于10°，对墙板类构件的连接止水条、高低扣和墙体转角等薄弱部位应加强保护。

4.4 吊装作业

4.4.1 吊装设备

4.4.1.1 汽车起重机

汽车起重机简称汽车吊，是装在普通汽车底盘或特制汽车底盘上的一种起重机，其行驶驾驶室与起重操纵室分开设置（图4-1）。其主要优点为机动性好，转移迅速。在装配式混凝土工程中，汽车起重机主要用于低、多层建筑吊装作业，现场构件二次倒运，塔式起重机或履带吊的安装与拆卸等。使用时应注意，汽车起重机不得负荷行驶，不可在松软或泥泞的场地上工作，工作时必须伸出支腿并支稳。

图 4-1　汽车起重机

4.4.4.2　塔式起重机

1. 塔式起重机的选型

目前装配式建筑同传统现浇结构一样，主要选择塔式起重机。传统施工只需考虑覆盖范围，而装配式建筑则需考虑预制构件的卸车、安装、存放及自身的附着锚固；多层建筑选用固定式，高层建筑选用附着式。

2. 塔式起重机的定位

塔式起重机与外脚手架的距离应该大于 0.6m；塔式起重机和架空线电线的最小安全距离应该满足有关规定的要求。

群塔安全距离要求：对装配式工程，群塔是必然的选择，在塔式起重机布置上需要满足塔式起重机臂不小于 2m，同时还应考虑塔式起重机和架空线最小安全距离要求，这与常规施工一致。

3. 塔式起重机的锚固

当装配式建筑采用附着式塔式起重机时，必须提前考虑好附着锚固点的位置。附着锚固点应选择在预制构件边缘构件后浇混凝土部位并考虑加强措施。

4. 吊具

装配式工程中由于大量预制构件需要吊装，且吊装的构件有预制梁和柱、叠合板、剪力墙及楼梯等，同时还需满足吊装过程中的精度和稳定性，所以需要准备各种类型的吊具，还需要考虑和分析各类构件的受力情况、吊索、吊具的受力情况。

常用吊具类型如下：

点式吊具：点式吊具实际就是用单根吊索或几根吊索吊装同一构件的吊具，一般用于较小的预制构件，构件的水平夹角不宜小于 60°，且不应小于 45°。

梁式吊具：采用型钢制作并带有多个吊点的吊具，通常用于吊装线形构件（如梁、墙板、柱）。梁式吊具与构件之间采用吊索连接时，吊索与构件的角度宜为 90°，如图 4-2 所示。

图 4-2　梁式吊具

架式吊具：对平面面积较大、厚度较薄的构件，以及形状特殊无法用点式或梁式吊具吊装的构件（如叠合板、异型构件等），通常采用架式吊具。架式吊具与构件之间采用吊索连接时，吊索与构件的水平夹角应大于 60°，如图 4-3 所示。

图 4-3　架式吊具

4.4.2 测量放线

4.4.2.1 标高与平整度

（1）柱子和剪力墙板等竖向构件安装，水平放线首先确定支垫标高；支垫采用螺栓方式，旋转螺栓到设计标高；支垫采用钢垫板方式，准备不同厚度的垫板调整到设计标高。构件安装后，测量调整柱子或墙板的顶面标高和平整度。

（2）没有支承在墙体或梁上的叠合楼板、叠合梁、阳台板、挑檐板等水平构件安装，水平放线首先控制临时支撑体梁的顶面标高。构件安装后测量控制构件的底面标高和平整度。

（3）支撑在墙体或梁上的楼板、支撑在柱子上的莲藕梁，水平放线首先测量控制下部构件支撑部位的顶面标高，安装后测量控制构件顶面或底面标高和平整度。

4.4.2.2 位置

预制构件安装原则上以中心线控制位置，误差由两边分摊。可将构件中心线用墨斗分别弹在结构和构件上，方便安装就位时定位测量。

建筑外墙构件包括剪力墙板、外墙挂板、悬挑楼板和位于建筑表面的柱、梁，“左右”方向与其他构件一样以轴线作为控制线。“前后”方向以外墙面作为控制边界。外墙面控制可以用从主体结构探出定位杆拉线测量的办法。

4.4.2.3 垂直度

柱子、墙板等竖直构件安装后须测量和调整垂直度，可以用仪器测量控制，也可以用吊线坠测量。

4.4.3 构件吊装技术要点

（1）在被吊装构件上系好定位牵引绳。

（2）在吊点“挂钩”。

（3）构件缓慢起吊，提升到约半米高度，观察没有异常现象并吊索平衡，再继续吊起。

（4）柱子吊装是从平躺状态变成竖直状态，在翻转时，柱子底部须隔垫硬质聚苯乙烯或橡胶轮胎等软垫。

（5）将构件吊至比安装作业面高出 3m 以上且高出作业面最高设施 1m 以上高度时再平移构件至安装部位上方，然后缓慢下降高度。

（6）构件接近安装部位时，安装人员用牵引绳调整构件位置与方向。

（7）构件高度接近安装部位约 1m 处，安装人员开始用手扶着构件引导就位。

（8）构件就位过程中须慢慢下落。柱子和剪力墙板的套筒（或浆锚孔）对准下部构件伸出钢筋；楼板、梁等构件对准放线弹出的位置或其他定位标识；楼梯板安装孔对准预埋螺母等；构件缓慢下降直至平稳就位。

（9）如果构件安装位置和标高大于允许误差，应进行微调。

（10）水平构件安装后，检查支撑体系的支撑受力状态，对未受力或受力不平衡的情况进行微调。

（11）柱子、剪力墙板等竖直构件和没有横向支承的梁须架立斜支撑，并通过调节斜支撑长度来调整构件的垂直度。

（12）检查安装误差是否在允许范围内。

4.5　临时支撑系统

装配式混凝土工程施工过程中，当预制构件或整个结构自身不能承受施工荷载时，需要通过设置临时支撑来保证施工定位、施工安全及工程质量。预制构件临时支撑系统是指预制构件安装时起到临时固定和垂直度或标高空间位置调整作用的支撑体系（图 4-4）。

图 4-4　预制构件临时支撑

构件临时支撑体系一般分水平向预制构件临时支撑体系和竖向预制构件临时支撑体系。常见形式有斜支撑、独立支撑、内支撑架。装配式结构中预制柱、预制剪力墙临时固定一般用可调斜支撑；叠合梁、叠合楼板多采用独立钢支柱支撑或钢管脚手架支撑；阳台等水平构件也可采用内支撑架。

竖向支撑系统是单榀支撑架沿预制构件长度方向均匀布置构成的用于水平向构件安装的临时支撑系统，主要功能是用于预制主次梁和预制楼板等水平承载构件在吊装就位后起到垂直荷载的临时支撑作用，并通过标高调节装置对标高进行微调。这与传统现浇结构施工中梁板、模板支撑系统相近，这里不再赘述，本节主要讲述斜撑系统的技术要求。

斜撑系统是由撑杆、垂直度调整装置、锁定装置和预埋固定装置等组成的用于竖向构件安装的临时支撑体系，主要功能是将预制柱和预制墙板等竖向构件吊装就位后起到临时固定的作用，并通过设置在斜撑上的调节装置对垂直度进行微调。

下面主要介绍预制剪力墙、预制柱的临时支撑体系。

4.5.1 一般规定

（1）临时支撑系统应根据其施工荷载进行专项的设计和承载力及稳定性的验算，以确保施工期结构的安装质量和安全。

（2）临时支撑系统应根据预制构件的种类和质量尽可能做到标准化、重复利用和拆装方便。

4.5.2 斜撑支设要求

对预制墙板，临时斜撑一般安放在其背后，且不少于两道；对宽度比较小的墙板，也可仅设置一道斜撑。当墙板底部没有水平约束时，墙板的每道临时支撑包括上部斜撑和下部支撑，下部支撑可做成水平支撑或斜向支撑。对预制柱，由于其底部纵向钢筋可以起到水平约束的作用，故一般仅设置上部支撑。柱的斜撑最少要设置两道，且应设置在两个相邻的侧面上，水平投影相互垂直。

临时斜撑与预制构件一般做成铰接，并通过预埋件进行连接。考虑临时斜撑主要承受的是水平荷载，为充分发挥其作用，对上部斜撑，其支撑点与板底的距离不宜小于板高的 2/3，且不应小于板高的 1/2。斜支撑与地面或楼面连接应可靠，不得出现连接松动引起的竖向预制构件倾覆等，斜撑与地面的夹角宜呈 45°～60°。

4.5.3 斜撑拆除要求

预制墙板斜支撑和限位装置应在连接节点和连接接缝部位后浇混凝土或灌浆料强度达到设计要求后拆除。当设计无具体要求时，后浇混凝土或灌浆料应达到设计强度的 75％以上方可拆除。预制柱斜支撑应在预制柱与连接节点部位后浇混凝土或灌浆料强度达到设计要求，且上部构件吊装完成后进行拆除。拆除的模板和支撑应分散堆放并及时清运，应采取措施避免施工集中堆载。

4.5.4 安装验收

临时支撑系统调整复核墙体的水平位置和标高、垂直度及相邻墙体的平整度后，应填写预制构件安装验收表，经施工现场负责人及甲方代表（或监理）签字后进入下道工序。

4.6 预制构件常用连接方式施工

装配式混凝土结构由预制混凝土构件通过可靠的方式进行连接并与现场后浇混凝土、水泥基灌浆料形成整体。连接节点钢筋采用套筒灌浆连接、浆锚连接、间接搭接、机械连接、焊接连接或其他连接方式，通过后浇混凝土或灌浆使预制构件具有可靠传力和承载力，使刚度和延性不低于现浇结构，使装配式结构等同于现浇结构。目前常用的预制墙、柱和梁、板连接工艺有套筒灌浆连接、约束浆锚搭接和后浇混凝土连接、以焊接和螺栓连接为主的连接等。

4.6.1 套筒灌浆连接

4.6.1.1 施工工艺

套筒灌浆连接施工工序如下：

清理墙体接触面→铺设高强度垫块→安放墙体→调整并固定墙体→墙体两侧密封→润湿注浆孔→拌制灌浆料→注浆→个别补灌→封堵→完成注浆。

(1) 清理墙体接触面：墙体下落前应保持预制墙体与混凝土接触面无灰渣，无油污，无杂物。

(2) 铺设高强度垫块：采用高强度垫块将预制墙体的标高找好，使预制墙体标高得到有效的控制。

(3) 安放墙体：在安放墙体时应保证每个灌浆口通畅，预留孔洞满足设计要求，孔洞内无杂物。

(4) 调整并固定墙体：墙体安放到位后采用专用支撑杆件进行调节，保证墙体垂直度、平整度在允许误差范围内。

(5) 墙体两侧密封：根据现场情况，采用砂浆对两侧缝隙进行密封，确保灌浆料不从缝隙中溢出，减少浪费。

(6) 润湿注浆孔：灌浆前应用水将灌浆口润湿，减少因混凝土吸水导致灌浆强度达不到要求，且与灌浆口连接不牢靠。

(7) 拌制灌浆料：搅拌完成后应静置3～5min，待气泡排除后方可进行施工。灌浆料流动度在200～300mm为合格。

(8) 注浆：采用专用的灌浆机进行灌浆，该灌浆机使用一定的压力，将灌浆料由墙体下部灌浆口注入，灌浆料先流向墙体下部20mm找平层，当找平层注满后，灌浆料由上部排气孔溢出，视为该孔洞灌浆完成，并用泡沫塞子进行封堵。至该墙体所有上部注浆孔均有浆料溢出后视为该面墙体灌浆完成。

(9) 个别补灌：完成灌浆半个小时后检查上部注浆孔是否有因灌浆料的收缩、堵塞不及时、漏浆造成的个别孔洞不密实情况。如有则用手动灌浆器对该孔洞进行补灌。

(10) 封堵：灌浆完成后，通知监理进行检查，合格后进行注浆孔的封堵。封堵要求与原墙面平整，并及时清理墙面上、地面上的余浆（图4-5）。

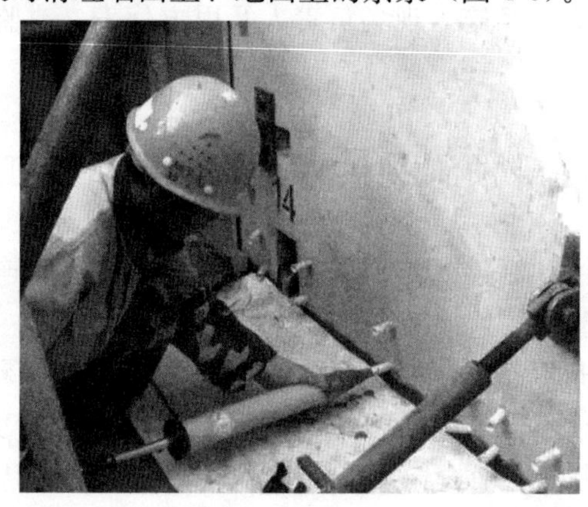

图4-5 灌浆施工

4.6.1.2 技术要求

（1）灌浆前应制定钢筋套筒灌浆操作的专项质量保证措施，套筒内表面和钢筋表面应洁净，被连接钢筋偏离套筒中心线的角度不应超过 7°，灌浆操作全过程应有监理人员旁站。

（2）灌浆料应由经培训合格的专业人员按配置要求计量灌浆材料和水的用量，经搅拌均匀后测定其流动度满足设计要求方可灌注。

（3）浆料应在制备后 30min 内用完，灌浆作业应采取压浆法从下灌浆口灌注，当浆料从上排浆口流出时应及时封堵，持续压 30s 后封堵下口，灌浆后 24h 内不得使构件和灌浆层受到振动、碰撞。

（4）灌浆作业应及时做好施工质量检查记录，并按要求每工作班制作不少于 2 组尺寸为 40mm×40mm×160mm 的长方体试件，1 组标准养护、1 组同条件养护。

（5）灌浆施工时环境温度不应低于 5℃；当连接部位温度低于 10℃时，应对连接处采取加热保温措施。

（6）灌浆作业应留下每块墙体的影像资料，作为验收资料。

4.6.2 浆锚搭接

4.6.2.1 施工工艺

竖向钢筋留洞浆锚间接搭接如图 4-6 所示。其做法是在预制混凝土墙的下端预留一定直径的孔洞，孔洞及预制墙内连接的竖向钢筋外围设置直径 4～6mm、螺距 50mm 左右的螺旋箍筋，留洞搭接钢筋搭接长度为 400mm，相比套筒试件，留洞搭接试件所需钢筋量与灌浆量大，施工时对精度要求较高。用螺旋箍筋将套筒钢筋约束，对其起到套箍作用，提高连接件的承载能力。

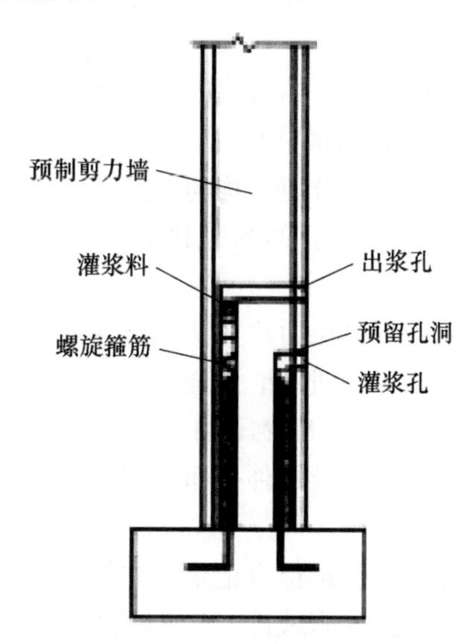

图 4-6 竖向钢筋留洞浆锚间接搭接

螺旋箍筋套筒浆锚搭接如图 4-7 所示。连接螺旋箍筋套筒浆锚搭接连接也是将上下两面墙体的纵向钢筋间隔一定距离后搭接在一起，这种连接方式采用螺纹套筒，再插入纵向钢筋后用螺纹箍筋绑扎在一起，起到约束核心混凝土的作用，施工完成后套筒不拆除，只起连接件的作用。

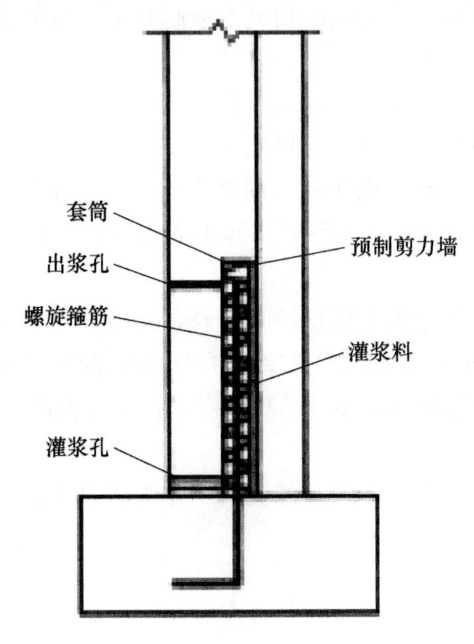

图 4-7　螺旋箍筋套筒浆锚搭接

4.6.2.2　技术要求

（1）灌浆前应对连接孔道及灌浆口和排气孔进行全数检查，确保孔道通畅，内表面无污染。

（2）竖向构件与楼面连接处的水平缝应清理干净，灌浆前 24h 连接面应充分浇水湿润，灌浆前不得有积水。

（3）竖向构件的水平拼缝应采用与结构混凝土同强度或高一级强度等级的水泥砂浆进行周边坐浆密封，1d 以后方可进行灌浆作业。

（4）灌浆料应采用电动搅拌器充分搅拌均匀，搅拌时间从开始加水到搅拌结束应不少于 5min，然后静置 2～3min；搅拌后的灌浆料应在 30min 内使用完毕，每个构件灌浆总时间应控制在 30min 以内。

（5）浆锚节点灌浆必须采用机械压力注浆法，确保灌浆料能充分填充密实。

（6）灌浆应连续、缓慢、均匀地进行，直至排气孔排出浆液后，立即封堵排气孔，持压不少于 30s，再封堵灌浆孔，灌浆后 24h 内不得使构件和灌浆层受到振动、碰撞。

（7）灌浆结束后应及时将灌浆孔及构件表面的浆液清理干净，并将灌浆孔表面抹压平整。

（8）灌浆作业应及时做好施工质量检查记录，并按要求每工作班制作不少于 2 组尺寸为 40mm×40mm×160mm 的长方体试件，1 组标准养护、1 组同条件养护；灌浆操作全过程应由监理人员旁站，留下每块墙体的影像资料，作为验收资料。

4.6.3　后浇混凝土

在装配式混凝土结构工程中，后浇混凝土整体连接是通过伸出的箍筋将预制构件与后浇的混凝土叠合层连成一体，再通过节点处的现浇混凝土及其中的配筋，使梁与柱或梁与梁、梁与板连成整体，使装配式结构成为等同现浇结构。后浇混凝土的连接和应用非常广泛，预制柱、预制梁、预制剪力墙、叠合楼板、叠合剪力墙板、叠合梁的后浇层等都需要用到后浇混凝土，可见后浇混凝土质量对装配式建筑来说非常重要，设置和施工不当，轻则影响建筑的防水功能，重则导致结构的破坏。后浇区混凝土、后浇区钢筋连接及后浇区结合面是影响后浇混凝土连接质量的关键。

后浇混凝土相关技术要求如下：

（1）叠合层混凝土浇筑前应清除叠合面上的杂物、浮浆及松散骨料，浇筑前应洒水润湿，洒水后不得留有积水。

（2）叠合层混凝土浇筑时宜采取由中间向两边的方式。

（3）叠合层与现浇构件交接处混凝土应振捣密实。

（4）混凝土浇筑应布料均衡。浇筑和振捣时，应对模板及支架进行观察和维护，发生异常情况应及时进行处理。构件接缝混凝土浇筑和振捣应采取措施防止模板、相连接构件、钢筋、预埋件及其定位件移位。

（5）预制构件接缝混凝土浇筑完成后可采取洒水、覆膜、喷涂养护剂等养护方式，养护时间不宜少于14d。

（6）装配式结构连接部位后浇混凝土或灌浆料强度达到设计规定的强度时方可进行支撑拆除。

（7）处理好混凝土黏结面

对原有混凝土表面的打凿应分两遍：第一遍打凿至原有钢筋表皮，即去除旧钢筋保护层，宜采用人工剔凿；第二遍为精凿，要求凿面轻锤、凿毛，并去掉松散颗粒，宜采用人工密集点打的方式。要将第一遍打凿过程中受损伤的松动混凝土块和产生微裂纹的混凝土骨料剔除，同时对新旧钢筋连接处进行细部处理，便于新旧钢筋焊接施工。

对原有混凝土表面进行人工剔凿时，应注意不得损坏周围保留的混凝土，以确保黏结面的粗糙程度和完好程度。去除黏结面上所有损坏、松动和附着的骨料后，凿面要用钢丝刷净并采用压力水枪（可采用刷车水枪）冲刷干净，以确保黏结面的洁净程度。新旧混凝土黏结面处理要逐一进行验收，大面积施工前，应先做样板，经验收合格后进行大面积施工。黏结面的粗糙程度应保证凹凸不平度≥6mm，黏结面的完好程度和洁净程度采用观察检查。

（8）密封防水施工要求

外侧竖缝及水平缝建筑密封胶的注胶宽度、厚度应符合设计要求，建筑密封胶应在预制外墙板固定后嵌缝。建筑密封胶应均匀顺直，饱满密实，表面光滑连续。预制外墙板接缝施工工艺流程如下：表面清洁处理→底涂基层处理→贴美纹纸→背衬材料施工→施打密封胶→密封胶整平处理→板缝两侧外观清洁→成品保护。

（9）密封防水胶施工

应在预制外墙板固定校核后进行。注胶施工前，墙板侧壁及拼缝内应清理干净，防水胶的注胶宽度、厚度应符合设计要求，与墙板粘贴牢固，不得漏嵌和虚粘；施工时，先放填充材料后打胶，不应堵塞防水空腔，注胶均匀、顺直、饱和、密实，表面光滑，不应有裂缝现象。

4.6.4 干式连接

干式连接方法常用的有焊接连接、螺栓连接、预应力连接和支座支撑连接等。

4.6.4.1 焊接连接

焊接连接的具体做法是在工厂预制剪力墙时，墙体预留焊接连接筋，待到现场安装用机械连接的方式焊成整体，最后在连接处浇筑混凝土密实。采用焊接连接时，其焊接件、焊缝表面应无锈蚀，并按设计打磨坡口，并应避免由于连续施焊引起预制构件及连接部位混凝土开裂。焊接方式应符合设计要求。

4.6.4.2 螺栓连接

螺栓连接是采用螺栓的方式将柱与柱、梁与梁、梁与柱等结构构件连接在一起的方式。采用螺栓连接时，应按设计或有关规范的要求进行施工检查和质量控制，螺栓型号、规格、配件应符合设计要求，表面清洁，无锈蚀、裂纹、滑丝等缺陷，并应对外露铁件采取防腐措施。螺栓紧固方式及紧固力应符合设计要求。

4.6.4.3 预应力连接

预应力装配式建筑在设计中将预先可能发生的拉应力转化为压应力。通过预应力将零散的预制构件牢固地紧压在一起，构件之间为压应力，受力面为整个接触面。这种结构体系改变了现有用湿法现浇方式连接各处节点的构造做法，在地面以上的结构中，可以完全取消所有的节点现浇、楼板叠合现浇等湿法作业，属于干法施工。

预应力连接分先张法和后张法。采用预应力法连接时，其材料、构造应符合规范及设计要求。

4.7 预制构件施工工序

预制构件一般施工工序如图 4-8 所示。

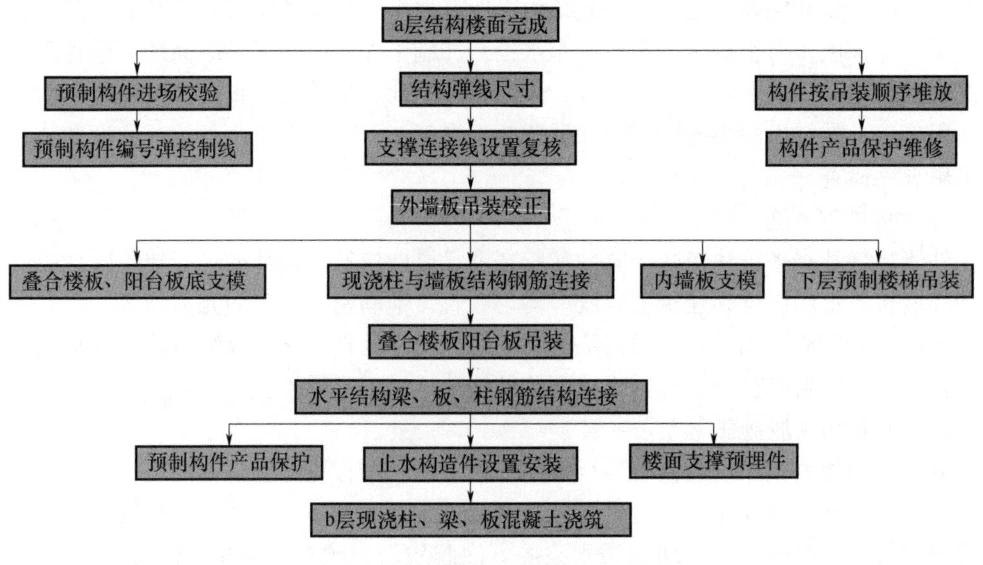

图 4-8 预制构件一般施工工序

4.8　预制墙板安装

4.8.1　施工流程

基础清理及定位放线→封浆条及垫片安装→预制墙板吊运→预留钢筋插入就位→墙板调整校正→墙板临时固定→砂浆塞缝→预制板吊装固定→连接节点钢筋绑扎→套筒灌浆→连接节点封模→连接节点混凝土浇筑→接缝防水施工。

4.8.2　预制墙板安装要求

(1) 预制墙板安装时应设置临时斜撑，每件预制墙板安装过程的临时斜撑应不少于2道，临时斜撑宜设置调节装置，支撑点位置距离底板不宜大于板高的2/3，且不应小于板高的1/2，斜支撑的预埋件安装、定位应准确。

(2) 预制墙板安装时应设置底部限位装置，每件预制墙板底部限位装置不少于2个，间距不宜大于4m。

(3) 临时固定措施的拆除应在预制构件与结构可靠连接且装配式混凝土结构达到后续施工要求后进行。

(4) 预制墙板安装过程应符合下列规定：

①构件底部应设置可调整接缝间隙和底部标高的垫块。

②钢筋套筒灌浆连接、钢筋锚固搭接连接灌浆前应对接缝周围进行封堵。

③墙板底部采用坐浆时，其厚度不宜大于20mm。

④墙板底部应分区灌浆，分区长度为1～1.5m。

⑤预制墙板校核与调整应符合下列规定：

a. 预制墙板安装垂直度应满足外墙板面以垂直为主。

b. 预制墙板拼缝校核与调整应以竖缝为主，横缝为辅。预制墙板阳角位置相邻的平整度校核与调整应以阳角垂直度为基准。

4.8.3　预制墙板主要安装工艺

4.8.3.1　定位放线

在楼板上根据图纸及定位轴线放出预制墙体定位边线及控制线，同时在预制墙体吊装前，在预制墙体上放出墙体水平控制线，便于预制墙体安装过程中精确定位。“左右”方向与其他构件以轴线作为控制线。“前后”方向以外墙面作为控制边界。

4.8.3.2　调整偏位钢筋

预制墙体吊装前，为了便于预制构件快速安装，使用定位框检查竖向连接钢筋是否偏位，针对偏位钢筋用钢筋套管进行校正，便于后续预制墙体精确安装。

4.8.3.3　预制墙体吊装就位

预制墙板吊装时，为了保证墙体构件整体受力均匀，采用专用吊梁（模数化通用吊梁），根据各预制构件吊装时的不同尺寸、不同起吊点位置，设置模数化吊点，确保预制构件在吊装时吊装钢丝绳保持竖直。

预制墙体吊装过程中，距楼板面100mm处减缓下落速度，由操作人员引导墙体降落，操作人员观察连接钢筋是否对孔，直至钢筋与套筒全部连接（预制墙体安装时，按顺时针依次安装，先吊装外墙板后吊装内墙板）。

安装斜向支撑及底部限位装置预制墙体吊装就位后，先安装斜向支撑，斜向支撑用于固定调节预制墙体，确保预制墙体安装垂直度；再安装预制墙体底部限位装置七字码，用于加固墙体与主体结构的连接，确保后续灌浆与暗柱混凝土浇筑时不产生位移。墙体通过靠尺校核其垂直度，如有偏位，调节斜向支撑，确保构件的水平位置及垂直度均达到允许误差5mm之内，相邻墙板构件平整度允许误差为±5mm，此施工过程中要同时检查外墙面上、下层的平齐情况，允许误差以不超过3mm为准，如果超过允许误差，要以外墙面上、下层错开3mm为准重新进行墙板的水平位置及垂直度调整，最后固定斜向支撑及七字码，如图4-9所示。

图4-9　预制墙板垂直度校正及支撑安装

4.9　预制柱安装

4.9.1　施工流程

标高找平→竖向预留钢筋校正→预制柱吊装→柱安装及校正→灌浆施工。

4.9.2　预制墙板安装要求

(1) 预制柱安装前应校核轴线、标高，以及连接钢筋的数量、规格、位置。

(2) 预制柱安装就位后在两个方向应采用可调斜撑作临时固定，并进行垂直度调整，以及在柱子四角缝隙处加塞垫片。

(3) 预制柱的临时支撑，应在套筒连接器内的灌浆料强度达到设计要求后拆除，当设计无具体要求时，混凝土或灌浆料应达到设计强度的75%以上方可拆除。

4.9.3 预制柱主要安装工艺

4.9.3.1 标高找平

预制柱安装施工前，通过激光扫平仪和钢尺检查楼板面平整度，用铁制垫片使楼层平整度控制在允许偏差范围内。

4.9.3.2 竖向预留钢筋校正

根据所弹出柱线，采用钢筋限位框，对预留插筋进行位置复核，对有弯折的预留插筋应用钢筋校正器进行校正，以确保预制柱连接的质量。

4.9.3.3 预制柱吊装

预制柱吊装采用慢起、快升、缓放的操作方式。塔式起重机缓缓持力，将预制柱吊离存放架，然后快速运至预制柱安装施工层。在预制柱就位前，应清理柱安装部位基层，然后将预制柱缓缓吊运至安装部位的正上方。

4.9.3.4 预制柱的安装及校正

塔式起重机将预制柱下落至设计安装位置，下一层预制柱的竖向预留钢筋与预制柱底部的套筒全部连接，吊装就位后，立即架设不少于 2 根斜向支撑对预制柱进行临时固定，斜向支撑下与楼面的水平夹角不应小于 60°。

根据已弹好的预制柱的安装控制线和标高线，用 2m 长靠尺、吊线锤检查预制柱的垂直度，并通过可调斜支撑微调预制柱的垂直度（图 4-10），预制柱安装施工时，应边安装边校正。

图 4-10　预制柱垂直度校正及支撑安装

4.10 预制梁安装

4.10.1 施工流程

预制梁进场、验收→按图放线→设置梁底支撑→预制梁起吊→预制梁就位微调→接头连接。

4.10.2 预制梁安装要求

（1）梁吊装顺序应遵循先主梁后次梁、先低后高的原则。

（2）预制梁安装就位后应对水平度、安装位置、标高进行检查。根据控制线对梁端和两侧进行精密调整，误差控制在 2mm 以内。

（3）预制梁安装时，主梁和次梁伸入支座的长度与搁置长度应符合设计要求。

（4）预制次梁与预制主梁之间的凹槽应在预制楼板安装完成后，采用不低于预制梁混凝土强度等级的材料填实。

（5）梁吊装前，柱核心区内先安装一道柱箍筋，梁就位后安装两道柱箍筋，之后才可进行梁、墙吊装，否则柱核心区质量无法保证。

（6）梁吊装前，应将所有梁底标高进行统计，有交叉部分梁吊装方案，根据先低后高安排进行施工。

4.10.3 预制梁主要安装工艺

4.10.3.1 定位放线

用水平仪测量并修正柱顶与梁底标高，确保标高一致，然后在柱上弹出梁边控制线。预制梁安装前应复核柱钢筋与梁钢筋位置、尺寸，对梁钢筋与柱钢筋安装有冲突的，应按设计部门确认的技术方案整合。梁柱核心区筋安装应按设计文件要求进行。

4.10.3.2 支撑架搭设

梁底支撑采用钢立杆支撑，预制梁的标高通过支撑体系的顶丝来调节。临时支撑应符合设计要求；设计无要求时，长度小于或等于 4m 时应设置不少于 2 道垂直支撑，长度大于 4m 时应设置不少于 3 道垂直支撑。梁底支撑标高调整宜高出梁底结构标高 2mm，应保证支撑充分受力并撑紧支撑架后方可松开吊钩。叠合梁应根据构件类型、跨度确定后浇混凝土支撑件的拆除时间，强度达到设计要求后方可承受全部设计荷载。

4.10.3.3 预制梁吊装

预制梁一般用两点起吊，预制梁两个吊点分别位于梁顶两侧距离两端 $0.2L$ 梁长位置，由生产构件厂家预留。现场吊装工具采用双腿锁具或专用吊梁吊住预制梁两个吊点逐步移向拟订位置，人工通过预制梁顶绳索辅助梁就位，如图 4-11 所示。

图 4-11　预制梁吊装

4.10.3.4 预制梁微调定位

当预制梁初步就位后，两侧借助柱上的梁定位线将梁精确校正。梁的标高通过支撑体系的顶丝来调节，调平的同时需将下部可调支撑上紧，这时方可松掉吊钩。

4.10.3.5 接头连接

混凝土浇筑前，应将预制梁两端键槽内的杂物清理干净，并提前 24h 浇水湿润。预制梁两端键槽锚固钢筋绑扎时，应确保钢筋位置的准确。预制梁水平钢筋连接为机械连接、钢套筒灌浆连接或焊接连接。

4.11 预制楼梯安装

4.11.1 施工流程

预制楼梯进场、验收→放线→垫片及坐浆料施工→预制楼梯吊装→预制楼梯校正→预制楼梯固定。

4.11.2 预制楼梯的安装要求

(1) 预制楼梯安装前应复核楼梯的控制线及标高，并做好标记。

(2) 预制楼梯支撑应有足够的承载力、刚度及稳定性，楼梯就位后调节支撑立杆，确保所有立杆全部受力。

(3) 预制楼梯吊装应保证上下高差相符，顶面和底面平行，便于安装。

(4) 预制楼梯安装位置准确，采用预留锚固钢筋方式安装时，应先放置预制楼梯，再与现浇梁或板浇筑连接成整体，并保证预埋钢筋锚固长度和定位符合设计要求。当发现预制楼梯与现浇梁或板之间采用预埋件焊接或螺栓杆连接方式时，应先施工现浇梁或板再搁置预制楼梯进行焊接或螺栓孔灌浆。

4.11.3 预制楼梯主要安装工艺

4.11.3.1 定位放线

楼梯间周边梁板叠合层混凝土浇筑完后，测量并弹出相应楼梯构件端部和侧边的控制线。

4.11.3.2 预制楼梯吊装

预制楼梯一般采用四点吊，配合倒链下落就位调整索具铁链长度，使楼梯段休息平台处于水平位置，试吊预制楼梯板，检查吊点位置是否准确，吊索受力是否均匀等，试起吊高度不应超过 1m，如图 4-12 所示。

预制楼梯吊至梁上方 300～500mm 后，调整预制楼梯位置使上下平台锚固筋与梁箍筋错开，板边线基本与控制线吻合。

根据已放出的楼梯控制线，将构件根据控制线精确就位，先保证楼梯两侧准确就位再使用水平尺和倒链调节楼梯水平。

图 4-12　预制楼梯吊装

4.12　其他预制构件安装

4.12.1　预制阳台板安装要求

（1）预制阳台板安装前，测量人员根据阳台板宽度，放出竖向独立支撑定位线，并安装独立支撑，同时在预制叠合板上放出阳台板控制线。

（2）当预制阳台板吊装至作业面上空 500mm 时减缓降落，由专业操作工人稳住预制阳台板，根据叠合板上控制线引导预制阳台板降落至独立支撑上，根据预制墙体上水平控制线及预制叠合板上控制线，校核预制阳台板水平位置及竖向标高情况，通过调节竖向独立支撑，确保预制阳台板满足设计标高要求；通过撬棍（撬棍配合垫木使用，避免损坏板边角）调节预制阳台板水平位移，确保预制阳台板满足设计图纸水平分布要求，如图 4-13 所示。

图 4-13　预制阳台板安装

（3）预制阳台板定位完成后，将阳台板钢筋与叠合板钢筋可靠连接固定，预制构件固定完成后，方可摘除吊钩。

（4）同一构件上吊点高度不同时，低处吊点采用倒链进行拉接，起吊后调平，落位时采用铁链紧密调整标高。

4.12.2 预制空调板安装要求

（1）预制空调板吊装时，板底应采用临时支撑措施。

（2）预制空调板与现浇结构连接时，预留锚固钢筋应伸入现浇结构部分，并应与现浇结构连成整体。

（3）预制空调板采用插入式吊装方式时，连接位置应设预埋连接件，并应与预制外挂板的预埋连接件连接，空调板与外挂板交接的四周防水槽口应嵌填防水密封胶。

4.13 现浇部位施工

4.13.1 预制梁钢筋现场施工

预制梁钢筋现场施工工艺应结合现场钢筋的施工技术难度进行优化调整，由于预制梁箍筋分整体封闭箍和组合封闭箍，封闭部分将不利于纵筋的穿插。为不破坏箍筋结构，现场工人被迫从预制梁端部将纵筋插入，这将大大增加施工难度。为避免以上问题，建议预制梁箍筋在设计时暂时不做成封闭形状，可等现场施工工人将纵筋绑扎完后进行现场封闭处理。纵筋穿插完后将封闭箍筋绑扎至纵筋上，注意封闭箍筋的开口端应交替出现。堆放、运输、吊装时，梁端钢筋要保持原有形状，不能出现钢筋撞弯的情况。

在预制板上标定暗柱藏筋的位置，预先把箍筋交叉放置就位，L 形的应将两方向箍筋依次置于两侧外伸钢筋上，先对预留竖向连接钢筋位置进行校正，然后连接上部竖向钢筋。

4.13.2 叠合板（阳台）现场钢筋施工

（1）叠合层钢筋绑扎前清理干净叠合板上杂物，根据钢筋间距弹线绑扎，上部受力钢筋带弯钩时，弯钩应向下放并应保证搭接和间距符合设计要求。

（2）安装预制墙板用的斜支撑应及时支设。预埋件定位应准确，并采取可靠的防污染措施。

（3）钢筋绑扎过程中，应注意避免局部堆载过大。

4.14 冬期施工

一般而言，连续 5d 日平均气温低于 5℃时，就进入冬期施工。装配式建筑由于湿作业少，也容易形成围护空间，冬期施工比较方便，这对冬季停工 4～5 个月的北方地区来说是非常有利的。

装配式建筑冬期施工应做好方案，符合行业标准《建筑工程冬期施工规程》（JGJ/T 104—2011）有关规定，具体措施如下：

（1）装配式建筑冬期施工可以采取将一个楼层窗洞围护起来，内部采暖形成暖棚的方式；也可以将连接部位局部围护保暖加热的方式。

（2）套筒灌浆作业的施工环境应当采取加热与保温措施，保证套筒、灌浆料等材料温度在5℃以上。

（3）灌浆完成后当灌浆区域养护温度低于10℃时，应当局部做加热措施，例如用暖风机或者电热毯包裹等方式。

（4）后浇混凝土应当选用掺防冻剂的混凝土，入模温度应在5℃以上。局部需要现浇的部位也要保证环境温度在5℃以上。

（5）浇筑完成的区域应当局部围护、覆盖和加热。

课程思政　传承红色基因，崛起绿色施工

1. 传承红色基因

“雄赳赳，气昂昂，跨过鸭绿江。

保和平，卫祖国，就是保家乡……”

1950年，以美国为首的联合国军悍然发动侵朝战争，把战火烧到鸭绿江边。中国人民志愿军跨过鸭绿江，抗美援朝，保家卫国。随着战场不断扩大，志愿军后方补给、军需物资运输成为首要问题。中央军委命令铁道兵团率所属3个师2个团，于1950年11月6日起陆续入朝执行铁路保障任务。入朝后，铁道部队边前进、边抢修，在严冬里相继修复了遭受严重破坏的沸流江、大同江、大宁江、清川江等桥，使平德线、平元线、平北线、京元线、京义线迅速向前延伸。以血肉之躯和顽强意志创建了一条“打不烂、炸不断的钢铁运输线”。

2. 血染的桥梁

1953年1月，铁九师越过鸭绿江，相继完成龟城至价川、龟城至般山、价川至大成里铁路抢修工作后，于7月15日起承担龟城至泰川铁路抢修重任。敌人在3个多月里，对该段管区轰炸720架次，投弹540枚，机枪扫射更是家常便饭，造成铁路干线、枢纽和桥梁反复严重损毁。

全体将士迎难而上，在重点桥梁和区段构筑防空设施，架设通信网络，预制好排架和工字梁。敌机轰炸后立即冲到现场抢修。他们还采用护轮轨拆除、护木分孔锯断、鱼尾板螺丝昼拆夜装等方法，使炸弹破坏减至最小，做到随炸随修，保证线路畅通。

一天，大宁江两座桥梁被同时炸毁。师团率3个连兵力赶赴现场，全体跳入江中抢修。敌机不停地轮番轰炸和扫射：炸弹在江中炸起冲天水柱，机枪打得钢轨火星四溅……战士们置生死于度外，整整奋战了11天，终于抢通了这两座桥梁。

3. 冰与火之歌

1953年2月4日开始，铁十师负责龟般铁路价川至般山段16.778km的修建任务。初期，由于缺乏挖冻土的经验，边挖边冻，平均工效每人每天仅0.5立方米。铁十师发动群众出主意想办法，创造了多种开挖冻土的方法，使工效提高到2.3立方米以上。广大指战员不顾敌机轰炸和零下二十多度的严寒，在冰天雪地中除下皮衣，脱掉棉衣，甩开膀子挥动铁镐铁锹、铁锤钢钎、撬棍钉耙，加班加点突击施工。

很多战士负伤不下火线，黑夜打炮眼，因防空不能照明，就在钢钎上缠上白毛巾，摸黑作业。桥梁施工部队在没有防护服的情况下，轮流在冰水中坚持施工。经过艰苦卓绝的努力，提前25天修通（图4-14）。

4. 牢记历史、不忘英雄

几十年前，为保卫和平、反抗侵略，中国人民志愿军将士义无反顾地跨过鸭绿江，同朝鲜人民和军队一道，历经两年零九个月舍生忘死的浴血奋战，赢得了抗美援朝战争的伟大胜利。

图 4-14　战士跳入水中进行抢修

几十年过去，我们不会忘记那些冲锋陷阵的英雄，他们冒着零下三十多摄氏度的严寒，在白雪皑皑的崇山峻岭中纵横驰骋、浴血奋战；他们在山头被敌人炮火炸低两米的情况下，坚守阵地，决不后退一步；他们搏击长空，“空中拼刺刀”的勇气，创造出世界空战史的奇迹；他们在极为艰难困苦的条件下，一把炒面一把雪，顽强拼搏，经受住了生命极限的考验……

同时，我们也不能忘记，这些血性铁骨的“隐形部队”，在敌人密集轰炸、严密封锁下，建成打不断、炸不烂的路桥；他们紧急攻关、昼夜奋战，为把我们自己的战士和兵器送到前线，拼尽全力……

5. 崛起装配式建筑绿色施工

绿色施工是在工程施工过程中体现可持续发展理念，通过科学管理和技术进步，最大限度地节约资源和保护环境，实现绿色施工的要求，生产绿色产品的工程活动。装配式建筑是我国经济发展的内在需求。就建筑业而言，装配式建筑先天的优势契合了我国的绿色施工的理念，符合环境发展要求，有着广阔的前景。

(1) 装配式建筑是实现绿色建造的重要途径

装配式施工符合绿色施工的各项要求，并大幅提高了绿色施工水平，成为今后发展的主要方向，主要体现于以下几点：

①节地

装配式构件由工厂化生产完成后经车辆运输进入施工现场，进场后随即使用塔式起重机进行吊装，最大限度地解决了施工场地狭小、材料无法堆放的问题。

②节材

现场大量的生产材料由室外转向室内，构件大量批次生产，使混凝土、钢筋、模板等材料大大节约。装配式将传统的满堂脚手架优化为承插式板带支撑体系，外架仅配置两套即可满足施工，使传统的周转材料如木方、钢管、外架等得到节约。

③节能

装配式所使用的劳务人员数量比传统生产少之又少，现场大部分施工作业都是运用起重机械进行吊装，降低了工人的劳动强度，材料二次周转大大降低，提高了工作效率。

④节水

构件由工厂进行生产，节约了现场养护用水，现场施工人员减少的同时也降低了人员生活用水。

⑤环境保护

产业化生产提高了构件的质量，减少了建筑垃圾和生活垃圾的产生、建筑污水的排放，降低了建筑噪声、有害气体及粉尘对环境的影响，现场施工更加文明，有利于环境保护，实现文明施工。

（2）我国装配式建筑施工存在的问题

日本因为是多地震国家，因此装配式建筑起步较早、发展较好，其装配式的建筑可经受强烈地震的考验。在欧美发达国家，装配式建筑也是主流，占到80%左右。我国装配式建筑在跨越了世纪之交，长达十几年的停滞期之后，可谓百废待兴，当前正在大力追赶建筑工业化、大力发展装配式建筑。但我国装配式建筑施工中还存在以下问题：

①预制构件的精度控制

装配式建筑标准限定了施工安装阶段尺寸允许公差，这些标准为装配式建筑工程的施工质量控制和结构验收提供了支撑，如德国 Tour Total 大厦预制混凝土构件安装缝误差小于 1.5mm。国外较为经典的装配式建筑构件安装尺寸允许公差有 MNL-135、ACI117—2010 及 DIN18203—1997 等标准，表 4-1 为前两个标准中规定的预制构件安装尺寸允许公差。

表 4-1　MNL-435 和 ACI117—2010 预制构件安装尺寸允许公差

<table>
<tr><th rowspan="2">名称</th><th rowspan="2">项目</th><th colspan="6">允许公差（mm）</th></tr>
<tr><th>楼梯</th><th>外墙板</th><th>结构墙板</th><th>柱</th><th>板或屋面</th><th>梁</th></tr>
<tr><td rowspan="5">《预制及预应力混凝土结构公差》（MNL-135）</td><td>轴线位置</td><td>±13</td><td>±13</td><td>±13</td><td>±13</td><td>±25</td><td>±25</td></tr>
<tr><td>标高</td><td>±9</td><td>±6</td><td>±13</td><td>13</td><td>±19</td><td>13</td></tr>
<tr><td>垂直度</td><td>—</td><td>6</td><td>6</td><td>6</td><td>—</td><td>3</td></tr>
<tr><td>接缝宽度</td><td>±19</td><td>±6</td><td>±9</td><td>—</td><td>±13（构件长 0～12m）
±19（构件长 12～18m）
±25（构件长>18m）</td><td>±6</td></tr>
<tr><td>搁置长度</td><td>—</td><td>±19</td><td>±19</td><td>—</td><td>±19</td><td>±19</td></tr>
<tr><td rowspan="5">《混凝土施工公差规范和材料说明》（ACI 117—2010）</td><td>轴线位置</td><td>—</td><td colspan="2">±13</td><td>±13</td><td>±25</td><td>±25</td></tr>
<tr><td>标高</td><td>—</td><td colspan="2">±18～6</td><td>−18～6</td><td>—</td><td>−13～6</td></tr>
<tr><td>垂直度</td><td>—</td><td colspan="2">±13</td><td>±25</td><td>—</td><td>±25</td></tr>
<tr><td>接缝宽度</td><td>—</td><td colspan="2">±3</td><td>—</td><td>±3</td><td>±3</td></tr>
<tr><td>搁置长度</td><td>—</td><td colspan="2">±13</td><td>—</td><td>±13</td><td>±9</td></tr>
</table>

从表 4-1 可知，两者对预制构件安装尺寸允许公差要求存在异同——各类预制构件偏离轴线允许公差相等（±13mm）。然而，构件标高、垂直度、接缝宽度和搁置长度

等安装尺寸允许公差取值与公差配分形式不同。与 MNL-135 相比，ACI117—2010 中构件的标高采用正负容许值不等的公差配分形式且公差范围要求适中，垂直度允许公差范围增大，但搁置长度允许公差数值较小。与 MNL-135 和 ACI117—2010 相比，DIN18203—1997 采用了粗略划分构件类型和注重构件尺寸原则。表 4-2 为 DN18203—1997 构件安装尺寸允许公差。

表 4-2　DIN18203—1997 构件安装尺寸允许公差

应用范围	位置允许公差（mm）					
	尺寸＜0.4	尺寸为 0.4～1	尺寸为 1～1.5	尺寸为 1.5～3	尺寸为 3～6	尺寸＞6
未完成墙板、楼板	8	8	8	8	10	10
已完成墙板、楼板	5	5	5	6	8	10
线性构件（如梁、柱）	4	6	8	—	—	—

从表 4-2 中可知，DIN18203—1997 侧重于分析构件尺寸大小对安装允许公差的影响，且将安装尺寸允许公差划分为六个等级，这可能考虑了精度控制的经济性和制备工艺等。该标准对构件类型没有进行详细划分，只是简单地划分为线性（梁、柱）和面构件（墙、板）两类。

我国国家标准、行业规程和地方规范等对构件安装尺寸允许公差要求侧重于构件类型和种类划分，也考虑了构件尺寸大小等，如《混凝土结构工程施工质量验收规范》(GB/T 50204—2015)《装配式混凝土结构技术规程》(JGJ 1—2014) 等，表 4-3 为相应的预制构件安装尺寸允许公差。

表 4-3　预制构件安装尺寸允许公差对比

名称	项目		允许偏差（mm）
《混凝土结构工程施工质量验收规范》(GB/T 50204—2015)	轴线位置	竖向构件（柱、墙板、桁架）	8
		水平构件（梁、楼板）	5
	标高	柱、墙板、梁、楼板底面或顶面	±5
	垂直度	柱、墙板安装后的高度	5（构件长≤6m） 10（构件长≥60m）
	搁置长度	梁、板	±10
	接缝宽度	墙板	±5
《装配式混凝土结构技术规程》(JGJ 1—2014)	轴线位置	竖向构件（柱、墙板、桁架）	10
		水平构件（梁、楼板）	5
	标高	柱、墙板、梁、楼板底面或顶面	±5
	垂直度	柱、墙板	5（构件长≤5m） 10（构件长 5～10m） 20（构件长≥10m）
	倾斜度	梁、桁架	5
	搁置长度	梁、板	±10
	接缝宽度	墙板	±5

从表 4-3 可知，各标准对构件安装尺寸允许偏差要求存在差异，主要体现在构件类型划分、公差配分形式、允许公差数值及范围等方面。《装配式混凝土结构技术规程》(JGJ 1—2014) 对构件安装尺寸允许公差要求主要体现为轴线位置、垂直度方面的安装允许公差要求略宽松，部分安装构件安装尺寸允许偏差与国家标准相同，如标高、搁置长度、接缝宽度。

当前国内外现行标准和规程等对装配式建筑构件生产制作与施工安装尺寸允许公差控制方面已被关注，部分研究成果已应用在实际工程中。但装配式建筑构件尺寸允许公差控制研究仍存在不足，具体如下：

a. 国内外对装配式建筑构件生产制作与施工安装尺寸允许公差要求尚未达成共识，标准及规范等系统性差，缺乏公差确定准则和确切方法。

b. 不同构件及应用部位的精度不够细化，对外观质量要求高的关键部位与不影响结构受力及建筑外观质量的次要部位，对其精度要求没有区分。

c. 对作为建筑围护和装饰功能的预制外墙板（包括预制外挂墙板、预制剪力墙外墙板或其外叶墙板等）精度要求不够全面、系统。

d. 我国装配式建筑构件尺寸允许公差偏重于数值及取值范围的控制，缺少全过程或全流程的公差控制理念，尚未引入各阶段构件公差累积和抵消效应。此外，构件尺寸公差控制还应综合考虑工艺流程和经济成本等因素。

总体来说，在装配式施工项目中，预制构配件的种类和数量众多，材料的科学管理直接影响施工质量。剪力墙、柱、楼板及楼梯等构配件是作为主要的工程材料拼装到结构中的，以我国现阶段的预制构件生产情况来看，预制构件工厂规模有限、经验不足，产品质量参差不齐。此外，施工现场距离预制构件工厂较远，需要运输车辆将构配件运至施工现场，也需要在运送途中对构配件做出相应的保护措施。构配件到达施工现场后，还要对构配件进行合理堆放和适当的养护，以免因自然因素或人为因素影响而受损，如有一项不能按规定执行，就有可能影响结构质量。

②人员与机械操作

装配式建筑与传统现浇建筑的一个重大区别在于施工方式发生了重大变革，由此也造成了施工现场的人员比例和相关的施工机械配置产生重大变化。人作为整个工程实施的主体，其质量意识和安全意识直接关系着建筑的质量。由于施工人员的施工操作并没有严格按照施工标准和规范进行，从而造成了质量事故或质量隐患。如套筒灌浆技术在国内外应用均比较广泛，国外灌浆人员主要为产业工人，而国内灌浆人员以农民工为主，这就很容易造成国内套筒灌浆的施工质量参差不齐。另外，操作人员对设备的管理操作失误也是影响施工质量的原因之一。

③连接质量

装配式建筑的结构安全始终是最受关注的，其中连接部位可靠与否至关重要。最核心的理念非“等同现浇”莫属。“等同现浇”的工作原理是通过钢筋之间的可靠连接（如“浆锚灌浆”“钢筋搭接”“灌浆套筒”连接等），将预先浇筑构件（主要是大部分外墙）与现浇部分有效连接起来，让整个装配式结构与现浇实现“等同”，满足建筑结构安全的要求。但目前在这个过程中仍然存在着一定的问题，需要予以重视。外伸钢筋深入套筒内长度问题：虽然在标准中规定了外伸长度不能出现正负公差，但实际施工过程中往往是出现负公差为主（受制于叠合楼板后浇层厚度偏薄、控制难度较大的因素），从而造成安全隐患。

墙板后浇混凝土施工问题：在预制剪力墙水平连接后浇带、双面叠合剪力墙和圆孔板剪力墙空腔混凝土浇筑等部位，混凝土浇筑易出现漏浆、模板胀模等问题。

预制外墙板接缝防水施工：这是当前施工的难度较大、容易出现质量问题的部位，包括接缝宽度不满足要求、接缝空腔堵塞、防水密封胶施工不规范、排水措施不到位等问题。现有标准中关于接缝防水施工的内容过于简洁，虽然对关键技术要点提出了要求，但不够详细，也缺乏一定的指导性。

④施工管理协调

装配式建筑在施工技术上比传统的现浇式建筑有了突破性的进展。在技术水平有了较大发展的情况下，必然要求组织管理也产生相应的变革。施工准备工作对整个装配式建筑施工阶段的质量控制起着举足轻重的作用，对识别和控制施工准备工作的影响质量的因素具有重要意义。施工单位要有预见性，事先制定质量保证措施。同时，施工方要具备一定的管理协调能力，管理协调工作不到位，如施工方与监理单位就工程验收协调不充分，对分包方管理不到位，致使分包工作质量不达标，则对高标准的施工质量造成了制约。

针对上述问题，这些重点环节施工过程的控制要点，各企业有必要根据自己的技术特长、产品特点、管理特色等内容，制定详细的、复核自身实际需求的技术标准，编制有效可行、精益求精的企业标准。同时也说明，装配式建筑领域对专业素质水平、道德素质水平高的综合性人才的需求逐渐增加。虽然许多企业表示，大部分学生的专业技能水平能够满足企业需求，但所具备责任感、严谨认真、精工笃行和敢于创新的精神，与实际施工需求、与国外在装配式行业的成功有一定的差距。

抗美援朝，融将士们的血肉，换当下的风平浪静，这不可撼动的精神力量值得永远铭记。作为基建学子，我们要实际行动，发扬艰苦奋斗的精神，以更加饱满的热情、更加昂扬的斗志，强化自身技术本领，缩短我国装配式建筑与国际先进水平的差距，提高我国绿色施工技术水平，促进我国装配式建筑可持续发展。

灿若群星的英雄闪耀在历史的天空，战士们的名字永远铭刻在人民的心中。作为新时代的基建人，我们应当永远致敬先辈，学习并传承中国人民志愿军精神，以汇聚实现中华民族伟大复兴的磅礴力量！

复习思考题

1. 装配式混凝土结构施工组织设计的主要内容有哪些？
2. 预制构件进场检验的主控项目有哪些？
3. 举例说明构件的常用吊具类型。
4. 套筒灌浆连接施工工艺及主要技术要求有哪些？
5. 预制墙板施工流程及主要安装要求有哪些？
6. 预制柱施工流程及主要安装要求有哪些？
7. 预制梁施工流程及主要安装要求有哪些？

8. 叠合板施工流程及主要安装要求有哪些?

9. 斜支撑系统的安装主要要求有哪些?拆除主要要求有哪些?

10. 装配式建筑冬期施工应采取哪些主要措施?

11. “打得一拳开,免得百拳来”,抗美援朝战争的胜利为我国争取了几十年和平发展的时间,请搜集史料,简述志愿军战士如何一晚上搭建一座鸭绿江“大桥”。

12. 我们要珍惜眼下来之不易的和平,试述在未来学习生活中,如何将伟大抗美援朝精神了然于心、内化于行,奋力投身到社会主义现代化建设的伟业中来。

5 装配式混凝土结构质量控制及验收

教学目标

了解：装配式混凝土结构质量控制特点；影响装配式混凝土结构质量的因素。

熟悉：影响装配式混凝土结构质量的因素；装配式混凝土结构质量控制依据；工程参建质量安全管理责任。

掌握：装配式混凝土结构工程生产阶段和施工阶段质量控制要点、验收内容及竣工验收规定；生产阶段、储存阶段和施工阶段常见质量问题及防治措施。

教育学生要养成爱岗敬业、实事求是的职业道德，加深学生对建筑工程伦理学的理解与认识。

5.1 装配式混凝土结构质量控制特点

工程质量控制是对各建设阶段的工作质量及施工阶段各工序质量的控制，从而确保工程实体能满足相关标准规定和合同约定的要求。装配式混凝土结构工程的质量控制需要对项目前期（可行性研究、决策阶段）、设计、施工及验收各个阶段的质量进行控制。另外，由于其组成主体结构的主要构件在工厂内生产，还需要做好构件生产的质量控制。与传统的现浇结构工程相比，装配式混凝土结构工程在质量控制方面具有以下特点：

（1）质量管理工作前置。对建设、监理和施工单位而言，由于装配式结构的主要结构构件在工厂内加工制作，装配式混凝土结构的质量管理工作从工程现场前置到了构件预制厂。监理单位需要根据建设单位要求，对预制构件生产质量进行驻厂监造，对原材料进厂抽样检验、预制构件生产、隐蔽工程质量验收和出厂质量验收等关键环节进行监理。

（2）设计更加精细化。对设计单位而言，为降低工程造价，预制构件的规格、型号需要尽可能少，由于采用工厂预制、现场拼装及水电等管线提前预埋，对施工图的精细化要求更高，因此，相对于传统的现浇结构工程，设计质量对装配式混凝土结构工程的整体质量影响更大，设计人员需要进行更精细的设计，才能保证生产和安装的准确性。

（3）工程质量更易于保证。由于采用精细化设计、工厂化生产和现场机械拼装，构件的观感、尺寸偏差都比现浇结构更易于控制，强度更稳定，避免了现浇结构质量通病的出现。因此，装配式混凝土结构工程的工程质量更易于控制和保证。

（4）信息化技术应用。随着互联网技术的不断发展，数字化管理已成为装配式结构质量管理的一项重要手段。尤其是BIM技术的应用，使质量管理过程更加透明、细致、可追溯。

5.2 影响装配式混凝土结构质量的因素

影响装配式混凝土结构质量的因素有很多，归纳起来主要有以下五个方面：

5.2.1 人员素质

人是生产经营活动的主体，也是工程项目建设的决策者、管理者、操作者，工程建设的全过程都是由人来完成的。人员素质将直接或间接决定工程质量的好坏。装配式混凝土结构工程由于机械化水平高、批量生产、安装精度高等特点，对人员的素质尤其是生产加工和现场施工人员的文化水平、技术水平及组织管理能力都有更高的要求。普通的农民工已不能满足装配式建筑工程的建设需要，因此，培养高素质的产业化工人是确保建筑产业现代化向前发展的必然。

5.2.2 工程材料

工程材料是指构成工程实体的各类建筑材料、构配件、半成品等，是工程建设的物质条件，也是工程质量的基础。装配式混凝土结构由预制混凝土构件或部件通过各种可靠的方式连接，并与现场后浇混凝土形成整体的混凝土结构，因此，与传统的现浇结构相比，预制构件、灌浆料及连接套筒的质量是装配式混凝土结构质量控制的关键。预制构件混凝土强度、钢筋设置、规格尺寸是否符合设计要求、力学性能是否合格、运输保管是否得当、灌浆料和连接套筒的质量是否合格等，都将直接影响工程的使用功能、结构安全、使用安全乃至外表及观感等。

5.2.3 机械设备

装配式混凝土结构采用的机械设备可分为三类：第一类是指工厂内生产预制构件的工艺设备和各类机具，如各类模具、模台、布料机、蒸养室等，简称生产机具设备；第二类是指施工过程中使用的各类机具设备，包括大型垂直与横向运输设备、各类操作工具、各种施工安全设施，简称施工机具设备；第三类是指生产和施工中都会用到的各类测量仪器和计量器具等，简称测量设备。不论是生产机具设备、施工机具设备，还是测量设备，都对装配式混凝土结构工程的质量有着非常重要的影响。

5.2.4 作业方法

这里的方法具体指施工工艺、操作方法、施工方案等。在混凝土结构构件加工时，为了保证构件的质量或受客观条件制约需要采用特定的加工工艺，不适合的加工工艺可能造成构件质量的缺陷、生产成本增加或工期拖延等；现场安装过程中，吊装顺序、吊装方法的选择都会直接影响安装的质量。装配式混凝土结构的构件主要通过节点连接，因此，节点连接部位的施工工艺是装配式结构的核心工艺，对结构安全起决定性影响。采用新技术、新工艺、新方法，不断提高工艺技术水平，是保证工程质量稳定提高的重要因素。

5.2.5 环境条件

环境条件是指对工程质量特性起重要作用的环境因素，包括自然环境，如工程地质、水文、气象等；作业环境，如施工作业面大小、防护设施、通风照明和通信条件等；工程管理环境，主要是指工程实施的合同环境与管理关系的确定，组织体制及管理制度等；周边环境，如工程邻近的地下管线、建（构）筑物等。环境条件往往对工程质量产生特定的影响。

5.3 装配式混凝土结构质量控制依据

质量控制的主体包括建设单位、设计单位、项目管理单位、监理单位、构件生产单位、施工单位，以及其他材料的生产单位等。质量控制方面的依据主要分为以下几类，不同的单位根据自己的管理职责依据不同的管理依据进行质量控制。

5.3.1 工程合同文件

建设单位与设计单位签订的设计合同、与施工单位签订的安装施工合同、与生产厂家签订的构件采购合同都是装配式混凝土结构工程质量控制的重要依据。

5.3.2 工程勘察设计文件

工程勘察包括工程测量、工程地质和水文地质勘察等内容。工程勘察成果文件为工程项目选址、工程设计和施工提供科学可靠的依据。工程设计文件包括经过批准的设计图纸、技术说明、图纸会审、工程设计变更及设计洽商、设计处理意见等。

5.3.3 法律法规、部门规章与规程

标准根据适用性分为国家标准、行业标准、地方标准和企业标准。国家标准是必须执行与遵守的最低标准，行业标准、地方标准和企业标准的要求不能低于国家标准的要求，企业标准是企业生产与工作的要求与规定，适用于企业的内部管理，适用于混凝土结构工程的各类标准同样适用于装配式混凝土结构工程，装配式混凝土结构工程验收的主要依据包括：

1. 装配式结构

国家标准：《混凝土结构工程施工质量验收规范》(GB 50204—2015)。

行业标准：《装配式混凝土结构技术规程》(JGJ 1—2014)。

国家标准：《建筑工程施工质量验收统一标准》(GB 50300—2013)。

行业标准：《钢筋套筒灌浆连接应用技术规程》(JGJ 355—2015)。

2. PC 隔墙、PC 装饰一体化、PC 构件一体化门窗

国家标准：《建筑装饰装修工程质量验收标准》(GB 50210—2018)。

行业标准：《外墙饰面砖工程施工及验收规程》(JGJ 126—2015)。

3. 与 PC 构件一体化的保温节能

行业标准：《外墙外保温工程技术标准》(JGJ 144—2019)。

4. 工程所在地关于 PC 的地方标准

如辽宁省地方标准《装配式混凝土结构构件制作、施工与验收规程》（DB21/T 2568—2016）、山东省的《装配整体式混凝土结构设计规程》（DB37/T 5018—2014）等。

5.4 装配式混凝土结构工程参建方责任

质量控制的主体包括建设单位、设计单位、项目管理单位、监理单位、构件生产单位、施工单位及其他材料的生产单位等。不同的单位根据自己的管理职责依据不同的管理依据进行质量控制，要建立健全质量保证体系，落实工程质量终身责任，依法依规对工程质量安全负责。

5.4.1 建设单位质量安全管理责任

（1）在装配式建筑工程建设过程中，建设单位对其质量安全负首要责任。建设单位应根据装配式混凝土结构工程的特点，总体协调全面工作，在工程建设的全过程中，负责装配式建筑工程设计、部品部件生产、施工、监理、检测等单位之间的综合协调。

（2）将装配式建筑工程交予有能力从事装配式建筑工程设计（含 BIM 应用）的设计单位进行设计。按有关规定将装配式建筑工程施工图设计文件送施工图审查机构审查。当发生影响结构安全或重要使用功能的变更时，应按规定进行施工图设计变更并送原施工图审查机构审查。

（3）将预制构件加工图交予有能力的单位进行设计。在部品部件生产前组织设计、部品部件生产、施工、监理等单位进行设计交底和会审工作。组织相关人员对首批同类型部品部件、首个施工段、首层进行验收。对预制混凝土构件生产企业生产的同类型首个预制构件，建设单位应组织设计单位、施工单位、监理单位、预制混凝土构件生产企业进行验收，合格后方可进行批量生产；施工单位首个施工段预制构件安装和钢筋绑扎完成后，建设单位应组织设计单位、施工单位、监理单位进行验收，合格后方可进行后续施工。

5.4.2 设计单位质量安全管理责任

（1）设计单位应严格按照国家和当地相关法律法规、现行工程建设标准进行设计，对设计质量负责。

（2）施工图设计文件的内容和深度应符合相关规定及装配式建筑相关技术要求，满足后续预制构件加工图编制和施工的需要。在各专业施工图设计总说明中均应有装配式专项设计说明。结构专业装配式专项说明应包括设计依据、配套图集，以及预制构件生产和检验、运输和堆放、现场安装、装配式结构验收的要求；结构专业设计图纸中应包括预制构件设计图纸（含预制构件详图）。

（3）施工图设计文件对工程本体可能存在的重大风险控制应进行专项说明，对涉及工程质量和安全的重点部位及环节进行标注，提出保障工程周边环境安全和工程施工质量安全的意见，必要时进行专项设计。

（4）预制构件加工图设计的内容和深度应符合有关专项设计规定，依据施工图设计进行，满足制作、运输与施工要求。预制构件加工图由施工图设计单位完成，或由具备相应设计能力的单位完成并经施工图设计单位审核通过。

（5）施工图设计文件经审查合格后，设计单位受建设单位委托编制预制构件加工图，或审核其他单位编制的预制构件加工图。设计单位向部品部件生产、施工、监理单位进行设计交底，并参与装配式建筑专项施工方案的讨论；按照合同约定和设计文件中明确的节点、事项和内容，提供现场指导服务；参加建设单位组织的部品部件、装配式结构、施工样板质量验收，对部品部件生产和装配式施工是否符合设计要求进行检查。

5.4.3 预制构件生产单位质量安全管理责任

（1）对生产的部品部件质量负责。

（2）加强生产过程质量控制。根据有关标准、施工图设计文件、预制构件加工图等，编制生产方案，生产方案需经部品部件生产单位技术负责人审批；严格按照相关程序对部品部件的各工序质量进行检查，完成各项质量保证资料。

（3）加强成品部品部件的质量管理，建立部品部件全过程可追溯的质量管理制度。建立构件成品质量出厂检验和编码标识制度，对检查合格的预制构件进行标识，标识内容包括：工程名称、构件型号、生产日期、生产单位、合格标识，出厂的构件应当提供产品合格证明书、混凝土强度检验报告及其他重要检验报告等出厂质量合格证明文件，以及有效期内的型式检验报告。

（4）严格落实标准规范、施工图结构设计说明及预制构件加工图设计中的运输要求，有效防止部品部件在运输过程中的损坏。构件生产企业应当编制专项运输方案，经监理、施工单位批准后实施，方案应包含安全防护、成品保护和堆放、吊装风险控制等内容，有效防止部品部件在运输过程中的损坏。

5.4.4 施工单位质量安全管理责任

（1）施工单位应根据装配式建筑施工的特点，建立健全质量安全保证体系，完善质量安全管理制度。

（2）对部品部件施工关键工序编制专项施工方案，经施工单位技术负责人审核，并按有关规定报送监理单位或建设单位审查；对超过一定规模的危险性较大的分部分项工程专项施工方案，组织专家论证会，论证通过后严格按方案实施。

（3）对进场部品部件的质量进行检验，建立健全部品部件施工安装过程质量检验制度和追溯制度。

会同预制构件生产企业、监理单位对进入施工现场的预制构件质量进行验收，验收内容应当包含构件生产全过程质量控制资料、构件成品质量合格证明文件、外观质量、结构实体检验等，未经进场验收或进场验收不合格的预制构件，严禁使用。对预制构件连接灌浆作业进行全过程质量管控，并形成可追溯的文档记录资料及影像记录资料。对预制构件施工安装过程的隐蔽工程和检验批进行自检、评定，合格后通知工程监理单位进行验收，隐蔽工程和检验批未经验收或者验收不合格，不得进入下道工序施工。

（4）装配式建筑工程施工前，按照专项施工方案进行技术交底和安全培训，并编制装配式建筑工程施工应急预案，组织应急救援演练；应进行部品部件试安装。

(5) 对关键工序、关键部位进行全程摄像，对影像资料进行统一编号、存档。对资料的真实性、准确性、完整性、有效性负责，不得弄虚作假。

5.4.5 监理单位质量安全管理责任

(1) 监理单位须针对装配式建筑特点，编制监理规划、实施细则，必要时可安排监理人员驻厂。

(2) 按照规定对施工组织设计、施工方案进行审查，并编制监理实施细则，明确监理的关键工序、关键部位及旁站监理等要求。

(3) 核查施工管理人员及安装作业人员的培训情况；组织施工、部品部件生产单位对进入施工现场的部品部件进行进场验收；对部品部件的施工安装全过程进行监理，对关键工序进行旁站，并留存相应影像资料。

(4) 预制构件生产实施驻场监理的，应当审查预制构件生产方案，并对原材料进场、钢筋加工安装、钢筋连接套筒与工程实际采用钢筋及灌浆料的匹配性、保温板制作质量、连接件制作、混凝土质量等进行现场监督，对进场材料检验见证取样，对预制构件成型制作过程的隐蔽工程进行质量验收。工程监理质量评估报告中应包括预制构件生产过程质量控制检查内容和评估结论。

(5) 逐层核查施工情况，发现施工单位未按要求进行施工时，签发监理通知单，责令其限时改正，并及时向建设单位或有关主管部门报告。

(6) 监理主要流程及内容如下：

①组织施工单位、构件生产单位对进入施工现场的预制构件进行质量验收，如审查进场部品部件出厂合格证、质量保证资料；复核进场部品部件的标识和尺寸偏差、检查外观缺陷，不合格部品部件不得进场使用。

②对预制构件安装连接等关键工序、关键部位实施旁站监理并留存影像资料。

③对预制构件施工安装过程中的隐蔽工程进行验收，组织检验批、分项、分部工程质量验收，核查验收资料的真实性。

④监理单位发现构件生产企业和施工单位违反规范规定或未按设计要求生产、施工的，应当及时签发监理文件要求整改，责令其限时改正，未整改或整改不合格的不予验收；危害结构安全的，监理单位应当及时向建设单位或工程所在地住房和城乡建设行政主管部门报告。

⑤对安全监理，监理单位应审核施工单位安全专项方案、配备专职安全监理、核查施工单位的安全技术交底，对危险性较大工程施工采取巡视、旁站等措施，发现安全隐患采用安全类通知单、备忘录、停工令要求施工单位整改并对整改情况进行复查，向建设单位汇报，必要时向政府主管部门汇报等。

5.4.6 装配式混凝土结构工程参建方质量管控要点

装配式建筑是建筑行业的重要发展趋势，是建筑施工企业现在、未来都面临的新常态。目前，国内装配式建筑风起云涌，参建各方需科学掌握装配式建筑承建过程中的质量管控要点，确保各项安全技术措施切实到位，保证施工安全（表 5-1)。

表 5-1　装配式混凝土结构工程质量管控要点

序号	工程任务	实施主体	工程质量管理要点
1	装配式建筑方案设计	建设单位	组建工程管理团队，进行工程全过程组织协调和质量管理；明确工程各项目标，提供相应条件和资源
		设计单位	与专业咨询公司合作进行方案设计；主导方案设计进度、过程质量协调与控制
		专业咨询公司	与建设单位和设计院密切沟通开展装配式建筑方案研究；提供装配式建筑专项方案设计咨询
2	工程施工图设计	设计单位	组建设计团队分工协作开展工程施工图设计；与专业咨询公司合作开展装配式专项施工图设计
3	预制构件深化设计	设计单位	协调专业咨询公司、预制厂和施工单位开展深化设计工作；审核预制构件深化设计图纸
		专业咨询公司	组建设计团队开展预制构件深化设计；协调电气、设备、水暖、装修等各专业深化设计；提交深化设计图纸审核
		预制构件厂	参与构件深化设计；做好预制构件生产准备工作
		施工单位	参与构件深化设计；做好装配式施工策划和准备工作
4	工程施工组织设计	施工单位	进行工程施工组织策划和准备工作；编制工程施工组织设计文件和专项施工方案文件
5	预制构件生产和运输	预制构件厂	会审预制构件深化设计图纸；参与建设单位、设计单位组织的工程交底和沟通会议；编制预制构件生产组织设计和专项施工方案并组织生产
6	工程施工	施工单位	组建项目团队、调集相应资源、组织工程施工；进行项目施工全过程管理和控制，实现工程施工各项目标
7	工程验收	建设单位	制定验收程序、方法和步骤；组织工程验收；办理并完善各种验收手续
		设计单位	参与工程验收；对验收质量进行设计把控
		施工单位	参与并密切配合工程各阶段验收，提供相应资源和便利条件
		监理单位	审查施工方案、有关施工条件；监控原材料、构件产品和施工质量，组织、参与工程有关验收

5.5 生产阶段的质量控制与验收

装配式混凝土建筑是由预制混凝土构件通过可靠的连接方式装配而成的混凝土结构。因此，预制构件的生产质量直接关系到整体建筑结构的质量与使用安全。需要做好生产过程各个工序的质量控制、隐蔽工程验收、质量评定和质量缺陷的处理等工作。

在预制构件生产之前，应对各工序进行技术交底，上道工序未经检查验收合格，不得进行下道工序。混凝土浇筑前，应对模具组装、钢筋及网片安装、预留及预埋件布置等内容进行检查验收。工序检查由各工序班组自行检查，检查为全数检查，应做好相应的检查记录。

5.5.1 模具组装的质量检查

预制构件生产应根据生产工艺、产品类型等制定模具方案，应建立健全模具验收、使用制度。模具应具有足够的强度、刚度和整体稳固性，并应符合下列规定：

（1）模具应装拆方便，并应满足预制构件质量、生产工艺和周转次数等要求。

（2）结构造型复杂、外型有特殊要求的模具应制作样板，经检验合格后方可批量制作。

（3）模具各部件之间应连接牢固，接缝应紧密，附带的埋件或工装应定位准确，安装牢固。

（4）用作底模的台座、胎模、地坪及铺设的底板等应平整光洁，不得有下沉、裂缝、起砂和起鼓。

（5）模具应保持清洁，涂刷脱模剂、表面缓凝剂时应均匀，无漏刷、堆积，且不得沾污钢筋，不得影响预制构件外观效果。

（6）应定期检查侧模、预埋件和预留孔洞定位措施的有效性；应采取防止模具变形和锈蚀的措施；重新启用的模具应检验合格后方可使用。

（7）模具与平模台间的螺栓、定位销、磁盒等固定方式应可靠，防止混凝土振捣成型时造成模具偏移和漏浆。

（8）模具尺寸允许偏差

模具组装前，首先需根据构件制作图核对模板的尺寸是否满足设计要求；其对模板几何尺寸进行检查，包括模板与混凝土接触面的平整度、板面弯曲、拼装接缝等；然后对模具的观感进行检查，接触面不应有划痕、锈渍和氧化层脱落等现象。预制构件模具的尺寸偏差和检验方法应符合表5-2的规定。

表5-2 预制构件模具尺寸的允许偏差和检验办法

序号	检验项目及内容		允许偏差（mm）	检验方法
1	长度	≤6m	1，−2	用钢尺量平行构件高度方向，取其中偏差绝对值较大处
		>6m且≤12m	2，−4	
		>12m	3，−5	

续表

序号	检验项目及内容		允许偏差（mm）	检验方法
2	截面尺寸	墙板	1，−2	用钢尺测量两端或中部，取其中偏差绝对值较大处
3		其他构件	2，−4	
4	对角线差		3	用钢尺量纵、横两个方向对角线
5	侧向弯曲		L/1500 且≤5m	拉线，用钢尺量测侧向弯曲最大处
6	翘曲		L/1500	对角线测量交叉点间距离值
7	底模表面平整度		2	用 2m 靠尺和塞尺量
8	组装缝隙		1	用塞片或塞尺量
9	端模与侧模高低差		1	用钢尺量

注：L 为模具与混凝土接触面中最长边的尺寸。

5.5.2 预埋件等安装质量检查

构件上的预埋件和预留孔洞宜通过模具进行定位，并安装牢固，其安装偏差应符合表 5-3 的规定。

表 5-3 预埋件和预留孔洞的允许偏差

项目			允许偏差（mm）	检验方法
预埋钢筋锚固板	中心线位置		3	钢尺检查
	安装平整度		0，−3	靠尺和塞尺检查
预埋管、预留孔	中心线位置		3	钢尺检查
	孔尺寸		±3	钢尺检查
门窗口	中心线位置		3	钢尺检查
	宽度、高度		±2	钢尺检查
插筋	灌浆套筒外露钢筋	中心线位置	±2	钢尺检查
		外露长度	+10，0	钢尺检查
	其他	中心线位置	3	钢尺检查
		外露长度	+5，0	钢尺检查
预埋吊环	中心线位置		3	钢尺检查
	外露长度		+8，0	钢尺检查
预留洞	中心线位置		3	钢尺检查
	尺寸		±3	钢尺检查
预埋螺栓	螺栓中心线位置		2	钢尺检查
	螺栓		±2	钢尺检查
钢筋套筒	中心线位置		1	钢尺检查
	平整度		±1	钢尺检查

5.5.3 门窗框安装质量检查

预制构件中预埋门窗框时，应在模具上设置定位装置进行固定，并应逐件检验。门窗框安装允许偏差和检验方法应符合表 5-4 的规定。

表 5-4 门窗框安装允许偏差和检验方法

项目		允许偏差（mm）	检验方法
锚固脚片	中心线位置	5	钢尺检查
	外露长度	+5，0	钢尺检查
门窗框位置		±1，5	钢尺检查
门窗框高、宽		±1，5	钢尺检查
门窗框对角线		±1，5	钢尺检查
门框的平整度		1，5	靠尺检查

5.5.4 钢筋骨架安装质量检查

钢筋网和钢筋骨架安装位置的允许偏差应符合表 5-5 的规定。

表 5-5 钢筋网和钢筋骨架安装位置的允许偏差

项目			允许偏差（mm）	检验方法
钢筋网片	长、宽		±5	钢尺检查
	网眼尺寸		±10	钢尺量连续三档，取最大值
钢筋骨架	长		±5	钢尺检查
	宽、高		±5	钢尺检查
受力钢筋	间距		±5	钢尺量两端、中间各一点，取最大值
	排距		±5	
	保护层	柱、梁	±5	钢尺检查
		板、墙	±3	钢尺检查
钢筋、横向钢筋间距			±5	钢尺量连续三档，取最大值
钢筋弯起点位置			15	钢尺检查

5.5.5 隐蔽工程验收

在混凝土浇筑之前，应对每块预制构件进行隐蔽工程验收，确保其符合设计要求和规范规定。验收内容包括原材料抽样检验和钢筋、模具、预埋件、保温板及外装饰面等工序安装质量的检验。各安装工序的质量检验按照前述要求进行。隐蔽工程验收的范围为全数检查，验收完成应形成相应的隐蔽工程验收记录，并保留存档。

5.5.6 预制构件质量验收

预制构件脱模后，应对其外观质量和尺寸进行检查验收。外观质量不宜有一般缺陷，不应有严重缺陷。对已经出现的一般缺陷，应进行修补处理，并重新检查验收；对已经出现的严重缺陷，修补方案应经设计、监理单位认可之后进行修补处理，并重新检查验收。预制构件叠合面的粗糙度和凹凸深度应符合设计及规范要求。构件外观质量缺陷分类见表5-6，预制构件尺寸允许偏差及检验方法见表5-7。

表5-6 构件外观质量缺陷分类

名称	现象	严重缺陷	一般缺陷
结合面	未按设计要求将结合面设置成粗糙面或键槽及配置抗剪（抗拉）钢筋	未设置粗糙面；键槽或抗剪（抗拉）钢筋缺失或不符合设计要求	设置的粗糙面不符合设计要求
露筋	构件内钢筋未被混凝土包裹而外露	纵向受力钢筋有露筋	其他钢筋有少量露筋
蜂窝	混凝土表面缺少水泥砂浆而形成石子外露	构件主要受力部位有蜂窝	其他部位有少量蜂窝
孔洞	混凝土中孔穴深度和长度均超过保护层厚度	构件主要受力部位有孔洞	其他部位有少量孔洞
夹渣	混凝土中夹有杂物且深度超过保护层厚度	构件主要受力部位有夹渣	其他部位有少量夹渣
疏松	混凝土中局部不密实	构件主要受力部位有疏松	其他部位有少量疏松
裂缝	缝隙从混凝土表面延伸至混凝土内部	构件主要受力部位有影响结构性能或使用功能的裂缝	其他部位有少量不影响结构性能或使用功能的裂缝
连接部位缺陷	构件连接处混凝土缺陷及连接钢筋、连接件松动	连接部位有影响结构传力性能的缺陷	连接部位有少量不影响结构传力性能的缺陷
外形缺陷	缺棱角、棱角不直、翘曲不平、飞边凸肋等	清水混凝土构件有影响使用功能或装饰效果的外形缺陷	其他混凝土构件有不影响使用功能的外形缺陷
外表缺陷	构件表面麻面、掉皮、起砂、沾污等	具有重要装饰效果的清水混凝土构件有外表缺陷	其他混凝土构件有不影响使用功能的外表缺陷

表 5-7　预制构件尺寸允许偏差及检验方法

项目			项目允许偏差（mm）	检验方法
长度	板、梁、柱、桁架	＜12m	±5	尺量检查
		≥12m 且＜18m	±10	
		≥18m	±20	
	墙板		±4	
宽度、高（厚）度	板、梁、柱、桁架截面尺寸		±5	钢尺量一端及中部，取其中偏差绝对值较大处
	墙板的高度、厚度		±3	
表面平整度	板、梁、柱、墙板内表面		5	2m 靠尺和塞尺检查
	墙板外表面		3	
侧向弯曲	板、梁、柱		$l/750$ 且≤20	拉线、钢尺量最大侧向弯曲处
	墙板、桁架		$l/1000$ 且≤20	
翘曲	板		$l/750$	调平尺在两端量测
	墙板		$l/1000$	
对角线差	板		10	钢尺量两个对角线
	墙板、门窗口		5	
挠度变形	梁、板、桁架设计起拱		±10	拉线、钢尺量最大弯曲处
	梁、板、桁架、下垂		0	
预留孔	中心线位置		5	尺量检查
	孔尺寸		±5	
预留洞	中心位置		10	尺量检查
	洞口尺寸、深度		±10	
预埋件	预埋件锚板中心线位置		5	尺量检查
	预埋件锚板与混凝土面平面高差		0，−5	尺量检查
	预埋螺栓中心线位置		2	尺量检查
	预埋螺栓外露长度		＋10，−5	尺量检查
	预埋套筒、螺母中心线位置		2	尺量检查
	预埋套筒、螺母与混凝土面平面高差		0，−5	尺量检查
	线管、电盒、木砖、吊环在构件平面的中心线位置偏差		20	尺量检查
	线管、电盒、木砖、吊环与构件表面混凝土高差		0，−10	尺量检查
预留插筋	中心线位置		3	尺量检查
	外露长度		＋5，−5	尺量检查
键槽	中心线位置		5	尺量检查
	长度、宽度、深度		±5	尺量检查

注：1. l 为构件最长边的长度（mm）；
2. 检查中心线、螺栓和孔道位置时，应沿纵、横两个方向量测，并取其中偏差较大值。

5.6 施工阶段质量控制与验收

根据《混凝土结构工程施工质量验收规范》(GB 50204—2015)，装配式结构作为混凝土结构子分部工程的一个分项进行验收。装配式结构分项工程的验收包括预制构件进场、预制构件安装及装配式结构特有的钢筋连接和构件连接等内容。对装配式结构现场施工中涉及的钢筋绑扎、混凝土浇筑等内容，应分别纳入钢筋、混凝土、预应力等分项工程进行验收。

该验收规范细化了预制构件结构性能检验的相关要求；增加了装配式混凝土结构隐蔽工程验收的内容；完善了预制构件进场验收规定；完善了预制构件尺寸偏差的具体规定；围绕预制构件的安装与连接部分进行调整，增加了钢筋套筒灌浆连接、焊接、螺栓连接、后浇混凝土整体连接等验收项目要求。

5.6.1 基本要求

施工单位对进入现场的部品部件应全数检查验收，部品部件的预埋件、预留钢筋和洞口坐标偏差及安全性等不符合要求的责令退场，不得使用。

首个施工段安装完成后，由建设单位组织相关责任主体对部品部件连接、灌浆、外围护部品部件密封防水等进行专项验收，并形成验收文件。

监理和施工单位应对每一个连接接头质量、接缝处理等进行隐蔽验收，特别要加强预制构件竖向套筒灌浆、浆锚搭接等连接节点的验收，形成隐蔽验收记录，对连接节点质量按有关规定进行检测，并应留存灌浆施工过程、连接节点检测和工序验收等相关影像资料，验收合格后方可进行下道工序。

安装过程中出现影响结构安全及主要使用功能的质量问题时，由设计单位出具处理方案，处理完成后由建设单位组织专项验收。

5.6.2 隐蔽工程验收

隐蔽工程验收内容涉及预制梁柱节点、预制剪力墙端部或相交处及叠合构件叠合层等部位的后浇混凝土施工，隐蔽工程反映钢筋现浇结构分项工程施工的综合质量，后浇混凝土部位的钢筋既包括预制构件外伸的钢筋，也包括后浇混凝土中设置的纵向钢筋和箍筋。在浇筑混凝土之前进行隐蔽工程验收是为了确保后浇混凝土部位施工质量并保证其连接构造性能满足设计要求。因此，后浇混凝土浇筑前，应进行隐蔽工程验收。隐蔽工程验收应包括下列主要内容：

(1) 混凝土粗糙面的质量，键槽的尺寸、数量、位置；

(2) 钢筋的牌号、规格、数量、位置、间距，箍筋弯钩的弯折角度及平直段长度；

(3) 钢筋的连接方式、接头位置、接头数量、接头面积百分率、搭接长度、锚固方式及锚固长度；

(4) 预埋件、预留管线的规格、数量、位置；

(5) 预制构件接缝处防水、防火等构造做法；

(6) 保温及其节点施工；

(7) 防雷相关验收；

(8) 其他隐蔽项目。

5.6.3 防水性能验收

装配式结构的接缝防水施工是非常关键的质量验收内容，应按设计及有关防水施工要求进行验收。

5.6.4 预制构件进场检验

预制构件运至现场后，施工单位应组织构件生产企业、监理单位对预制构件的质量进行验收，验收内容包括质量证明文件验收和构件外观质量、结构性能检验等。未经进场验收或进场验收不合格的预制构件，严禁使用。施工单位应对构件进行全数验收，监理单位对构件质量进行抽检，发现存在影响结构质量或吊装安全的缺陷时，不得验收通过。

5.6.4.1 质量证明文件

预制构件进场时，施工单位应要求构件生产企业提供构件的产品合格证、说明书、试验报告、隐蔽验收记录等质量证明文件。对质量证明文件的有效性进行检查，并根据质量证明文件核对构件。主要质量证明文件有预制构件混凝土用原材料、钢筋、灌浆套筒、连接件、吊装件、预埋件、保温板等产品合格证和复检试验报告。

5.6.4.2 观感验收

观感是对工程的外表、内表的外在质量的评价，在上述质量证明文件齐全、有效的情况下，应对构件的外观质量、外形尺寸等进行检查验收，主要检查以下内容：

(1) 预制构件粗糙面质量和键槽数量是否符合设计要求。

(2) 预制构件吊装预留吊环、预留焊接埋件应安装牢固、无松动。

(3) 预制构件的外观质量不应有严重缺陷，对已经出现的严重缺陷，应按技术处理方案进行处理，并重新检查验收。

(4) 预制构件的预埋件、插筋及预留孔洞等规格、位置和数量应符合设计要求。对存在的影响安装及施工功能的缺陷，应按技术处理方案进行处理，并重新检查验收。

(5) 预制构件的尺寸应符合设计要求，且不应有影响结构性能和安装、使用功能的尺寸偏差。对超过尺寸允许偏差且影响结构性能和安装、使用功能的部位，应按技术处理方案进行处理，并重新检查验收。

(6) 构件明显部位是否贴有标识构件型号、生产日期和质量验收合格的标志。

5.6.4.3 结构性能检验

混凝土预制构件专业企业生产的预制构件进场时，应对预制构件的结构性能进行检验。结构性能检验通常应在构件进场时进行，但考虑检验方便，工程中多在各方参与下在预制构件生产场地进行。

考虑构件特点及加载检验条件，一般只对简支梁板类受弯预制构件的结构性能进行检验；其他预制构件除设计有专门要求外，进场时可不做结构性能检验。对用于叠合板、叠合梁的梁板类受弯预制构件（叠合底板、底梁），是否进行结构性能检验，以及结构性能检验方式应根据设计要求确定。

对多个工程共同使用的同类型预制构件，也可在多个工程的施工、监理单位见证下共同委托进行结构性能检验，其结果对多个工程共同有效。

在上述必要情况下，预制构件结构性能检验应符合下列规定：

（1）梁板类简支受弯预制构件进场时应进行结构性能检验，该类结构性能检验应符合国家相关标准的有关规定及设计的要求，检验要求和试验方法应符合《混凝土结构工程施工质量验收规范》（GB 50204—2015）附录B的规定。

钢筋混凝土构件和允许出现裂缝的预应力混凝土构件应进行承载力、挠度和裂缝宽度检验；不允许出现裂缝的预应力混凝土构件应进行承载力、挠度和抗裂检验。

对大型构件及有可靠应用经验的构件，可只进行裂缝宽度、抗裂和挠度检验。

（2）对所有进场时不做结构性能检验的预制构件，可通过施工单位或监理单位代表驻厂监督制作的方式进行质量控制，此时构件进场的质量证明文件应经监督代表确认。当无驻厂监督时，预制构件进场时应对预制构件主要受力钢筋数量、规格、间距及混凝土强度、混凝土保护层厚度等进行实体检验，实体检验宜采用非破损方法，也可采用破损方法。非破损方法应采用专业仪器并符合国家现行相关标准的有关规定。

对所有进场时不做结构性能检验的预制构件，进场时的质量证明文件宜增加构件制作规程检查文件，如钢筋隐蔽工程验收记录、预应力筋张拉记录等。

5.6.5 预制构件安装施工质量控制

工程检验项目分为主控项目验收和一般项目。

建筑工程中对安全、节能、环境保护和主要使用功能起决定性作用的检验项目为主控项目。除主控项目以外的检验项目为一般项目。主控项目和一般项目的划分应当符合各专业有关规范的规定。

5.6.5.1 预制构件施工验收主控项目

（1）后浇混凝土强度应符合设计要求。

检查数量：按批检验，检验批应符合现行行业标准《装配式混凝土结构技术规程》（JGJ 1）的有关要求。

检验方法：按现行国家标准《混凝土强度检验评定标准》（GB/T 50107）的要求。

（2）钢筋套筒灌浆连接及浆锚搭接连接的灌浆应密实饱满，所有出浆口均应出浆。

检查数量：全数检查。

检验方法：检查灌浆施工质量检查记录。

（3）钢筋套筒灌浆连接及浆锚搭接连接用的灌浆料应满足设计要求。

检查数量：按批检验，以每层为一检验批；每工作班应制作一组且每层不应少于3组40mm×40mm×160mm的长方体试件，标准养护28d后进行抗压强度试验。

检验方法：检查灌浆料强度试验报告及评定记录。

（4）剪力墙底部接缝坐浆强度应满足设计要求。

检查数量：按批检验，以每层为一检验批；每工作班应制作一组且每层不应少于3组边长为70.7mm的立方体试件，标准养护28d后进行抗压强度试验。

检验方法：检查坐浆材料强度试验报告及评定记录。

（5）钢筋采用焊接连接时，其焊接质量应符合现行行业标准《钢筋焊接及验收规程》（JGJ 18）的有关规定。

检查数量：按现行行业标准《钢筋焊接及验收规程》（JGJ 18）的规定确定。

检验方法：检查钢筋焊接施工记录及平行加工试件的强度试验报告。

（6）钢筋采用机械连接时，其接头质量应符合现行行业标准《钢筋机械连接技术规程》（JGJ 107）的有关规定。

检查数量：按现行行业标准《钢筋机械连接技术规程》（JGJ 107）的规定确定。

检验方法：检查钢筋机械连接施工记录及平行加工试件的强度试验报告。

（7）预制构件采用焊接连接时，钢材焊接的焊缝尺寸应满足设计要求，焊缝质量应符合现行国家标准《钢结构焊接规范》（GB 50661）和《钢结构工程施工质量验收标准》（GB 50205）的有关规定。

检查数量：全数检查。

检验方法：按现行国家标准《钢结构工程施工质量验收标准》（GB 50205）的要求进行。

（8）预制构件采用螺栓连接时，螺栓的材质、规格、拧紧力矩应符合设计要求及现行国家标准《钢结构设计规范》（GB 50661）和《钢结构工程施工质量验收标准》（GB 50205）的有关规定。

检查数量：全数检查。

检验方法：按照现行国家标准《钢结构工程施工质量验收标准》（GB 50205）的要求进行。

5.6.5.2 预制构件施工验收一般项目

1. 装配式结构尺寸

装配式结构尺寸允许偏差应符合设计要求，并应符合表 5-8 中的规定。

检查数量：按楼层、结构缝或施工段划分检验批。在同一检验批内，对梁、柱，应抽查构件数量的 10%，且不少于 3 件；对墙和板，应按有代表性的自然间抽查 10%，且不少于 3 间；对大空间结构，墙可按相邻轴线间高度 5m 左右划分检查面，板可按纵、横轴线划分检查面，抽查 10%，且均不少于 3 面。

表 5-8 装配式结构尺寸允许偏差及检验方法

项目			允许偏差（mm）	检验方法
构件中心线对轴线位置	基础		15	尺量检查
	竖向构件（柱、墙、桁架）		10	
	水平构件（梁、板）		5	
构件标高	梁、柱、墙、板底面或顶面		±5	水准仪或尺量检查
构件垂直度	柱、墙	5m	5	经纬仪或尺量检查
		≥5m 且<10m	10	
		≥10m	20	
构件倾斜度	梁、桁架		5	垂线、钢尺量测

续表

<table>
<tr><th colspan="3">项目</th><th>允许偏差（mm）</th><th>检验方法</th></tr>
<tr><td rowspan="5">相邻构件
平整度</td><td colspan="2">板端面</td><td>5</td><td rowspan="5">垂线、塞尺量测</td></tr>
<tr><td rowspan="2">梁、板底面</td><td>抹灰</td><td>5</td></tr>
<tr><td>不抹灰</td><td>3</td></tr>
<tr><td rowspan="2">柱墙侧面</td><td>外露</td><td>5</td></tr>
<tr><td>不外露</td><td>10</td></tr>
<tr><td>构件搁置长度</td><td colspan="2">梁、板</td><td>±10</td><td>尺量检查</td></tr>
<tr><td>支座、支垫
中心位置</td><td colspan="2">板、梁、柱、墙、桁架</td><td>10</td><td>尺量检查</td></tr>
<tr><td rowspan="2">墙板接缝</td><td colspan="2">宽度</td><td rowspan="2">±5</td><td rowspan="2">尺量检查</td></tr>
<tr><td colspan="2">中心线位置</td></tr>
</table>

2. 外墙板接缝的防水性能应符合的设计要求

检查数量：按批检验。每 1000m^2外墙面积应划分为一个检验批，不足 1000m^2时也应划分为一个检验批；每个检验批每 100m^2应至少抽查一处，每处不得少于 10m^2。

检验方法：检查现场淋水试验报告。现场淋水试验应满足下列要求：淋水流量不应小于 5L/（m·min），淋水试验时间不应少于 2h，检测区域不应有遗漏部位。淋水试验结束后，检查背水面有无渗漏。

5.7 装配式混凝土结构工程竣工验收规定

5.7.1 装配式结构工程验收合格规定

装配式结构工程竣工验收，要符合现行《混凝土结构工程施工质量验收标准》（GB 50205）中关于传统现浇混凝土结构相关规定，也要符合现行《装配式混凝土建筑技术标准》（GB/T 51231）中关于装配式混凝土结构验收的相关规定。现行《装配式混凝土建筑技术标准》（GB/T 51231）的一般规定如下：

（1）装配式混凝土结构施工应按现行国家标准《建筑工程施工质量验收统一标准》（GB 50300）的有关规定进行单位工程、分部工程、分项工程和检验批的划分和质量验收。

（2）装配式混凝土建筑的装饰装修、节点安装等分部工程应按国家现行有关标准进行质量验收。

（3）装配式混凝土结构工程应按混凝土结构子分部工程进行验收，装配式混凝土结构子分部工程应按混凝土结构的子分部工程的分项工程验收，混凝土结构子分部中其他分项工程应符合现行国家标准《混凝土结构工程施工质量验收标准》（GB 50205）的有关规定。

（4）装配式混凝土结构工程施工用的原材料、部品、构配件均应按检验批进行进场验收。

(5) 装配式混凝土结构连接节点及叠合构件浇筑混凝土前，应进行隐蔽工程验收。

(6) 混凝土结构子分部工程验收时，除应符合现行国家标准《混凝土结构工程施工质量验收标准》(GB 50205) 的有关规定提供文件和记录外，尚应提供下列文件和记录：

①工程设计文件、预制构件安装施工图和加工制作详图。

②预制构件、主要材料及配件的质量证明文件、进场验收记录、抽样复验报告。

③预制构件安装施工记录。

④钢筋套筒灌浆型式检验报告、工艺检验报告和施工检验记录、抽样复验报告。

⑤后浇混凝土部位的隐蔽工程检查验收文件。

⑥后浇混凝土、灌浆料、坐浆材料强度检测报告。

⑦外墙防水施工质量检查记录。

⑧装配式结构分项工程质量验收文件。

⑨装配式工程的重大质量问题的处理方案和验收记录。

⑩装配式工程的其他文件和记录。

(7) 装配式工程须进行结构实体检验

①装配式混凝土结构子分部工程分段验收前，应进行结构实体检验。结构实体检验应由监理单位组织施工单位实施，并见证实施过程。参照现行国家标准《混凝土结构工程施工质量验收标准》(GB 50205) 关于现浇结构分项工程的规定。

②结构实体检验应包括混凝土强度、钢筋保护层厚度、结构位置与尺寸偏差及合同约定的项目，必要时可检验其他项目，除结构位置与尺寸偏差外的结构实体检验项目，应由具有相应资质的检测机构完成。预制构件实体性能检验报告应由构件生产单位提交施工总承包单位，并由专业监理工程师审查备案。

③钢筋保护层厚度、结构位置与尺寸偏差按照现行《混凝土结构工程施工质量验收标准》(GB 50205) 执行。

④预制构件现浇接合部位实体检验应进行以下项目检测：

接合部位的钢筋直径、间距和混凝土保护层厚度；接合部位的后浇混凝土强度。

⑤对预制构件混凝土、叠合梁、叠合板后浇混凝土和灌浆料的强度检验，应以在浇筑地点制备并与结构实体同条件养护的试件强度为依据。混凝土强度检验用同条件养护试件的留置、养护和强度代表值应按现行《混凝土结构工程施工质量验收标准》(GB 50205) 的规定进行，也可按国家现行标准规定采用非破损或局部破损的检测方法检测。

⑥当未能取得同条件养护试件强度或同条件养护试件强度被判为不合格时，应委托具有相应资质等级的检测机构按国家有关标准的规定进行检测。

部品安装验收、设备及管线验收、内装修验收等分项工程验收完成及装配式结构实体检验完成后，就具备了竣工验收的条件。可依据现行国家标准《混凝土结构工程施工质量验收标准》(GB 50205) 及各地方标准进行竣工验收。

5.7.2 工程施工质量验收及需要提供的文件和记录

5.7.2.1 装配式结构工程验收时应提交的资料

(1) 工程设计文件、预制构件制作和安装的深化设计图、设计变更文件。

(2) 预制构件、主要材料及配件的质量证明文件、进场验收记录、抽样复验报告。

（3）预制构件安装施工记录。

（4）钢筋套筒灌浆、浆锚搭接连接等钢筋连接的施工检验记录。

（5）后浇混凝土和外墙防水施工的隐蔽工程验收记录。

（6）后浇混凝土、灌浆料、坐浆材料强度检测报告。

（7）外墙防水施工质量检验记录。

（8）装配式结构分项工程质量验收记录。

（9）装配式工程重大质量问题的处理方案和验收记录。

（10）装配式工程其他必要的文件和记录。

5.7.2.2　当装配式结构子分部工程施工质量不符合要求时的处理规定

（1）经返工、返修或更换构件、部件的检验批，应重新进行检验。

（2）经有资质的检测单位检测鉴定达到设计要求的检验批，应予以验收。

（3）经有资质的检测单位检测鉴定达不到设计要求，但经原设计单位核算并确认仍可满足结构安全和使用功能的检验批，可予以验收。

（4）经返修或加固处理能够满足结构安全使用要求的分项工程，可根据技术处理方案和协商文件进行验收。

5.8　装配式混凝土结构工程常见质量通病及防治措施

现阶段建筑行业在不断发展，装配式建筑工程的数量也在不断增多，然后在进行装配式建筑施工时会经常出现一些质量问题，严重影响建筑工程质量。这里主要讲述了装配式混凝土结构构件生产阶段、储存阶段、施工阶段常见的质量问题，并针对这些质量问题从现象、原因、防治措施进行详细阐述，从而为更好地开展装配式工程提供了一些参考。

5.8.1　生产阶段质量问题及防治措施

行业发展速度快、专业人员和产业技术工人缺乏、产业配套不成熟等因素，在预制构件生产过程中，预制构件质量通病时有发生，影响预制构件的外观质量和使用安全。如何最大限度地消除和减少质量通病，保证预制构件内外在的质量是全体参与者的共同目标。

1. 蜂窝

（1）现象

蜂窝指混凝土结构局部出现疏松，砂浆少，石子多，气泡或石子之间形成空隙，类似蜂窝状的窟窿。

（2）原因

混凝土配合比不当或砂、石、水泥、水计量不准；混凝土搅拌时间不够，搅拌不均匀和易性差；模具接缝不严，造成浇筑振捣时缝隙漏浆；一次性浇筑混凝土或分层过厚；混凝土振捣时间短、漏振，混凝土不密实。

（3）防治措施

严格控制混凝土配合比，做到计量准确，混凝土拌和均匀，坍落度适合；控制混凝土搅拌时间，振捣时间要充足，最短不得少于规范规定；浇筑前要清理模具，模具组装要牢固，混凝土分层振捣。

2. 麻面

(1) 现象

麻面指构件表面局部出现缺浆粗糙或形成许多小坑、麻点等，形成一个粗糙面，但无钢筋外露。

(2) 原因

模具表面未清理干净；模具清理及脱模剂涂刷工艺不当；模具拼缝不严，局部漏浆；模具隔离剂涂刷不匀，局部漏刷或失效；混凝土振捣不实。

(3) 防治措施

模具表面清理干净，不得粘有干硬水泥砂浆等杂物；接触面涂抹隔离剂时，涂刷均匀，不出现漏刷或者积存；混凝土应分层均匀振捣密实，严防漏振，至排除气泡为止；模具组装要牢固，缝隙严实。

3. 孔洞

(1) 现象

混凝土结构内部有尺寸较大的空隙，局部没有混凝土或蜂窝特别大，钢筋局部或全部裸露。

(2) 原因

在钢筋较密的部位或预留孔洞和埋件处，混凝土下料被隔住，未振捣就继续浇筑上层混凝土；混凝土离析，砂浆分离，石子成堆，严重跑浆，又未进行振捣；混凝土一次下料过多、过厚，振捣器振动不到，形成松散孔洞。

(3) 防治措施

在钢筋密集处及复杂部位采用细石混凝土浇灌；分层振捣密实，严防漏振；砂石中混有黏土块，模板工具等杂物掉入混凝土内，及时清除干净。

4. 露筋

(1) 现象

露筋指混凝土内部钢筋裸露在构件表面。

(2) 原因

钢筋保护层垫块位移或垫块太少或漏放，致使钢筋紧贴模具外露；结构构件截面小，钢筋过密，石子卡在钢筋上，使水泥砂浆不能充满钢筋周围，造成露筋；混凝土配合比不当，产生离析，靠模具部位缺浆或模具漏浆；混凝土保护层太小或保护层处混凝土漏振或振捣不实，或振捣棒撞击钢筋或踩踏钢筋，使钢筋移位，造成露筋；脱模过早，拆模时缺棱、掉角，导致露筋。

(3) 防治措施

钢筋保护层垫块厚度、位置应准确，垫足垫块，并固定好，加强检查；钢筋稠密区域，按规定选择适当的石子粒径，最大粒径不得超过结构界面最小尺寸的 1/3；混凝土振捣严禁撞击钢筋，操作时，避免踩踏钢筋，如有踩弯或脱扣等及时调整；振捣时间要充足，不能漏振。

5. 气泡

(1) 现象

预制构件脱模后，构件表面存在除个别大气泡外，细小气泡多，呈片状密集。

(2) 原因

砂石级配不合理，粗骨料过多，细骨料偏少；骨料大小不当，针片状颗粒含量过多；用水量较大、水灰比较高的混凝土；脱模剂质量效果差或选择的脱模剂不合适；振捣不充分、不均匀。

(3) 防治措施

严格把好材料关，控制骨料大小和针片状颗粒含量，备料时要认真筛选，剔除不合格材料；优化混凝土配合比；模板应清理干净，选择效果较好的脱模剂，脱模剂要涂抹均匀。分层浇筑，充分振捣，严防欠振、漏振和超振。

6. 烂根

(1) 现象

烂根指预制构件浇筑时，混凝土浆顺模具缝隙从模具底部流出或模具边角位置脱模剂堆积等，导致底部混凝土面出现“烂根”。

(2) 原因

骨料的级配设计不佳；混凝土浇筑高度过高，振捣不实；模具拼接缝隙较大，或模具固定螺栓或拉杆未拧牢固；模具底部封堵材料的材质不理想及封堵不到位造成密封不严，引起混凝土漏浆；混凝土离析；脱模剂涂刷不均匀。

(3) 防治措施

模具拼缝严密，优化混凝土配合比。浇筑过程中注意振捣方法、振捣时间，避免过度振捣。脱模剂应涂刷均匀，无漏刷、堆积现象。

7. 疏松

(1) 现象

混凝土中局部不密实。

(2) 原因

混凝土配合比设计不当导致砂率偏低、和易性差、坍落度偏小；浇筑过程中，振捣时间不够、振捣不到位及漏振等。

(3) 防治措施

优化混凝土配合比，浇筑过程中注意振捣方法、振捣时间。

8. 夹渣

(1) 现象

混凝土中夹有杂物且深度超过保护层厚度。

(2) 原因

模板表面污染未及时清除。

(3) 防治措施

浇筑混凝土前应全面检查，清除模板的杂物和垃圾。

9. 缺棱掉角

(1) 现象

在结构或构件边角处混凝土局部掉落，不规则，棱角有缺陷。

(2) 原因

脱模过早，构件脱模强度不足，造成混凝土边角随模具拆除破损；构件成品在脱模起吊、存放、运输等过程中受外力或重物撞击，棱角被碰掉。

（3）防治措施

构件在脱模前要有实验室给出的强度报告，达到脱模强度后方可脱模；拆模时注意保护棱角，避免用力过猛；模具边角位置要清理干净，不得粘有灰浆等杂物。

10. 裂缝

（1）现象

裂纹从混凝土表面延伸至混凝土内部，按照深度不同可分为表面裂纹、深层裂纹、贯穿裂纹。贯穿性裂缝或深层的结构裂缝对构件的强度、耐久性、防水等造成不良影响，对钢筋的保护尤其不利。

（2）原因

构件养护不足，浇筑完成后混凝土静养时间不到就开始蒸汽养护或蒸汽养护脱模后温差较大；混凝土失水干缩引起裂缝；构件拆模过早，混凝土强度不足，构件在自重或施工荷载下产生裂缝。

（3）防治措施

成型后及时覆盖养护，保湿保温；优化混凝土配合比，控制混凝土自身收缩；控制混凝土水泥用量，水灰比和砂率不要过大。严格控制砂、石含泥量，避免使用过量粉砂；根据实际生产情况制定各类型构件养护方式，设置专人进行养护。拆模吊装前必须委托实验室做试块抗压报告，在接到实验室强度报告合格单后对构件实施脱模作业，从而保证构件的质量。要保证预制构件在规定时间内达到脱模要求值，要求劳务班组优化支模、绑扎等工序作业时间，加强落实蒸养制度，加强对劳务班组（蒸养人员）的管理等。

11. 表面起粉、起砂

（1）现象

混凝土表面粗糙，光洁度差，一般颜色发白，不坚实。

（2）原因

混凝土配合比不当，拌制的混凝土匀质性差，易出现泌水，粉煤灰掺量过多；砂的粒径过细，水用量大，水胶比大，强度低；混凝土振捣时间过长，养护不当。

（3）防治措施

混凝土配合比设计合理，用水量不宜过多，防止拌合物产生泌水现象；混凝土振捣时间不宜过长；混凝土浇筑后要加强养护工作。

12. 粗糙面

（1）现象

预制构件的粗糙面所在位置在施工现场需进行二次浇筑，易出现洗水效果差、外露石子少、粗糙面深度不足等现象，不符合图纸要求。

（2）原因

选用的粗骨料尺寸不合格；模具上粗糙面的位置未涂刷缓凝剂；未及时水洗导致粗糙面位置混凝土凝结，砂浆冲不掉。

（3）防治措施

模具上粗糙面位置需均匀涂刷缓凝剂；粗糙面位置浇筑混凝土时尽量采用较多粗骨

料；根据天气情况合理控制拆模时间与构件洗水时间；高压水枪冲洗粗糙面时，冲洗2～3遍，确保露出石子的1/2～1/3。

13. 预制构件强度不足

（1）现象

预制构件强度不足指同批混凝土试块的抗压强度按现行《混凝土强度检验评定标准》（GB/T 50107）的规定评定不合格。

（2）原因

①原材料质量差：水泥质量不良，骨料（砂、石）质量不合格，砂子含泥量超标，拌合水质量不合格，外加剂质量差。

②配合比不合适：混凝土配合比是决定强度的重要因素之一，其中水灰比大小直接影响混凝土强度。

③施工工艺存在问题：混凝土拌制时间短且不均匀，浇筑方法不当，成型振捣不密实，养护条件不良，湿度不够，试件制作不规范。试件强度试验方法不规范。

④混凝土养护时间短，措施不到位，缺乏过程混凝土强度监控措施。预制构件出模强度偏低，后期养护措施不到位。

（3）防治措施

加强试验检查，确保原材料质量；严格控制混凝土的配合比；应按顺序拌制混凝土，要合理拌制，保证搅拌时间和均匀性；按规定制作试块，加强对试块的管理和养护。规范试验程序，严格按操作规程进行试件强度试验；浇筑完的构件，严格按技术交底的要求进行蒸汽养护，做好养护记录，出模的构件应洒水养护。加强落实并执行蒸汽养护制度，设置专职养护人员。构件脱模起吊时，同条件养护的试件试压强度合格后方可起吊。混凝土强度尚未达到设计值的预制构件，做好混凝土出模后各阶段的养护。

14. 钢筋加工误差大、丝头不合格、绑扎松动或漏绑、位置误差大

（1）现象

钢筋在加工、绑扎、布置等流程出现质量问题，如钢筋下料前未将锈蚀钢筋进行除锈、钢筋下料后尺寸不准、弯钩弯曲直径不符合要求或弯钩平直段长度不符合要求、箍筋尺寸偏差大、弯钩不符合要求；丝头端面不垂直于钢筋轴线、钢筋丝口存在断丝现象，丝头长度不够，丝头直径不合适；钢筋绑扣松动或漏绑严重，钢筋的间距、排距位置不准，偏差大，受力钢筋混凝土保护层不符合要求。

（2）原因

操作人员及专检人员对交底不清或责任心不强；没有认真熟悉设计图纸和施工规范、未按照要求操作，钢筋加工错误；检查人员没有及时发现。

（3）防治措施

技术人员要对操作人员进行专门的交底并提出质量要求，操作工人也必须经培训合格后持证上岗，操作时须按照设计图纸和施工规范进行操作；落实好检查制度并严格做好检查。

15. 预制构件尺寸偏差大

（1）现象

预制构件尺寸偏差大指预制构件高、宽、厚等几何尺寸与图纸设计不符，超过规范

允许偏差值，影响结构性能或装配、使用功能。

（2）原因

模板定位尺寸不准，没有按施工图纸进行施工放线或误差较大；模板的强度和刚度不足，定位措施不可靠，混凝土浇筑过程中移位；模板使用时间过长，出现了不可修复的变形；构件体积太大，混凝土流动性太大，导致浇筑过程模具跑位；构件生产出来后码放、运输不当，导致出现塑性变形。

（3）防治措施

优化模板设计方案，确保模板构造合理，刚度足够完成任务；施工前认真熟悉设计图纸，首次生产产品要进行首件检查，要对照图纸进行测量，确保模具合格，构件尺寸正确；模板支撑必须具有足够的承载力、刚度和稳定性，确保模具在浇筑混凝土及养护的过程中不变形、不失稳、不跑模：振捣工艺合理，模板不受振捣影响而变形；控制混凝土坍落度不要太大；在浇筑混凝土过程中，及时发现松动、变形的情形，并及时补救；做好二次抹面压光；做好码放、运输技术方案并严格执行；严格执行“三检”制度。

16. 预埋件位置偏差大

（1）现象

预制构件中的线盒、线管、吊点、预埋铁件等预埋件中心线位置、埋设高度等问题超过规范允许偏差值。预埋件问题在构件生产中发生批次较高，虽然对结构安全没有影响，但严重影响外观和后期装饰装修工程，施工造成返工修补，影响生产进度，影响工程后期施工使用。

（2）原因

设计不够细致，存在尺寸冲突：定位措施不可靠，容易移位；工人施工不够细致，没有固定好；混凝土浇筑过程中被振捣棒碰撞；抹面时没有认真采取纠正措施。

（3）防治措施

深化设计阶段应采用BIM模型进行预埋件放样和碰撞检查；采用磁盒、夹具等固定预埋件，必要时来用螺钉拧紧：加强过程检验，切实落实“三检”制度；浇筑混凝土过程中避免振动棒直接碰触钢筋、模板、预埋件等；在浇筑混凝土完成后，认真检查每个预埋件的位置，及时发现问题，进行纠正。

17. 预留钢筋长度、数量、直径、位置等错误

（1）现象

预制构件的预留钢筋偏位、长短不一、缺筋、钢筋规格使用错误等，特别是墙板钢筋套筒灌浆连接，因预留钢筋与灌浆套筒定位不准确，导致安装困难。

（2）原因

预制构件模具预留出筋孔（槽）、套筒等安装定位不准确；钢筋加工错误、操作人员没有认真熟悉设计图纸和施工规范、未按照要求布置钢筋；生产人员及专检人员未仔细按照设计图纸验收钢筋工程或未验收钢筋工程，直接进行下道工序；过度振捣，导致预留钢筋偏位。

（3）防治措施

预制构件模具应满足预留钢筋、套筒等安装定位要求，其精度符合技术规范要求；

钢筋加工制作时，要将钢筋加工表与设计图复核，试制合格后方可成批制作，加工好的钢筋要挂牌堆放且整齐有序；预留钢筋绑扎要采取加固措施保证预留钢筋在浇筑混凝土时不移位、不变形；混凝土浇筑时避免过度振捣；运输、存放、安装过程中应加强成品保护。

18. 预留孔洞尺寸、数量误差大

(1) 现象

预制构件预留孔洞规格尺寸、数量不符合图纸要求，中心线位置偏移超差等。

(2) 原因

模具制作时遗漏预留孔洞定位孔或定位孔中心线位置偏移超过允许值；施工人员未按图施工，检查人员没有及时发现；预留孔洞未固定牢固，混凝土振捣时位移或脱落；拆模施工导致预留孔洞位置损坏严重。

(3) 防治措施

预制构件制作模具应满足构件预留孔洞的安装定位要求；生产人员及质检人员共同对预留孔洞规格尺寸、位置、数量及安装质量进行仔细检查，验收合格后，方可进行下道工序；预留孔洞安装时，应采取妥善、可靠的固定保护措施，确保其不移位、不变形，防止振捣时移位及脱落；混凝土振捣时在预留孔洞附近应小心谨慎，振捣棒不能离预留孔洞模板太近，捣固应密实；拆模时，待该部位混凝土达到足够强度后进行，并采取轻拆轻放的方法；构件脱模后，生产人员及专检人员要对预留孔洞位置、规格尺寸、数量等进行复查。

19. 钢筋保护层厚度偏差大

(1) 现象

构件钢筋的保护层偏差过小或过大，钢筋保护层厚度过小，容易造成露筋现象，导致构件耐久性降低；钢筋保护层厚度偏大将直接影响承载力和抗裂性能。

(2) 原因

垫块厚度选择不符合图纸要求，位置布置较少或选择的垫块偏软；疏于管理，浇筑前没有严格检查保护层垫块情况，质量检验不到位。

(3) 防治措施

制作时严格按照图样上标注的保护层厚度安装保护层垫块，加强落实三级交底制度，并严格执行。

5.8.2 储存阶段质量问题及防治措施

预制构件脱模、质检合格后运到堆场存放，出货时有装车、运输，入场后有吊装、现场存放等环节，在此过程中涉及构件的堆放、翻转等环节，而且预制构件数量多，如果储运方式不当，极易造成构件变形、开裂、损坏等，严重影响结构质量。

1. 标识问题

(1) 现象

预制构件无标识或标识不全等问题。

(2) 原因

未按要求及时进行构件检验，工作人员未按要求进行标识。

(3) 防治措施

预制构件脱模起吊后，及时对构件进行检验，并使用喷码设备在构件上标记标识；标识应清楚、位置统一。检验合格后，入成品库区。不合格品进入待修区。构件标识应包括生产厂家、工程名称、构件型号、生产日期、装配方向、吊装位置、合格状态、监理等。

2. 堆放问题

(1) 现象

混凝土预制构件在库区或运输过程中，堆放不符合要求，造成预制构件及其装饰面损坏。

(2) 原因

堆放场地不平整，支垫高度不一；预制构件现场随意堆放，摆放不平整；支承点与吊点不一致；上下排木方垫块不在一条直线，堆放层数超过规定等。

(3) 防治措施

预制构件的堆放场地宜为混凝土硬化地面或经人工处理的自然地坪，满足平整度和地基承载力要求；必须根据设计图样要求的构件支承位置与方式支承堆放构件，支点宜与起吊点位置一致；堆放过程中要根据各个构件的不同性能，采用合理堆放措施。

3. 构件表面污染

(1) 现象

混凝土预制构件表面被油污、人为踩踏等原因污染。

(2) 原因

预制构件在堆放、运输和安装过程中没有做好构件保护。

(3) 防治措施

预制构件成品应建立严格有效的保护制度，明确保护内容和职责，制定专项防护措施方案，全程采取防尘、防油、防污染、防破损措施。对有外露易锈蚀部分的埋件或连接件要特别加强保护；运输过程中必须采取适当的防护措施，防止损坏或污染其表面。

4. 运输损坏

(1) 现象

运输损坏指构件在运输过程中发生构件污染、碰撞和断裂等损坏。

(2) 原因

预制构件出厂时强度不够；运输方案的制定没有根据实际路况及构件的性能采用特定的支撑措施；构件在装车过程中的固定措施不符合要求，保护措施不当；运输过程中的运输行为不当等。

(3) 防治措施

预制构件出厂时混凝土强度实测值不应低于设计要求；当无设计要求时，出厂时混凝土强度不应低于设计强度等级值的75%；构件装车运输前应事先进行装车方案设计，预制构件运输前制定运输方案，构件在装运过程中需按照相应方案执行防止构件移动或倾倒的固定措施及构件保护措施。

5. 吊点未设置或者设置不合理

(1) 现象

构件在堆放、翻转、装卸车等吊运过程中出现明显裂缝、构件磕碰损坏现象，预制构件产生破坏。

（2）原因

设计深化图中未注明具体的运输措施及吊点位置，或者吊点、支撑点位置的不合理；堆放、吊运过程中没有做好构件保护。

（3）防治措施

设计阶段需进行吊点设计，构件设计时对吊点位置进行分析计算，确保吊装安全，吊点合理；构件起重、安装和运输中应当对使用的吊具进行设计；吊运过程中要对构件进行保护，落吊时速度要慢。

5.8.3 施工阶段质量问题及防治措施

现阶段装配式建筑施工工艺还缺乏一定的成熟度，在进行施工中存在一些常见的质量问题，需要我们采取有效的措施积极防范质量问题，从而有效保证装配式建筑施工质量。

1. 与预制构件连接的钢筋误差大

（1）现象

无论是套筒连接还是浆锚连接，都对连接部位的钢筋位置要求很高，与预制构件连接的钢筋误差超差，当出现部分位置偏移较小时，钢筋在简单处理后能够插入孔洞。当出现较大偏移时，若使用气焊加热煨弯，钢筋热处理后导致钢筋的力学性能发生变化，影响结构安全。

（2）原因

构件生产加工时预留钢筋有误差、定位不准确；构件安装顺序错误；施工工人在未经过交底或培训教育的情况下错误施工，导致外伸钢筋的位置偏移或钢筋严重变形。

（3）防治措施

在满足规范要求的前提下，适当增大钢筋对位孔洞，这样可以使对位钢筋的入孔率增多，从而使钢筋的纵向整体性增强，增加有效连接；增加构件加工厂生产准确性及现场钢筋绑扎的规范性，减少错误构件的产生。

2. 套筒或浆锚预留孔堵塞

（1）现象

套筒或浆锚预留孔洞堵塞，灌浆料的饱满程度无法得到保证，影响结构安全。

（2）原因

预制阶段时残留混凝土浆料或异物进入，灌浆孔清理不到位造成套筒灌浆孔的堵塞。

（3）防治措施

预制构件脱模后出场前应严格检查，构件进场时质量检查人员应对构件的预埋套筒、钢筋预留孔、浆锚孔、预埋管线、避雷带及其他预埋件等进行仔细检查验收。

3. 灌浆不密实

（1）现象

预制墙板在纵向连接时灌浆饱满程度难以确定。一般认为，灌注的混凝土从板的上部孔洞流出即为灌浆完成，但实际上灌浆管内部情况难以检验，灌浆饱满度难以把握。

（2）原因

灌浆料配置不合理；灌浆管道不畅通、嵌缝不密实造成漏浆；操作人员责任心不强，未灌满。

（3）防治措施

严格按照说明书的配合比及放料顺序进行配制，搅拌方法及搅拌时间根据说明书进行控制；构件吊装前应仔细检查注浆管、拼缝是否通畅，灌浆前半小时可适当洒少量水对灌浆管进行湿润，但不得有积水；使用压力注浆机，一块构件中的灌浆孔应一次连续灌满，并在灌浆料终凝前将灌浆孔表面压实抹平；灌浆料搅拌完成后保证30min以内将料用完，禁止使用开始初凝的灌浆料；加强操作人员的培训与管理，提高工作人员施工质量意识；灌浆过程应有专门的质检人员进行监督检查，监理单位应派员旁站监理。

4. 安装误差大

（1）现象

安装尺寸偏差问题主要体现在墙板拼接的接缝处理，装配式预制墙板之间的接缝不通顺、不均匀、标高误差等方面。

（2）原因

缺乏实用的精度控制工具，导致拼缝误差偏大；吊装构件时构件晃动，不易控制安装精度；装配经验不足，预制构件安装和操作未按规定进行；构件尺寸误差累加和运入工地时没有及时剔除出来；施工放线不准确，导致标高产生误差。

（3）防治措施

编制针对性安装方案，做好技术交底和人员教育培训；装配式结构施工前，宜选择有代表性的单元或构件进行试安装，根据试安装结果及时调整完善施工方案，确定施工工艺及工序；安装施工前应按工序要求检查核对已施工完成结构部分的质量，测量放线后，做好安装定位标志；强化预制构件吊装校核与调整：预制墙板、预制柱等竖向构件安装后应对安装位置、安装标高、垂直度、累计垂直度进行校核与调整，预制叠合类构件、预制梁等横向构件安装后应对安装位置、安装标高进行校核与调整，相邻预制板类构件应对相邻预制构件平整度、高差、拼缝尺寸进行校核与调整，预制装饰类构件应对装饰面的完整性进行校核与调整；强化安装过程质量控制与验收，提高安装精度。

5. 临时支撑点数量不足、位置不对

（1）现象

构件安装过程中临时支撑点数量不足或位置不正确，导致构件在安装完成后变形，连接部位受力产生变化，影响结构安全。

（2）原因

制作环节遗漏；设计环节存在问题；安装阶段未按设计图上的支撑点进行支撑。

（3）防治措施

构件安装前进行支撑方案设计确定支撑点，构件生产厂家根据支撑点埋入预埋件，施工过程中须按设计方案进行临时支撑支设，选用质量合格的支撑件。

6. 后浇混凝土质量缺陷

（1）现象

由于钢筋深化设计问题和预制构件生产精度问题，现场T形节点钢筋连接施工困难，后浇段质量问题突出，主要表现在漏浆、烂根、板底不平、混凝土顶板表面平整度差等质量问题。

（2）原因

在施工过程中由于钢筋深化设计没有考虑到现场装配中可能存在的困难，经常会出现T形节点钢筋连接困难，而为了更快完成工程，可能直接弯折或截断钢筋。在物料和施工工艺上的不足也会导致后浇段出现质量问题。叠合板厚度较薄，如果浇筑中选择的浆料粗骨料过多，而浇筑中又不能充分振捣，就会出现烂根现象。浇筑中模板基层清理不到位，模板拼缝不严密、加固不牢，在浇筑中模板出现移位情况会导致后浇段部件表面平整度差、阴阳角不方整等问题。

（3）防治措施

后浇混凝土施工前应做好各项隐蔽工程验收，包括粗糙面质量，钢筋牌号、规格、数量、位置、间距、箍筋弯钩弯折角度及平直长度，连接方式、接头位置、接头数量、搭接长度、锚固方式、锚固长度，预埋件、预埋管线的规格、位置、数量，预制混凝土构件接缝处防水、防火等的构造做法；构件安装或支设模板之前剔除并清理疏松部分混凝土；浇筑分层振捣，注意振捣时间，不得过振，保证混凝土的密实性，振捣时要尽量避免碰撞钢筋、模板、预埋件；混凝土强度等级符合设计要求；浇筑完毕待终凝完成后，及时浇水养护或喷洒养护剂养护；竖向受力构件混凝土达到设计强度要求后方可拆模，悬挑构件必须达到设计强度的100％方可拆模；拆模过程中须注意对后浇部位及预制构件进行成品保护，避免造成损坏。

7. 转角板折断

（1）现象

转角板作为保障装配式建筑整体框架稳定可靠的关键性构件，其在现场施工中常会出现损坏问题。

（2）原因

转角板体积较大且本身厚度不够，折断问题是极容易出现的；尤其是在运送及吊装过程中；施工中需要部分现浇以强化装配式建筑的整体性，而现浇模板时常难以良好地与预制部位连接到位，进而导致振捣不实及胀模等。

（3）防治措施

构件生产前设计单位针对薄弱部位确定有效的补强措施，转角板可选择L形吊具将其拉力进行转移，进而提高转角板的完好率；以构件薄厚程度与实际规格为根据，制作塑料与橡胶护角，构件出厂及运输的过程中，护角可以起到非常重要的作用，将其套到构件的四角。

8. 叠合板断裂

（1）现象

叠合板在具体吊装、施工中出现龟裂及断裂情况。

（2）原因

部分叠合板跨度太大，在吊装过程中常会因挠度过大而出现裂纹，严重时裂纹会逐渐扩大到整个板面，进而造成构件损坏；养护工作不当也会导致叠合板板面粘模。

（3）防治措施

设计单位确保叠合板跨度能够控制在板的挠度之内，提高叠合板的完好率；同时制定可靠的模板支撑方案并在现场支设落实到位。针对叠合板在吊装预埋件过程中易脱落的情况，构件厂应确保预埋件的拉拔检测合格，在混凝土强度达到设计要求后进行脱模；在施工现场可采用吊装桁架筋辅助工具。

9. 外墙防水隐患多

（1）现象

构件之间存在拼装接缝，这些缝隙形成了渗水通道。

（2）原因

由于装配式建筑由多个预制构件拼装而成，在构件之间必然有诸多拼装接缝，这些缝隙形成了渗水通道。

（3）防治措施

对外挂墙板，横向接缝连接处设计成外低内高的企口状。靠室外一侧选用耐候性良好的密封胶，因为靠室内一侧因选用韧性较好的防水材料。纵向接缝的两道防水密封的中间为凹形的减压空间构造，每三层左右在纵横缝相交的十字缝处设置排水口导水。

对混凝土外墙板，两块相邻的预制墙板安装固定后，中间预留出现浇部位，安装搭接钢筋，然后支模并浇筑混凝土。预制墙板与现浇部位结合那一侧需要有一定粗糙度或者设计成键槽状，现浇混凝土宜选用微膨胀混凝土，以防止预制墙板和现浇段之间产生缝隙而发生渗水。

10. 外墙板预制保温层断裂

（1）现象

建筑外墙板预制的保温层会发生断裂或脱落现象。

（2）原因

外墙板预制保温层断裂由预制外墙板的构件组成导致。这些构件通常会采用外装饰面、保温层及结构层，3 层建筑材料之间的黏合程度较差，当有较强的外部作用力时，就会出现断裂问题。

（3）防治措施

选用力学性能、耐久性和确保安全性方面有优势的拉结件，根据外叶板和拉结件的承载能力和变形，制定拉结件布置方案；预制厂家进行锚固试验验证。

课程思政　建筑工程伦理——无规矩不成方圆

建筑工程伦理是工程伦理学的一个分支。微观层面的建筑工程伦理与职业伦理有紧密的联系，职业伦理主要是对建筑工程技术人员职业伦理。古人云“无规矩不成方圆”。所有职业都离不开职业道德的约束。职业道德就是依照道德规范标准及要求对职业工作中的某些方面加以规范。职业道德属于自律范畴，要求从业人员自觉主动地承担起社会赋予职业岗位的道德责任与义务。

建筑行业是社会主义现代化建设中一个十分重要的行业，工厂、住宅、学校、商店、医院、体育场馆、文化娱乐设施、市政、水利水电等的建设，都离不开建设行为，它以满足人民群众日益增长的物质文化生活需要为出发点。建筑行业的良性发展不仅关系到国民经济的发展，同时还关系到国泰民安。要构建一个建筑工程，需要经过策划、设计、施工、材料采购、验收与监督等一系列环节，任何环节的失误都可能造成无法想象的损失和后果。

建筑行业道德是社会主义职业道德之一，是社会主义道德、共产主义道德规范在建设行业的具体体现。作为建筑行业的一名合格的从业人员，除需要掌握一定的专业理论知识、具有相应的操作技能外，个人的理想抱负、道德品质等精神因素起着更为重要的作用。我们只有拥有了职业道德，才能保持高昂的劳动热情，提高劳动生产率。

1. 建筑行业的职业道德要求

(1) 热爱社会主义、热爱祖国、热爱人民

一切建设工程的设计、施工都必须从广大人民群众的根本利益出发，树立全心全意为人民服务的思想。既要立足于发展生产，美化环境，改善人民生活，又不能脱离中国国情。

(2) 将质量意识放在首位

建设工程技术人员是城市的美容师，他们所承建的工程质量不但会影响一个城市的外在形象，而且直接关系到子孙后代的利益。当前建设工程行业竞争激烈，建设工程质量上不去，便容易被市场淘汰。因此，建设行业的职业道德规范要特别突出质量意识。应严格按照精心设计的图纸和设计要求科学组织施工，确保工程质量。百年大计，质量第一，一切都要为人民负责，为用户负责。装配式建筑工程中，在原材料的使用和预制构件安装等方面，不以次充好，不偷工减料。

(3) 热爱劳动、艰苦奋斗

施工人员工作时间不固定，常常一年四季、冷热寒暑、通宵达旦地外业工作。这就要求施工人员能够吃苦耐劳、艰苦奋斗。与此同时，工程施工各道工序、各个工艺应紧密配合，环环相扣。因此，要求施工人员必须有强烈的集体主义精神和主人翁的责任感。

(4) 廉洁奉公，遵纪守法

建设工程施工经常要与各行各业的人打交道，随着建设市场的开放，一些腐朽思想在社会上蔓延开来。一些人为了达到承揽业务和材料供应的目的，想方设法向有关人员送礼行贿。因此，建设行业的职业道德规范要特别突出廉洁自律意识。施工人员在工作

中不能以权谋私，不行贿、受贿、索贿，正确处理个人利益、集体利益与国家利益的关系。

(5) 求真务实，精益求精

树立“科技是第一生产力”的观念，勤奋钻研，追求新知，不断更新业务知识，拓宽视野，忠于职守，辛勤劳动，为企业的振兴与发展贡献自己的力量。

深入基层，深入现场，理论和实际相结合，科研和生产相结合，把施工生产中的难点作为工作重点，知难而进，百折不挠，不断解决施工生产中的技术难题，提高生产效率和经济效益。

施工中严格执行建设技术规范，认真编制施工组织设计，做到技术上精益求精，工程质量上一丝不苟，为用户提供合格的建设产品。积极推广和运用新技术、新工艺、新材料、新设备，大力发展建设高科技，不断提高建设科学技术水平。

培养严谨求实、坚持真理的优良品德，在参与投标时，从企业实际出发，以合理造价和合理工期进行投标；在施工中严格执行施工程序、技术规范、操作规程和质量安全标准。

2. 建筑工程技术人员的岗位职责

与其他岗位相比，建筑工程技术人员的职业道德规范更具有独特的内容和要求，这是由建筑施工企业所生产创造的产品特点决定的。建设企业的施工行为是开放式的，从开工到竣工，职工的一举一动都对建设工程的形成产生社会影响。在施工过程中，某道工序、某项材料、某个部位的质量疏忽，会直接影响今后整个工程的正常生产。由此可见，建筑行业的特点决定了建设施工企业道德建设的特殊性和严谨性，建筑工程技术人员的职责要求也更高。建设工程技术人员职业道德的高低，也包括对岗位责任的表现上，一个职业道德高尚的人，必定也是一个对岗位职责认真履行的人。

(1) 施工员

建筑施工员是具备建筑专业知识，深入施工现场，为施工队提供技术支持，并对工程质量进行复核监督的基层技术组织管理人员。其主要任务是在项目经理领导下，深入施工现场，协助搞好施工监理，与施工队一起复核工程量，提供施工现场所需材料规格、型号和到场日期，做好现场材料的验收签证和管理，及时对隐蔽工程进行验收和工程量签证，协助项目经理做好工程的资料收集、保管和归档，对现场施工的进度和成本负有重要责任。

①协助项目经理做好工程开工的准备工作，初步审定图纸、施工方案，提出技术措施和现场施工方案。

②编制工程总进度计划表和月进度计划表及各施工班组的月进度计划表。

③认真审核工程所需材料，并对进场材料的质量严格把关。

④对施工现场监督管理，遇到重大质量、安全问题时及时会同有关部门进行解决。

⑤向专业所管辖的班组下达施工任务书、材料限额领料单和施工技术交底。

⑥督促施工材料、设备按时进场，并处于合格状态，确保工程顺利进行。

⑦参与工程中施工测量放线工作。

⑧协助技术负责人进行图纸会审及技术交底。

⑨参加工程协调会与监理例会，提出和了解项目施工过程中出现的问题，并根据问

题思考、制定解决办法并实施改进。

⑩参加工程竣工交验，负责工程完好保护。

⑪负责协调工程项目各分项工程之间和施工队伍之间的工作。

⑫参与现场经济技术签证、成本控制及成本核算。

⑬负责编写施工日志、施工记录等相关施工资料。

（2）质检员

建筑质检员是集检查、监督为一体的职业，通常是在工地上检查工人的施工是否合格。

①对项目的质量管理工作负责。

②参与技术方案、交底、措施制定的初部编制。

③参与质量通病纠正预防措施的初步编制。

④按有关规范及交底情况组织检查、监督现场施工质量，及时掌握工程质量动态、核定分项工程质量等级，杜绝不合格品进入下道工序，并对该项资料进行保存。

⑤参与进行样板施工，确保样板施工达到质量要求。

⑥组织项目质量验收工作，参加不合格品的评审并对其处置结果进行跟踪检查。

⑦组织收集分项工程质量检查评定记录，确保工程技术资料与工程进度同步。

⑧对每天质量情况进行记录，报告并跟踪督促作业队整改，参与质量的过程控制。参加隐蔽工程、分项工程的验收工作及预留、预埋洞口标高的检查，模板几何尺寸、轴线标高的复核并做好记录。

⑨参加相关部门组织的质量大检查及项目质量事故处理分析，督促和检查质量问题的整改。

⑩负责质量目标及质量责任制的考核工作。

⑪写好质量日志，每日对质安部的质量记录进行检查；运用统计技术，对可能产生不合格品的原因进行统计分析，为编制纠正预防措施提供依据，并进行跟踪检查及记录。

⑫组织召开现场分析会及质量专题会。

⑬负责现场人员质量管理培训、宣传教育，提高项目人员的质量意识。

（3）预算员

①根据每月完成工程进度，负责向甲方和公司报送当月完成产值报量。

②根据技术部提供的每月进度计划表计算工作量计划，负责向公司和甲方报送工程量产值计划报表。

③负责对本工程的人工费、工程量及定额工日进行测算、审核，建立人工费台账，在工程完工时对人工费进行汇总分析。

④负责技术部门移交的经济签证（包括现场签证、技术方案签证）、设计变更等资料进行整理、分析，确认造价后移交存档。

⑤负责项目部的合同管理，参与项目劳务合同、材料采购合同的制定。

⑥对施工全过程中的各种施工方案、技术方案进行经济对比分析，为项目决策提供参考依据。

⑦在成本会计员的协助下，动态地提供每个月的项目成本状况，组织每月及阶段性

的成本分析会，并及时、准确地提供成本分析报告和改进、整改措施。

⑧负责对甲方的单项、单位工程的预结算、对量工作，及时提交材料汇总表、分部分项材料汇总表，并进行经济技术分析。

(4) 安全员

建筑施工安全员负责巡视检查施工现场的安全状况，并负责对新进场人员进行安全教育及监督协助安全技术交底落实情况。对在施工现场内发现的所有安全隐患，安全员应该立即向工长、项目经理或相关领导汇报并有权停止施工作业。安全员有权检查与安全相关的内业资料、日志、记录等文件并督促相关人员完善改进。安全员及项目经理是施工现场的第一安全责任人，安全员没有对施工的直接指挥权。安全员有义务接受行政主管部门对施工现场及内业资料的检查。施工现场内所有人员要积极配合安全员工作。

①贯彻执行安全生产的有关法规、标准和规定，做好安全生产的宣传教育工作。

②努力学习和掌握各种安全生产业务技术知识，不断提高业务水平，做好本职工作。

③经常深入基层，了解各单位的施工和生产情况，指导和协调基层专业人员的工作。深入现场检查、督促工作人员，严格执行安全规程和安全生产的各项规章制度，制止违章指挥、违章操作，遇到严重险情，有权暂停生产，并报告领导处理。

④参与对项目工程施工组织设计（施工方案）中的安全技术措施的审核，并对其贯彻执行情况进行监督、检查、指导、服务。

⑤参加安全检查，负责做好记录，总结和签发事故隐患通知书等工作。

⑥认真调查研究，及时总结经验，协助领导贯彻和落实各项规章制度、安全措施，改进安全生产管理工作。

⑦协助配合部门技术负责人，共同做好对新工人教育和特种作业人员的安全培训工作。

⑧当发现违反安全施工的行为或安全隐患时，可以勒令停止作业并立即报告上级领导或部门。

(5) 资料员

①工程开工前，列出项目所需的技术资料清单和备齐所需的有关表格，并下发给相关部门和有关人员。

②负责管理项目的所有设计图纸、规范、标准及施工过程中的各种技术资料、工程档案。

③负责所有资料及文件的发放，并按贯标文件的要求对文件进行有效控制。

④协助有关部门和人员填写各种表格和资料。

⑤对所有质量记录进行定期的收集和管理。

⑥负责外来资料和文件的收文登记工作。

⑦每月至少一次对所有工程资料、档案进行全面的收集、整理和汇总工作，确保所有工程资料完整、查问方便。

⑧参加每天的碰头会，并对会议内容进行完整记录。

(6) 材料员

①在项目工程开工之前，要按照材料计划建立材料名称、规格材料计划成本台账。

②负责采购工程需用的材料、成品、半成品等，并组织到场。

③负责办理入库材料的验收手续。

④定期为成本会计提供现场周转材料增减情况，加快周转次数，减少资金占用率。

⑤月底根据领料单、登记材料的收、发存台账，并必须与施工统计的报表口径一致，不能以领代耗，更不能估进度作耗，以免造成成本不实。

⑥按本期耗用数登记实际成本台账，并与计划成本相对比，超计划用料时及时找出原因，采取措施。

⑦严格发料制度，工人领料时按工长提供的计划发料，并且不定期地进入工地查看材料使用情况，杜绝浪费。

(7) 涉外建设者

随着对外开放政策的长期执行、“一带一路”倡仪的不断拓展和外向型经济的不断深化，我国建设行业对外承包和劳务合作的业务日益增多，这就存在着如何看待建设项目的关系问题。凡是担任出国承包和劳务合作任务的建设工作者，除应恪守上述职业道德规范外，还必须遵守我国政府关于出国人员的规定，遵守所在国的有关法律，尊重外国人民的风俗习惯。在对外交往中要不卑不亢，虚心学习外国的先进科学技术，处处维护祖国的尊严、荣誉和经济利益。每位涉外建设者在国外都要保持清醒的政治头脑、坚定的爱国主义立场和高尚的道德情操，遵照“守约、保质、薄利、重义”的方针，力争使我们承建的工程能达到世界先进水平，为祖国争荣誉，增进与各国人民的友谊。

3. 展望

职业是劳动分工的产物，是劳动者能足以稳定从事的并赖以生活的工作。以上体现了建设行业相互联系的职业道德内容，体现了当代建设行业从业人员应有的社会理想和职业道德信念。建筑工程在人类生活的基本需求中扮演着重要的角色，其推动和实施离不开建筑工程技术人员的艰辛付出，作为工程建设的核心人物，承担着促进国家基础建设发展和提高社会公民生活水平的重大责任，工程师除需要掌握一定的专业理论知识，具有高超的操作技能，还应当共同遵循建筑工程相关的伦理。

如何将工程建设与自我美德结合在一起，如何承担公众安全义务和社会责任，如何处理工作场所中的责任与权利，如何面对施工技术不断进步和工作压力，如何把握好价值尺度，如何处理工程、生态与经济的关系等问题，这些都是值得我们这些未来的工程师们在大学接收应当深入探讨的课题。

复习思考题

1. 装配式混凝土结构工程在质量控制方面具有哪些特点?
2. 预制构件生产单位需要承担的质量安全管理责任内容有哪些?
3. 预制施工单位需要承担的质量安全管理责任内容有哪些?
4. 装配式结构构件按生产阶段的不同，其质量检验可划分为哪几个控制阶段?
5. 预制构件生产过程中如何加强质量控制?
6. 预制构件混凝土强度需满足什么要求后，方可出厂?
7. 预制构件安装与连接阶段，隐蔽工程验收应包括哪些内容?

8. 工程施工质量验收时需要提供哪些文件和记录？
9. 构件安装后的临时支撑如何确保安全？
10. 预留钢筋长度、数量、直径、位置发生错误的原因是什么？应该如何防治？
11. 叠合板在吊装、施工过程中出现断裂的原因是什么？应该如何防治？
12. 即将工作的你，如何面对施工技术的不断进步和工作压力？

6 装配式混凝土结构安全与文明施工

教学目标

了解：专家论证内容和流程；应急救援内容；文明施工内容。

熟悉：装配式混凝土建筑安全生产责任制安全专项施工方案、安全技术交底、安全检查；安全防护特点和常见风险源；现场防火安全内容。

掌握：预制构件进场安全、吊装安全、外脚手架防护安全、高处作业安全、临时用电安全防控内容；施工现场安全防护措施。

教育学生以人为本，安全生产警钟长鸣，让安全教育的种子深深扎根在每一位学生心中。

安全生产关系到人民群众的生命财产安全，关系着国家的发展和社会稳定。建筑施工安全生产不仅直接关系到建筑企业自身的发展和收益，更直接关系到人民群众的根本利益，影响构建社会主义和谐社会的大局。装配式混凝土建筑作为建筑行业新的生产方式，是建筑施工企业现在、未来都面临的新常态。与传统建筑相比，装配式具有其特殊性，在吊装作业、高处作业等方面给施工现场安全管理带来了新的挑战。必须确保施工安全，这需要建筑行业每一位从业人员的重视和努力。

6.1 安全生产管理体系

在装配式混凝土结构施工管理中，应始终如一地坚持“安全第一，预防为主，综合治理”的安全生产管理方针，以安全促生产，以安全保目标。施工单位应对重大危险源有预见性，建立健全安全管理保障体系，制定安全专项方案，对危险性较大分部分项工程应经专家论证通过后进行施工。

6.1.1 安全生产责任制

工程项目部应建立以项目经理为第一责任人的各级管理人员安全生产责任制。工程项目部应有各工种安全技术操作规程，并应按规定配备专职安全员。工程项目部应制定安全生产资金保障制度，按安全生产资金保障制度编制安全资金使用计划，并按计划实施。应对装配式混凝土结构体系的施工作业编制标准化施工手册。吊装机具、临时支撑、接头模具应优先选用技术成熟的工具式标准化定型设施。

6.1.2 安全专项施工方案

施工单位应依据国家现行相关标准规范，由项目技术负责人组织相关专业技术人员，结合工程实际，编制装配式混凝土结构安全专项施工方案，并通过本单位施工技术、安全、质量等部门的专业技术人员会审。装配式混凝土结构安全专项施工方案应包括以下内容：

（1）工程概况：装配式构件的设计总体布置情况，具体明确预制构件的安装区域、标高、高度、截面尺寸、跨度情况等，施工场地环境条件和技术保证条件。

（2）编制说明及依据：相关法律、法规、规范性文件、标准、规范及图纸（国标图集）、施工组织设计等。

（3）施工工艺技术：构件运输方式、堆放场地的地基处理、主要吊装设备和机具、吊装流程和方法、专用吊耳设计及构造、安装连接节点构造设置及施工工艺、材料的力学性能指标、临时支撑系统的设计和搭设要求、外脚手架防护系统、检查和验收要求等。

（4）施工计划：施工进度计划、材料与设备计划等。

（5）施工安全保证措施：项目管理人员组织机构、构件安装安全技术措施、装配式混凝土结构在未形成完整体系之前构件及临时支撑系统稳定性的监控措施、施工应急救援预案等。

（6）劳动力计划：专职安全生产管理人员、特种作业人员的配置等。

（7）计算书及相关图纸：

①验算项目及计算内容：设备及吊具的吊装能力验算、临时支撑系统强度、刚度和稳定性验算、支撑层承载力验算、模板支撑系统验算、外脚手架安全防护系统设计验算等。

②附图：安装流程图、主要类型构件的安装连接节点构造图，各类吊点构造详图、临时支撑系统设计图、外防护脚手架系统图、模板支撑系统图、吊装设备及构件临时堆放场地布置图等。

6.1.3 专家论证

6.1.3.1 专家组人员

施工单位应组织专家对装配式混凝土结构安全专项施工方案进行技术论证。专家组成员应当由 5 名及以上的结构设计、起重吊装、施工等相关专业的专家组成。本项目参建各方的人员不得以专家身份参加专家论证会。论证会应由下列人员参加：

（1）专家组成员；

（2）建设单位项目负责人或技术负责人；

（3）监理单位项目总监理工程师及相关人员；

（4）施工单位分管安全的负责人、技术负责人、项目负责人、项目技术负责人、专项方案编制人员、项目专职安全管理人员；

（5）结构设计单位项目技术负责人及相关人员。

6.1.3.2 专家论证内容

专家论证的主要内容包括：

（1）方案是否符合配装式混凝土结构深化设计图的相关要求；

（2）方案是否依据施工现场的实际施工条件编制，方案是否完整可行；

（3）方案计算书、验算依据是否符合有关标准规范；

（4）安全施工的基本条件是否符合现场实际情况。

6.1.3.3 专家论证流程

施工单位应根据专家组的论证报告，对专项施工方案进行修改完善，并经施工单位技术负责人、项目总监理工程师、建设单位项目负责人批准签字后，方可组织实施。

装配式混凝土结构施工前，应将其安全专项施工方案、专家论证报告，以及建设、施工、监理等参建各方审核批准文件报当地安监站登记备查。

6.1.4 安全技术交底

装配式建筑工程施工安全管理规定是施工现场安全管理制度的基础，目的是规范施工现场的安全防护，使其标准化、定型化。施工负责人在分派生产任务时，应对相关管理人员、施工作业员进行书面安全技术交底。安全技术交底应实行逐级交底制度。安全技术交底应结合施工作业场所状况、特点、工序，对危险因素、施工方案、规范标准、操作规程和应急措施进行交底。要求内容全面、针对性强，并应考虑施工人员素质等因素。安全技术交底应由交底人、被交底人、专职安全员进行签字确认。每个装配式建筑工程项目在开工前及每日班前会上都要进行安全交底，其主要内容如下：

①施工现场一般安全规定；②构件堆放场地安全管理；③与受训者有关的作业环节的操作规程；④岗位标准；⑤设备的使用规定；⑥机具的使用规定；⑦劳保护具的使用规定。

6.1.5 安全检查

工程项目部应建立安全检查制度。安全检查应由项目负责人组织，专职安全员及相关专业人员参加，定期进行并填写检查记录。对检查中发现的事故隐患应下达隐患整改通知单，定人、定时间、定措施进行整改，重大事故隐患整改后，应由相关部门组织复查。

6.1.6 安全教育

工程项目部应建立安全教育培训制度。施工管理人员、专职安全员每年度应进行安全教育培训和考核。当施工人员变换工种或采用新技术、新工艺、新设备、新材料施工时，应进行安全教育培训；对新入场的施工人员，工程项目部应组织进行以国家安全法律法规、企业安全制度、施工现场安全管理规定及各工种安全技术操作规程为主要内容的三级安全教育培训和考核。

6.1.7 应急救援

工程项目部应针对工程特点，进行重大危险源的辨识，应制定防触电、防坍塌、防高处坠落、防起重及机械伤害、防火灾、防物体打击等主要内容的专项应急救援预案，并对施工现场易发生重大安全事故的部位、环节进行监控。施工现场应建立应急救援组织，培训、配备应急救援人员，定期组织员工进行应急救援演练；对难以进行现场演练的预案，可按演练程序和内容采取室内桌牌式模拟演练。按应急救援预案要求，应配备应急救援器材和设备。

6.1.8 持证上岗

从事建筑施工的项目经理、专职安全员和特种作业人员，必须经行业主管部门培训考核合格，取得相应资质证书，方可上岗作业。装配式混凝土结构工程项目特种作业，包括灌浆工、塔式起重机司机、吊装信号人员、电工、物料提升机和外用电梯司机、起重机械拆装作业人员等。

6.2 装配式建筑工程施工安全监督要点

6.2.1 安全防护特点

预制装配式建筑相对传统建筑而言，取消室内外墙面抹灰工序，减少模板工程、人力劳动，更环保。由于大多数预制构件在工厂内加工完成，现场施工的重难点为大型预制构件的吊装、支撑和锚固，由此产生的安全隐患给施工人员带来极大的安全威胁。所以加强对预制装配式建筑安全管理是尤为必要的。与现浇混凝土工程施工相比，装配式建筑工程施工安全的防护特点如下：

（1）起重作业频繁。

（2）起重量大幅度增加。

（3）大量的支模作业变为临时支撑作业。

（4）在外脚手架上的作业减少。

6.2.2 装配式建筑工程危险源

危险源是造成生产事故的源头，具有潜在性。辨识出工程中的危险源，能提醒相关方做出有针对性的安全操作和风险规避方法；也能使相关方的安全投入、治理更具目的性；还能促进安全检查的力度，从而能有效避免危险源转化为事故隐患，将事故消灭在萌芽状态，达到防患于未然、减少人员伤亡和财产损失的目的。根据事故发生的机理，危险源可以分为第一类危险源和第二类危险源。

第一类危险源是指可能发生意外释放能量或危险物质，往往是一些物理实体，主要是装配式混凝土预制件（包括预制的墙板、柱、梁、楼板、屋面板、楼梯、阳台、遮阳板、雨篷板、空调板、檐口板、女儿墙板、栏板、门窗、卫生间、厨房间、储物间、管道井、通风井和排烟道等）。

第二类危险源是指导致能量或危险物质的约束或限制失效或破坏的各种不安全因素。第二类危险源的存在决定事故发生的可能性。因此，第一类危险源是事故发生的前提，是必要条件；第二类危险源是第一类危险源导致事故的充分条件。

如图 6-1 所示，第二类危险源分为物的不安全状态和人的不安全行为两种，此处的物不仅指装配式混凝土预制件，还包括运输、吊装、施工用相关设施、设备和工具、料具等。当物的不安全状态和人的不安全行为同时存在时，才会导致事故的发生。

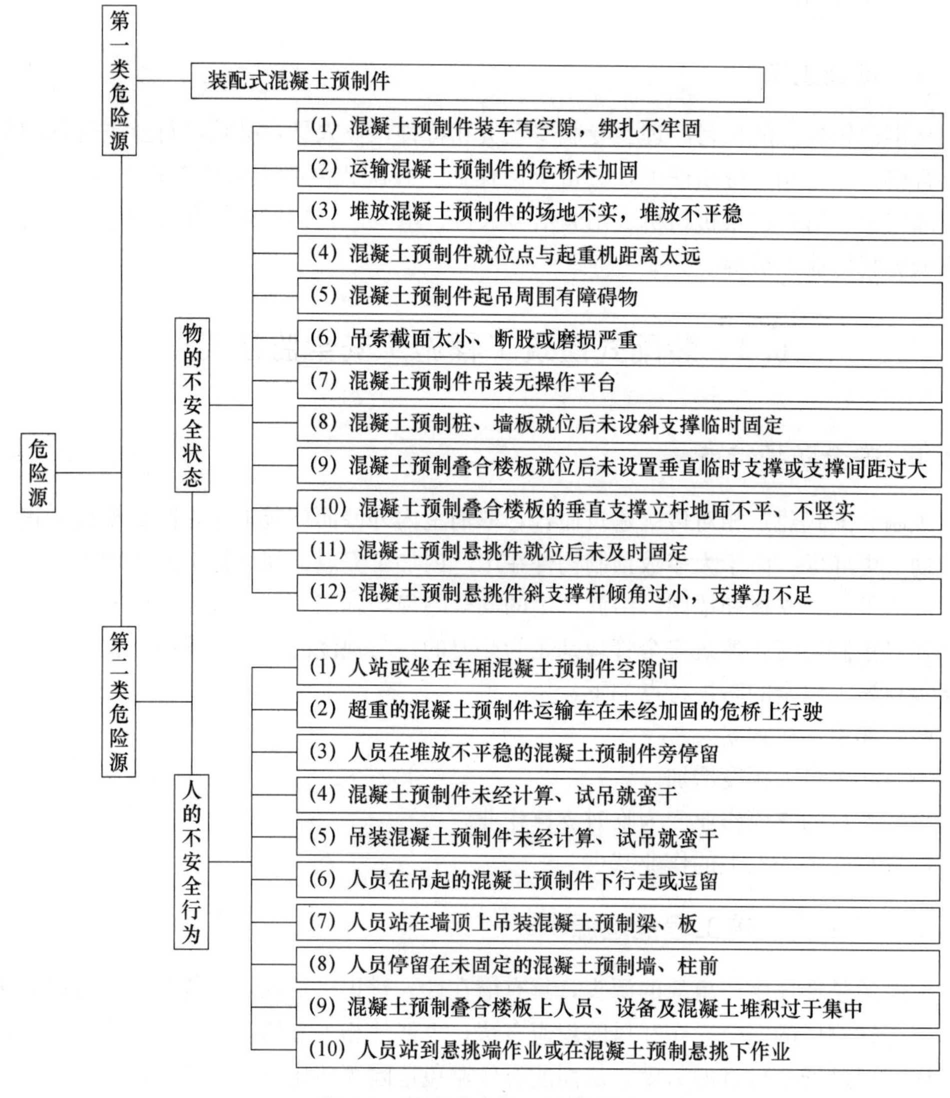

图 6-1 装配式建筑工程危险源

6.3 装配式建筑工程安全重点防控

6.3.1 预制构件进场安全

6.3.1.1 进场运输

施工单位应根据装配式混凝土结构安全专项施工方案做好构件现场堆放和场内运输管理工作。原则上不允许在地下室顶板上堆放构配件或行走运输车辆，特殊情况下确需在地下室顶板上堆放构配件或行走运输车辆时，必须经原结构设计单位复核同意，并对堆放区域和行车路线进行标识，回顶等加强措施应按方案实施并通过验收。

6.3.1.2 进场验收

施工、监理单位应对运输到施工现场的预制构配件进行进场验收，做好交接手续。验收内容：

（1）进场构配件的规格及数量；

（2）外观是否变形损坏；

（3）是否提供构件的出厂合格证明文件及产品型式检验报告；

（4）是否提供构件上预埋件、吊耳的产品质量合格证明或检验报告，其位置、数量、规格等是否符合设计要求。

6.3.1.3 现场堆放

预制构配件的现场堆放应符合下列规定：

（1）预制构件堆放场地地基承载力应满足专项方案要求。如遇松软土、回填土，应根据方案要求进行平整、夯实，并采取防水、排水和表面硬化措施，按规定在构件底部采用具有足够强度和刚度的垫板。

（2）垫木或垫块在构件下的位置宜与脱模、吊装时的起吊位置一致。重叠堆放构件时，每层构件间的垫木或垫块应在同一垂直线上，并应设置防止构件倾覆的支架。堆垛层数应根据构件与垫木或垫块的承载能力及堆垛的稳定性确定，预制构件中的预埋吊件及临时支撑应根据《混凝土结构工程施工规范》（GB 50666—2011）和《建筑施工临时支撑结构技术规范》（JGJ 300—2013）的相关规定计算。

（3）对外观复杂墙板或柱宜采用工具式插放架或靠放架直立堆放、直立运输。插放架、靠放架应有足够的强度、刚度和稳定性。采用靠放架直立堆放的构件宜对称靠放、饰面朝外，倾斜角度不宜小于 80°。

（4）吊运平卧制作的侧向刚度较小的混凝土构件时，宜平稳一次就位，并应根据构件跨度、刚度确定吊索绑扎形式及加固措施。

（5）施工现场堆放的构件，宜按安装顺序分类堆放，堆垛宜布置在吊车工作范围内且不受其他工序施工作业影响的区域。

（6）预应力构件的堆放应考虑反拱的影响。

6.3.1.4 二次搬运

预制装配构件应尽量堆放在安装起吊设备的作业覆盖区内，避免场内二次搬运。当因场地条件限制，预制装配构件在施工场地内需二次搬运时应符合下列规定：

（1）应优先选用汽车起重机、塔式起重机等起吊装设备搬运起吊。

（2）当受场地条件限制需采用拔杆、桅杆等设施起吊时，应有针对性的专项方案，并对拔杆、桅杆等设施进行力学分析计算。

（3）场内运输应采用专用运输工具，严禁采用地面拖拽方式进行搬运作业。

（4）二次搬运后需临时停放的应采用稳定措施。

6.3.2 吊装安全

6.3.2.1 吊装设备及吊具管理安全

（1）吊装作业应实施区域封闭管理，对吊装作业影响区域进行隔离围挡，设置警界线和警界标识，无法实施隔离封闭的区域，应采取其他专项防护措施。

（2）应根据预制构件形状、尺寸、质量和作业半径等要求选择吊具和起重设备，所采用的吊具和起重设备及施工操作应符合国家现行有关标准及产品应用技术手册的有关规定，宜优先选用变频式等微动性能较好的起重吊装设备。

（3）在装配式混凝土结构体系施工过程中，起重设备的型号、起吊位置、回转半径应与安全专项施工方案一致，并满足施工工况需要。如需变更起重设备或施工工况，应编制补充方案经审批后实行，并经原论证组专家同意。

（4）当局部区域采用常规吊装设备无法吊装，需采用非常规起重设备、方法时，应进行专项设计，专项设计应包括设备的结构和构造设计详图、计算书和操作工艺要求，专项设计应通过专家评审。

（5）起重设备应保持机况良好，定期维护保养到位，各项安全保护装置齐全有效。

（6）构件吊点应依据深化设计图的要求设置和使用，吊装时应对构件上各预设螺栓（孔）功能标识进行检查复核，防止因吊点错误造成构件损坏或发生安全事故。

（7）每个构件不应少于 2 个吊点，对长度或面积较大的构件，需采用多吊点吊装时，应采用平衡梁（或闭口动滑轮）等方法使各吊点受力均匀；当采用多吊点不能确保多吊点受力均匀时，最多按 3 个吊点进行吊点吊具的承载力验算。

（8）应根据起重构件的质量和吊点设置，分别计算各吊索的承载受力，并对所选吊索的规格进行复核验算，同一类型的构件吊装宜采用同一规格的吊索。

（9）对体形复杂、重心与形心偏差较大的构件，为满足吊装时各构件之间的安装节点的角度要求，应通过计算确定各吊索的长度和角度，必要时可采用可调节螺杆或手拉葫芦等进行微调，应对所用调节螺杆或手拉葫芦的承载力进行复核验算。

（10）起重机具吊钩规格应满足吊装构件的起重要求，吊钩应有安全闭锁保险装置。

（11）吊索与构件吊点之间应采用封闭式卡环（卸扣），其规格应满足起吊承载力的要求。

（12）应根据起重设备对建筑物锚固点的荷载要求对建筑物锚固点的强度和预制装配构件的稳定性进行复核验收，确保起重设备附着锚固点强度和附着的预制装配构件的整体稳定性。

（13）吊装机具使用前应了解其性能和操作方法，并应仔细检查吊装采用的吊索是否有扭结、变形、断丝、锈蚀等异常现象，如有异常应及时降低使用标准或报废。

6.3.2.2 现场吊装组织与指挥管理安全

（1）项目部应建立健全吊装作业组织指挥体系，明确分工，落实责任。

（2）施工现场应设一名总指挥，负责在构件吊装时统一指挥各工种的协调作业。

（3）吊装作业时，起重设备司机、信号工、司索工、电焊工等特种作业工种人员应配备齐全，当吊装构件的起吊地点与安装地点距离较远时，应设二级指挥信号工。

（4）吊运过程中，操作人员应位于安全可靠位置，不应有人员随预制构件一同起吊。

6.3.2.3 现场构件吊装及临时支撑管理安全

（1）吊装作业实施之前应核实现场环境、天气、道路状况满足吊装施工要求，4 级以上大风应停止墙、板挡风面积较大的构件吊装作业，6 级以上大风应停止所有构件的吊装作业。

(2) 装配式结构正式施工前，宜选择有代表性的样板单元进行预制构件试安装。

(3) 各种类型的构件在正式吊装前必须进行试吊：开始起吊时，应将构件吊离地面200～300mm后停止起吊，检查构件主要受力部位的作用情况、起重设备的稳定性、制动系统的可靠性、构件的平衡性和绑扎牢固性等，待确认无误后方可继续起吊；已吊起的构件不得在空中长久停滞。

(4) 应采取措施保证起重设备的主钩位置、吊具及构件重心在垂直方向上重合；吊运过程应平稳，不应有偏斜和大幅度摆动。

(5) 平卧堆放的竖向结构，在起吊扶正过程中，应正确使用不同功能的预设吊点，并按设计要求进行吊点的转换，避免吊点损坏。

(6) 在吊装柱、结构墙板等竖向构件就位前，应将已完成面结构标高调整到位，不得直接用手在拼装缝内操作。

(7) 在吊装柱、结构墙板等垂向构件时，各独立柱应在两个不同方向设可调节临时支撑，使构件、支撑及已完成楼面之间形成稳定的三角支撑体系；每个预制构件的临时支撑不宜少于2道，预制墙板的斜撑，其支撑点距离板底不宜大于板高的2/3，不应小于板高的1/2；临时支撑的数量和位置应根据吊装方案确定，如需变更，应通过建设、施工、监理和原论证专家组同意。

(8) 解除吊具应在就位后临时稳定措施安装完成后进行，解除吊具应有可靠的爬梯等安全措施。

(9) 临时支撑与柱、墙上部及已完成结构之间应设置螺栓锚固连接，螺栓锚固螺栓(孔)应预先留设，不宜临时钻孔锚固。

(10) 在吊装外围护墙时，应避免碰撞外脚手架，临时稳定支撑不得与外脚手架相连。

(11) 在吊装梁板等水平构件时，搁置点的位置应按方案要求设置临时支架，临时支架的强度和稳定性应按《建筑施工临时支撑结构技术规范》(JGJ 300—2013)的要求进行复核。

(12) 当装配施工方法或施工顺序对结构的内力和变形产生较大影响或设计文件有特殊要求时，应进行施工阶段结构分析，并应对施工阶段结构的强度、稳定性和刚度进行验算，其验算结果应满足设计要求。

(13) 施工阶段的临时支承结构和措施应按施工状况的荷载作用，对构件应进行强度、稳定性和刚度验算，对连接节点应进行强度和稳定验算；当临时支承结构或措施对结构产生较大影响时，应提交原设计单位确认。

(14) 节点注浆时应确保管路通畅，注浆设备应有压力保护装置。

(15) 施工阶段的临时支承结构拆除应满足以下条件：

①临时支承所承载的楼层装配体系中现浇部分的混凝土强度达到设计要求；当设计无具体要求时，同条件养护试件的混凝土抗压强度应符合《混凝土结构工程施工规范》(GB 50666—2011)的拆模要求。

②多个楼层间连续临时竖向的底层支架拆除时间，应根据连续支模的楼层间荷载分配和混凝土强度的增长情况确定。

③竖向结构的临时支撑应在该层结构的注浆、现浇部分已完成并形成稳定结构体系

后方可拆除。

6.3.3 外脚手架防护安全

（1）结构施工楼层应在满足构件吊装要求的条件下采用外防护脚手架进行全封闭施工，脚手架的防护高度应超出施工作业面最高点1.5m。

（2）外防护脚手架方案设计应充分考虑建筑物周边装配构件的吊装工艺要求，但不得在没有外防护措施的情况下进行吊装作业。

（3）外防护架体形式可根据施工工艺要求采用落地式、悬挑式、工具式等类型，确定架体形式后应根据相关规范要求编制外脚手架专项施工方案，对属于超过一定规模的危险性较大分部分项工程，应按规定对方案进行专家评审。

（4）应在预制构件中预设外脚手架连墙件、附着件的连接螺栓（孔）。

（5）严禁将外防护脚手架作为吊装构件的临时支撑。

6.3.4 现浇构件施工安全

（1）水平叠合浇筑构件在吊装完成后现浇部分施工前，应按施工方案的要求对临时支架进行复查验收。

（2）预制梁、板装配构件的现浇部分施工应符合下列规定：

①预制构件两端支座处的搁置长度均应满足设计要求，支垫处的受力状态应保持均匀一致。

②施工荷载应符合设计规定，并应避免单个梁、板承受较大的集中荷载。

③不宜在施工现场对预制梁、板进行二次切割、开洞。

（3）楼面采用泵送混凝土浇筑时，应采取措施避免泵送设备的自重及水平冲击力对安装构件及临时支撑体系造成损害。

（4）全现浇部分的施工应符合《混凝土结构工程施工规范》（GB 50666—2011）的相关规定。当现浇部分的模板支撑在装配构件上时，应对装配构件的承载能力进行复核。

（5）临时固定措施的拆除应在装配式结构体系形成并达到后续施工要求的承载力、刚度及稳定性要求后进行。

6.3.5 施工及监理单位注意事项

施工单位应严格按照专项方案组织施工，现场作业过程中，应安排专业技术人员现场指导。发现险情时，立即停止施工并采取应急措施，排除险情后，方可继续施工。

监理单位应严格审查装配式混凝土结构施工安全专项方案，并根据专项方案编制可操作性的监理实施细则，明确关键环节、关键部位及旁站巡视等要求，关键环节和关键部位旁站应留存影像等相关资料。

监理单位应加强现场安全管理的监管，对设备和预制构配件进场、吊装前的准备工作、吊装过程中的管理人员到岗情况、作业人员的持证上岗情况、临边作业的防护措施及相关辅助设施的设置严格管理。发现安全隐患应责令整改，对施工单位拒不整改或拒不停止施工的，应当及时向建设单位及市安监站报告。

6.4 高处作业安全

高处作业是指在坠落高度基准面2m及以上有可能坠落的高处进行的作业。高处坠落是建筑工地施工的重大危险源之一，针对高处作业危险源做好防护工作，对保证工程顺利进行、保护作业人员生命安全非常重要。

(1) 进入现场的人员均必须正确佩戴安全帽。高空作业人员应佩戴安全带，并要高挂低用，系在安全、可靠的地方。

(2) 现场作业人员应穿好防滑鞋。高空作业人员所携带各种工具、螺栓等应在专用工具袋中放好，在高空传递物品时，应挂好安全绳，不得随便抛掷，以防伤人。吊装时不得在构件上堆放或悬挂零星对象，零星物品应用专用袋子上、下传递，严禁在高空向下抛掷物料。

(3) 坠落高度基准面2m及以上进行临边作业时，应在临空一侧设置防护栏杆，并应采用密目式安全立网或工具式栏板封闭。

(4) 分层施工的楼梯口、楼梯平台和梯段边，应安装防护栏杆；外设楼梯口、楼梯平台和梯段边还应采用密目式安全立网封闭。施工升降机、龙门架和井架物料提升机等各类垂直运输设备设施与建筑物间设置的通道平台两侧边，应设置防护栏杆、挡脚板，并应采用密目式安全立网或工具式栏板封闭。

(5) 各类垂直运输接料平台口应设置高度不低于1.80m的楼层防护门，并应设置防外开装置；多笼井架物料提升机通道中间，应分别设置隔离设施。

(6) 其他注意事项

雨天和雪天进行高处作业时，必须采取可靠的防滑、防寒和防冻措施。对进行高处作业的高耸建筑物，应事先设置避雷装置。遇有6级或6级以上大风、大雨、大雪等恶劣天气时不得进行高处作业；恶劣天气过后应对高处作业安全设施逐一加以检查，发现有松动、变形、损坏或脱落等现象应立即修理完善。

6.5 临时用电安全

(1) 作业人员必须是经过专业安全技术培训和考试合格后取得特种作业操作证的电工，并持证上岗（在有效期内）。

(2) 作业人员必须经过入场安全教育，考核合格后才能上岗作业。

(3) 现场作业时必须一人作业、一人监护，作业人员穿绝缘鞋。

(4) 进入工作现场必须戴好合格的安全帽，系紧帽带，锁好带扣，高处作业必须系好合格的安全带，系挂牢固，高挂低用。

(5) 进入现场禁止吸烟，禁止酒后作业，禁止追逐打闹，禁止串岗，禁止操作与自己无关的机械设备，严格遵守各项安全操作规程和劳动纪律。

(6) 进入作业地点时，先检查、熟悉作业环境。若发现不安全因素、隐患，必须及时向有关部门汇报，并立即整改，确认安全再进行作业。

(7) 每天应注意收听天气预报，随时掌握天气变化信息，做好防范准备工作。

(8) 对现场供电线路、设备等进行全面检查，出现线路老化、安装不良、瓷瓶裂纹、绝缘能力降低及漏电等问题必须及时整改、更换。

(9) 检查现场的配电箱、开关箱、照明电路、灯具等，发现漏电破损、老化等时应及时检修更换。

(10) 严禁在大风天气进行室外露天电工作业。

(11) 对所有露天放置的机电设备，大风雪前必须切断电源，锁好配电箱。

(12) 大风及雨前必须及时将露天放置的配电箱、电焊机等做好防风防潮工作，防止雨水进入箱内、电气设备内。食堂用电设备、生活区、办公区线路及用电设备也应做好防风防潮工作。

(13) 雨后应立即对所有电气设备、线路进行全面检查，发现问题立即处理。配电箱、电气设备等，应停电后处理潮湿的部位，使其干燥、恢复绝缘，经检测绝缘电阻合格之后送电作业。

(14) 生活区、办公区冬季前必须重新计算用电负荷，发现用电负荷超过供电线路容量时，必须采取可靠有效措施，防止发生火灾，以保证供电线路安全。

(15) 每天对办公区、生活区进行检查，加强管理，严格执行安全用电、取暖制度，严禁乱拉电线，要求做到人走灯关，关闭一切用电设备。

(16) 大风及雨后，对线路进行检查加固，防风、防砸、防碾压，防止因大风而造成断线停电及触电事故。

6.6 施工现场安全防护措施

6.6.1 安全防护基本要求

(1) 施工楼面叠合板外侧脚手架应设置高度不小于 1.2m 的防护栏杆，横杆不少于 2 道，间距不大于 600mm，立杆间距不大于 2m，挡脚板高度不小于 180mm，立挂密目安全网防护，并用专用绑扎绳与架体固定牢固，护栏上严禁搭设任何物品；作业层脚手板必须铺满、铺稳、铺实，距墙面间距不得大于 200mm，作业层操作面下方净空距离 3m 内，必须设置一道水平安全网。

(2) 脚手架分段施工有高差时，端部必须设置高度不小于 1.2m 的防护栏杆，并立挂密目安全网。脚手架两榀之间缝隙不得大于 150mm，脚手架安装到位后，水平、竖向缝隙应防护严密。

(3) 楼梯未安装正式防护栏杆前，必须设高度不小于 1.2m 的防护栏杆。为方便施工人员上下楼梯，楼梯应设置工具式爬梯和定型平台，爬梯、定型平台应能随施工进度同步提升。

(4) 坠落高度基准面 2m 及以上进行临边作业时，应在临空一侧设置防护栏杆，并应采用密目式安全立网或工具式栏板封闭。

(5) 在施工工程尚未安装栏板的阳台、无女儿墙的屋面周边、框架楼层周边、斜道两侧边，必须设置高度不小于 1.2m 的防护栏杆，并立挂密目安全网。

(6) 装配式建筑首层四周必须搭设 6m 宽双层水平安全网，双层网间距 500mm，网底距下方接触面不得小于 5m。首层平网以上每隔 10m 应支搭一道 3m 宽水平安全网，支搭的水平安全网直至无高处作业时方可拆除。

6.6.2 洞口、临边安全防护

（1）钢管脚手架应用外径 48mm、壁厚 3～3.5mm、无严重锈蚀、弯曲、压扁或裂纹的钢管。钢、竹、木禁止混合使用。

（2）钢管脚手架的杆件连接必须使用合格的扣件，不得使用铅丝和其他材料绑扎。

（3）各种固定钢材（10mm 厚钢板，S10、S15、S16 螺栓）符合国家相关规定。

（4）立封网应用阻燃密目式安全网。

（5）大眼安全网为 6m（长）×3m（宽），网眼不得大于 10cm。必须用维伦、锦纶、尼龙等材料编织的符合国家标准的安全网，每张安全网应能承受不小于 160kg 的冲击荷载。严禁使用损坏或腐朽的安全网。禁止使用丙纶网、金属网。

6.6.3 楼梯安全防护

（1）楼梯踏步及休息平台处必须用 48mm 和 48mm 回转扣件拴绑两道防身栏杆。上步高度 0.6m、下步高度 0.6m。两端用回转扣件上牢在立杆上。

（2）钢管不得过长，应根据楼梯踏步长度设置。宜方便行人拐弯。

（3）护身栏杆必须加固牢，不得晃动。

（4）阳台安全防护。

①阳台栏板应随层安装，不能随层安装的必须设两道防护栏杆，并立挂阻燃密目网，封严拴牢。密目网封在防护栏杆内侧。

②防护栏杆分为两道，上一道高度为 1.2m，下一道高度为 0.6m。

③防护栏杆应与主体结构或预先设置的预埋件固定牢靠。

④防护栏杆应刷红白相间颜色。

（5）楼层临边防护

①楼层临边均在预制梁外侧预埋 S1 螺栓，用 48mm 钢管围护，上下层用密目网封闭。

②各楼层四周必须拴绑不低于 1.2m 高的防护栏杆。

③防护栏分上下两道，上一道 1.2m 高，下一道 0.6m 高。加一道扫地杆，防护栏内侧封密目网，封严拴牢。

④装配式建筑楼层临边防护立杆的固定需要在预制梁上预埋 ϕ60 钢管套筒，在吊装完成后将外围立杆连系，挂安全密目网形成防护体。

6.7 现场防火安全

6.7.1 基本知识

施工现场的防火工作必须认真贯彻“预防为主，防消结合”的方针，立足于自防自救。施工企业应建立健全岗位防火责任制，实行“谁主管谁负责”原则，并落实层级消防责任制，落实各级防火负责人，各负其责。施工现场必须成立防火领导小组，由防火负责人任组长，定期开展防火安全工作。单位应对职工进行经常性的防火宣传教育，普及消防知识，增强消防观念。

6.7.2 现场作业防火要求

施工现场应严格执行动火审批程序和制度。动火操作前必须提出申请，经单位领导同意及消防或安全技术部门检查批准后，领取动火证，再进行动火作业。变更动火地点和超过动火证有效时限的动火作业需重新申请动火证。

现场进行电焊、气焊、气割等作业时，操作人员必须具备相应的操作资格和能力。操作前应对现场易燃可燃物进行清除，并应注意用电安全和氧气瓶、乙炔瓶与明火点间的距离应符合要求。作业时应留有看火人员监视现场安全。

应根据构件材料的耐火性能特点合理选择施工工艺。例如，夹芯保温外墙板的保温层材料普遍防火性能较差，故夹芯保温外墙板后浇混凝土连接节点区域的钢筋不得采用焊接连接，以免钢筋焊接作业时产生的火花引燃或损坏夹芯保温外墙板中的保温层。

6.7.3 材料存储防火要求

施工现场应有专用的物品存放仓库，不得将在建工程当作仓库使用。严禁在库房内兼设办公室、休息室或更衣室、值班室，以及进行各种加工作业等。

仓库内的物品应分类堆放，并保证不同性质物品间的安全距离。库房内严禁吸烟和使用明火。应根据物品的耐火性质确定库房内照明器具的功率，一般不宜超过60W。仓库应保持通风良好，地面清洁，管理员应对仓库进行定期和不定期的巡查，并做到人走时断电、锁门。

6.7.4 防火规划与设施

施工现场必须设置临时消防车道，其宽度不得小于3.5m，并保持临时消防车道的畅通。消防车道应环状闭合或在尽头有满足要求的回车场。消防车道的地面必须做硬化处理，保证能够满足消防车通行的要求。

施工现场应按要求设置消防器材，包含灭火器、灭火沙箱等。器材和设施的规格、数量和布局应满足要求。

6.8 文明施工

文明施工是指保持施工场地整洁卫生、施工组织科学、施工程序合理的一种施工活动。装配式混凝土结构施工工地应达到文明施工的要求。施工单位文明施工是安全生产的重要组成部分，是社会发展对建筑行业提出的新要求。作为装配式混凝土结构的施工工地，应该扎实地贯彻文明施工的要求。

6.8.1 现场围挡

施工现场应设置围挡，围挡的设置必须沿工地四周连续进行，不能有缺口。市区主要路段的工地应设置高度不低于 2.5m 的封闭围挡；一般路段的工地应设置高度不低于 1.8m 的封闭围挡。围挡要坚固、稳定、整洁、美观。

6.8.2 封闭管理

施工现场进出口应设置大门，并应设置门卫值班室。值班室应配备门卫值守人员，建立门卫值守制度。施工人员进入施工现场应佩戴工作卡，非施工人员需验明证件并登记后方可进入。施工现场出入口应标有企业名称或标识，大门处应设置公示标牌“五牌一图”，即工程概况牌、管理人员名单及监督电话牌、消防安全牌、安全生产牌、文明施工牌和施工现场总平面图。标牌应规范整齐，施工现场应有安全标语、宣传栏、读报栏、黑板报。

6.8.3 施工场地

施工现场道路应畅通，路面应平整坚实，主要道路及材料加工区地面应进行硬化处理。施工现场应有防止扬尘措施和排水设施。施工现场应加强对废水、污水的管理，现场应设置污水池和排水沟。废水、废弃涂料、胶料应统一处理，严禁未经处理直接排入下水管道。施工现场应设置专门的吸烟处，严禁随意吸烟；建议在施工场地内做绿化布置。

6.8.4 材料堆放

建筑材料、构件、料具要按总平面布置图的布局，分门别类，堆放整齐，并挂牌标名，各种设备、材料尽量远离操作区域，并不许堆放过高，防止倒塌下落伤人。“工完料净场地清”，建筑垃圾也要分出类别，堆放整齐，挂牌标出名称。易燃易爆物品分类存放，专人保管。

6.8.5 办公与生活区

施工作业、材料存放区与办公、生活区应划分清晰，并应采取相应的隔离措施。在建工程内、伙房、库房不得兼作宿舍；宿舍应设置可开启式窗户，床铺不得超过 2 层，通道宽度不应小于 0.9m；住宿人员人均面积不应小于 2.5m^2，且不得超过 16 人；冬季宿舍应有采暖和防一氧化碳中毒措施。

6.8.6 治安综合治理

生活区内要为工人设置学习、娱乐场所。要建立健全治安保卫制度和治安防范措施，并将责任分解到人，杜绝发生失盗事件。

6.8.7 生活设施

施工现场要建立卫生责任制，食堂要干净卫生，炊事人员要有健康证。要保证供应卫生饮水，为职工设置淋浴室、符合卫生标准的厕所，生活垃圾装入容器，及时清理，设专人负责。

课程思政　事故猛于虎，安全贵如金

2020年4月，习近平总书记做出安全生产指示："加强安全监管执法，强化企业主体责任落实，牢牢守住安全生产底线，切实维护人民群众生命财产安全。""生命重于泰山，各级党委和政府务必把安全生产摆到重要位置，树牢安全发展理念，绝不能只重发展不顾安全，更不能将其视作无关痛痒的事，搞形式主义、官僚主义，要针对安全生产事故主要特点和突出问题，层层压实责任，狠抓整改落实，强化风险防控，从根本上消除事故隐患，有效遏制特大事故发生。"

安全生产就是在建筑施工的全过程中，每一个环节、每一个方面都要注意安全，把安全摆在头等重要的位置，认真贯彻"安全第一""预防为主"的方针，加强安全管理，做到安全生产。为什么要安全生产？这是因为建筑行业的施工生产具有四个特点：建筑产品的固定性和施工流动性；建筑产品式样多、不定型、体积庞大、材料数量巨大、生产周期长；建筑施工作业的露天性、高空性、地下性和手工性；建筑施工受自然客观条件的影响较为突出。

《中华人民共和国刑法》第134条第1款规定："在生产、作业中违反有关安全管理的规定，因而发生重大伤亡事故或者造成其他严重后果的，处三年以下有期徒刑或者拘役；情节特别恶劣的，处三年以上七年以下有期徒刑……"犯罪主体包括对生产、作业负有组织、指挥或者管理职责的负责人、管理人员、实际控制人、投资人等人员，以及直接从事生产、作业的人员。

1. 进入施工现场的基本准则

（1）严禁赤脚或穿拖鞋进入施工现场。严禁酒后作业，严禁穿带钉易滑的鞋进行高处作业。

（2）在防护设施不完善或无防护设施的高处作业，必须系好安全带。

（3）严禁在施工现场吸烟。

（4）新入场的工人必须经过三级安全教育，考核合格后，方可上岗作业；特种作业人员如电工、焊工、起重工、架子工、信号工、机械驾驶员等必须经过专门的培训，考核合格取得操作证后方准独立上岗。

（5）工作时要思想集中，坚守岗位，遵守劳动纪律。严禁现场随意乱窜，严禁随地大小便。

（6）在施工现场行走或上下时要坚持做到"十不准"：

①不准从正在起吊、运吊中的物体下通过，以防物体突然脱钩被砸伤；

②不准从高处往下跳；

③不准在没有防护的外墙和外壁板等建筑物上行走；

④不准站在小推车等不稳定的物体上操作；

⑤不得攀登起重臂、绳索、脚手架、井字架、龙门架和随同运料的吊盘或吊篮及吊装物上下；

⑥不准进入挂有"禁止出入"或设有危险警示标志的区域（或有高空作业的下方）等；

⑦不准在重要的运输通道或上下行走通道中逗留；

⑧不准未经允许私自进入非本单位作业区域或管理区域，尤其是存有易燃易爆物品的场所；

⑨严禁夜间在无任何照明施工的工地现场区域内行走；

⑩不准无关人员进入施工现场。

2. 施工生产环节中的注意事项

作为一名新工人进入施工现场，在施工生产各环节中应注意以下事项：

(1) 认真阅读施工现场入口处的料具码放等基本情况，以便熟知施工现场的危险区域和各项安全规定，增强自身安全防护意识。

(2) 熟练掌握“三宝”的正确使用方法，达到辅助预防的效果，“三宝”是指现场施工作业中必备的安全帽、安全带和安全网。

(3) 当某一个分项工程或某一个工序开工之前，首先要有工长或施工员对该项工程或工序做详细、有针对性和实效性的安全技术交底，操作人员明确交底内容并在交底书上签字后，方可开始施工。脚手架、安全网等，以及机械设备、临电设施在接到验收合格的通知后才能使用。未经工长、施工队长批准，不得随意挪动和拆除施工现场的各种防护装置、防护设施和安全标志。

(4) 注意施工的“四口”和“五临边”。“四口”和“五临边”是在施工过程中容易发生事故的部位，也是现场防护的重点，必须有可靠的安全防护设施。施工的“四口”是指楼梯口、电梯口、预留洞口、通道口。“五临边”一般指沟、坑、槽、深基础周边，楼层周边，梯段侧边，平台或阳台边，屋面周边。

3. 文明施工、勤俭节约

(1) 文明施工

文明施工就是坚持合理的施工程序，按既定的施工组织设计，科学地组织施工，严格地执行现场管理制度，做到经常性的监督检查，保证现场整洁，工完场清，材料堆放整齐，施工程序良好。

施工现场在开工以前要做到“三通一平”，即运输道路通、临时用电线路通、上下水管道通、施工现场地平整。施工现场应符合安全、卫生和防火要求，并做到安全生产文明施工。

(2) 勤俭节约

所谓勤俭节约，勤俭就是勤劳简朴，节约就是把不必使用的节省下来。换句话说，一方面要多劳动、多学习、多开拓、多创造社会财富；另一方面又要简朴办企业，合理使用人力、物力、财力，精打细算，节省开支、减少消耗，降低成本、提高劳动生产率，提高资金利用率，严格规章制度，避免无谓的浪费和损失。要坚持“以勤俭节约为荣，以浪费贪污为耻”的作风。

4. 装配式建筑安全事故典型案例分析

装配式建筑是建筑行业的重要发展趋势，是建筑施工企业现在、未来都面临的新常态。与传统建筑相比，装配式具有其特殊性，在吊装作业、高处作业等方面给施工现场安全管理带来了新的挑战。生命是宝贵的，健康是重要的，不可能每个员工都去亲身体验事故，因此，学习事故案例，从中得到启迪，设想危险，未雨绸缪，是防止事故发生的好方法。以下每个案例均有事故详情、事故原因、教训及防范措施，以科学的态度，从理论上探讨其起因，并提出了防止事故发生的对策。

案例 1：构件运输引起的安全事故

事故详情：某项目一构件车辆在转弯时车辆发生侧翻，车上的十多块混凝土预制构件随之倾覆，如图 6-2 所示。

图 6-2　运输车辆侧翻

原因分析：转弯速度过急；车载构件固定方式不牢固。

防范措施：

(1) 运输司机应进行专业培训和安全交底，按规定路线行驶，避免急刹、急转弯和杜绝违章操作。

(2) 装卸构件时应考虑车体平衡，避免造成车体倾覆。

(3) 构件装车时应采用专用货架并有防止构件移动或倾倒的固定措施。

案例 2：构件堆放引起的安全事故

事故详情：某项目在回填土方作业时车库发生大面积坍塌，临跨车库顶板上有满载构件的车辆准备卸货，如图 6-3 所示。

图 6-3　地下室顶板坍塌

原因分析：地下室顶板在进行回填土施工时，一旁有预制构件的车辆停放，两种重物集中荷载下造成了顶板坍塌。预制构件行驶路线及构件堆场区域未进行回顶加固。

防范措施：

(1) 现场平面布置中应明确构件进场位置和行车路线，在施工现场严格遵守。

(2) 位于车库顶板上的构件堆场区域和行车路线，应进行设计验算并编制回顶方案，现场运输路线按方案实施。

案例 3：预制构件卸货引起的安全事故

事故详情：某项目在预制外墙构件卸车时，工人摘钩后沿墙板外侧钢筋下到地面过程中导致墙体倾覆（图 6-4），压弯了挡杆并将 1 名工人压在墙下。

图 6-4 预制构件卸货时墙体倾覆

原因分析：工人解钩后未按要求使用爬梯等登高作业，而踩在构件两侧钢筋上；竖向堆放未按要求放置防倾倒措施。

防范措施：

(1) 项目部需落实安全管理责任，组织检查以消除现场隐患，严格执行专项方案监督现场作业人员不得随意降低标准违章作业。

(2) 设置人员上下解钩、挂钩的专用爬梯及通道，人员不得与墙板接触，借助预留钢筋攀爬。

(3) 堆放区设置专门责任人，负责监督检查构件的存放保护措施和人员操作安全行为。

案例 4：预制墙板内预埋吊钉脱落引起的安全事故

事故详情：某项目在将预制墙板吊至作业面时，墙内预埋吊钩突然脱落并将 1 名作业工人压在墙下（图 6-5）。

原因分析：吊装前未检查吊钩/具安全情况；吊钩质量不过关；吊点处混凝土松动锚固筋缺失，未按深化图纸进行预埋。

防范措施：

(1) 在构件进场前进行检查验收，确保构件质量。

图 6-5　预制墙板内预埋吊钉脱落

(2) 构件设计过程中，墙板类较重构件采用安全系数更高的吊环作为吊点。

(3) 吊装作业应按规定进行操作，使用鸭嘴扣且必须与构件表面紧密贴合。

(4) 起吊构件前，需对构件的吊点位置再做进一步的检查以确保施工过程的安全。

案例 5：吊环断裂引起的安全事故

事故详情：某项目吊装预制墙板时，吊环发生断裂（图 6-6），构件由空中直接坠地，险些造成人员伤亡。

图 6-6　吊环断裂

原因分析：吊装前构件平躺在地面上；垂直起吊前，吊环在反复折弯过程中受到机械损伤。吊环承载力虽经计算满足要求，但接近极限，在构件多次倒运的前提下，发生了断裂。

防范措施：

（1）吊装前对构件的吊点部位进行检查，确认无损坏情况再进行吊装。

（2）在吊运过程中禁止不规范操作导致吊环钢筋易损坏，墙板按竖向方式起吊和堆放。

（3）缓慢提升吊物，离地面 300mm 左右停止提升，悬停 15s 以上，判断吊索、吊具是否无恙。

案例 6：同时起吊多个构件引起的安全事故

事故详情：某项目在吊装预制空调板时，一吊同时吊起两块构件（图 6-7），导致挂钩工人被横向产生的冲力砸伤。

图 6-7　同时吊起两块构件

原因分析：吊装作业时，施工班组操作不规范。工人挂钩完成后未按要求远离即将起吊的构件。

防范措施：

（1）吊装前需加强作业人员安全教育及培训，减少作业人员不安全行为。

（2）项目安全管理人员加强巡视和监督，重点督查现场作业人员是否按照方案要求进行作业，对冒险作业、违章作业要及时纠正制止。

案例 7：叠合板模板支架倒塌引起的安全事故

事故详情：某项目在叠合板上部混凝土浇筑作业时，发生一起支架倒塌致人死亡事故（图 6-8），造成巨大损失。事故发生在挑空部位，层高约 6m。

原因分析：此处叠合板支撑属于高支模，现场未按照专项方案搭设支架。混凝土浇筑前未按要求进行支架验收。

防范措施：

（1）专项方案编制时需对特殊部位进行受力计算和复核，组织安全技术交底。

（2）高大模板工程应遵守危大工程管理办法，进行专项方案评审及施工验收，验收合格后方可进行下步工序。

图 6-8　叠合板支架倒塌

案例 8：塔式起重机钢丝绳断裂引起的安全事故

事故详情：某项目在预制构件吊装过程中，塔式起重机钢丝绳发生断裂（图 6-9），导致吊钩连同预制构件从高空一同坠落，发生起重机械事故，所幸未造成人员伤亡。

图 6-9　塔式起重机钢丝绳发生断裂

原因分析：大型设备安全管控不到位，日常检查和维保缺少对塔式起重机钢丝绳的检查。现场吊装区域正下方是加工区存在交叉作业情况，现场未设警戒带。

防范措施：

（1）加强大型机械设备安全管理，吊装作业前应检查钢丝绳、吊钩、吊索（具），符合要求后方可进行吊装。

(2) 现场吊装区域设置警戒带、安全监督人，严禁无关人员进入。

案例 9：预制墙板忽然倒塌引起的安全事故

事故详情：某项目墙板安装完后墙板忽然倒塌（图 6-10），砸向外架，所幸未造成人员伤亡。

图 6-10　预制墙板安装后倒塌

原因分析：盲目赶工，楼面混凝土尚未达到强度就开始上层竖向构件吊装，斜撑在没有达到强度的混凝土中被拔起。项目安全管理不到位，现场操作人员违规作业，管理人员未进行制止。

防范措施：

(1) 加强安全教育和管理，组织作业人员进行吊装专项安全培训。

(2) 冬期施工，在叠合板中预埋拉环或预埋垫块，确保斜支撑下部拉结点混凝土强度。

(3) 杜绝盲目赶工、违章指挥、违规操作现象。

5. 结束语

事故让人警醒，我们有必要牢记在心、引以为戒，只有这样，才能成为有责任、有担当的工程人。

建筑工业化已成为我国建筑业发展的必由之路，装配式建筑的推广是建筑工业化的重中之重。装配式建筑施工中的安全风险是影响市场将来是否会选择大力发展装配式建筑的重点考虑问题，只有建立并完善装配式建筑施工安全管理制度，实行与之相辅相成的工程总承包管理，强化对其安全施工的科学管理与落实，装配式才能更长远地发展。

复习思考题

1. 简述装配式混凝土结构安全专项施工方案应包括哪些内容。
2. 简述装配式建筑工程安全交底的主要内容。
3. 与现浇混凝土工程施工相比，简述装配式建筑工程施工安全防护特点。
4. 举例说明哪些是第一类风险源，哪些是第二风险源。
5. 预制装配构件二次搬运时应符合哪些要求？

参考文献

[1] 中华人民共和国住房和城乡建设部．装配式混凝土建筑技术标准：GB/T 51231—2016［S］．北京：中国建筑工业出版社，2017.

[2] 中华人民共和国住房和城乡建设部．装配式混凝土结构技术规程：JGJ 1—2014［S］．北京：中国建筑工业出版社，2014.

[3] 中华人民共和国住房和城乡建设部．装配式建筑评价标准：GB/T 51129—2017［S］．北京：中国建筑工业出版社，2017.

[4] 中华人民共和国住房和城乡建设部，中华人民共和国国家质量监督检验检疫总局．混凝土结构设计规范：GB 50010—2010（2015年版）［S］．北京：中国建筑工业出版社，2016.

[5] 中华人民共和国住房和城乡建设部．建筑抗震设计规范：GB 50011—2010（2016年版）［S］．北京：中国建筑工业出版社，2016.

[6] 中华人民共和国住房和城乡建设部．高层建筑混凝土结构技术规程：JGJ 3—2010［S］．北京：中国建筑工业出版社，2010.

[7] 广东省住房和城乡建设厅．装配式混凝土建筑结构技术规程：DBJ15-107-2016［S］．北京：中国城市出版社，2016.

[8] 中华人民共和国住房和城乡建设部．钢筋套筒灌浆连接应用技术规程：JGJ 355—2015［S］．北京：中国建筑工业出版社，2015.

[9] 中华人民共和国工业和信息化部．混凝土接缝用建筑密封胶：JC/T 881—2017［S］．北京：中国标准出版社，2017.

[10] 中华人民共和国住房和城乡建设部．桁架钢筋混凝土叠合板（60mm厚底板）：15G366-1［S］．北京：中国计划出版社，2015.

[11] 中华人民共和国住房和城乡建设部．预制钢筋混凝土板式楼梯：15G367-1［S］．北京：中国计划出版社，2015.

[12] 中华人民共和国住房和城乡建设部．预制钢筋混凝土阳台板、空调板及女儿墙：15G368-1［S］．北京：中国计划出版社，2015.

[13] 中华人民共和国住房和城乡建设部．装配式混凝土结构住宅建筑设计示例（剪力墙结构）：15J939-1［S］. 北京：中国标准出版社，2015.

[14] 中华人民共和国住房和城乡建设部．装配式混凝土结构表示方法及示例（剪力墙结构）：15G107-1［S］．北京：中国标准出版社，2015.

[15] 中华人民共和国住房和城乡建设部．装配式混凝土结构连接节点构造（楼盖结构和楼梯）：15G310-1［S］．北京：中国标准出版社，2015.

[16]《装配式混凝土结构工程施工》编委会. 装配式混凝土结构工程施工［M］. 北京：中国建筑工业出版社，2015.